概率与统计

数据科学视角

Probability and Statistics for Data Science Math+R+Data

[美] 诺曼·马特罗夫(Norman Matloff) 著

王彩霞 译

图书在版编目（CIP）数据

概率与统计：数据科学视角 /（美）诺曼·马特罗夫（Norman Matloff）著；王彩霞译．-- 北京：机械工业出版社，2022.2
（统计学精品译丛）
书名原文：Probability and Statistics for Data Science：Math+R+Data
ISBN 978-7-111-62894-1

Ⅰ. ①概…　Ⅱ. ①诺…　②王…　Ⅲ. ①概率论 - 高等学校 - 教材　②数理统计 - 高等学校 - 教材　Ⅳ. ① O21

中国版本图书馆 CIP 数据核字（2022）第 026402 号

北京市版权局著作权合同登记　图字：01-2020-4938 号。

本书是一本面向数据科学、计算机科学专业学生的概率统计教材．全书共分为四部分：第一部分（第 1~6 章）主要介绍概率论、蒙特卡罗模拟、离散型随机变量、期望值和方差、离散参数分布族、连续型概率模型；第二部分（第 7~10 章）主要介绍统计学基础知识，包括抽样分布、极大似然估计、中心极限定理、置信区间和显著性检验等；第三部分（第 11~17 章）主要介绍多元分析相关内容，包括多元分布、混合分布、主成分分析、对数线性模型、降维、过拟合和预测分析等；第四部分（附录）介绍 R 语言编程基础知识．

出版发行：机械工业出版社（北京市西城区百万庄大街 22 号　邮政编码：100037）

责任编辑：王春华	责任校对：殷　虹
印　　刷：保定市中画美凯印刷有限公司	版　　次：2022 年 3 月第 1 版第 1 次印刷
开　　本：186mm × 240mm　1/16	印　　张：15.75
书　　号：ISBN 978-7-111-62894-1	定　　价：89.00 元

客服电话：（010）88361066　88379833　68326294　　投稿热线：（010）88379604
读者信箱：hzjsj@hzbook.com

前　言

致教师

对于物理、化学或生物学这样的学科而言，我们学习一门学科是为了解决这门学科的问题，而统计学与这些学科不同，研究统计学的主要目的是解决其他学科的问题.

——C. R. Rao，现代统计学的先驱之一

教育的作用是教人认真思考和批判性思考. 智慧与品格——这才是教育的真正目标.

——马丁·路德·金博士，美国民权领袖

其万折也必东，似志.

——孔子，中国古代哲学家

本书主要是为数据科学(包括计算机科学)专业学生设计的概率与统计教材，涵盖初级/高级/研究生水平的概率论和统计学知识. 除微积分外，本书还要求学生掌握一些矩阵代数知识并具备基本的计算机编程能力.

但是，这本书为什么不同于其他概率论和数理统计教材呢？

事实上，这本书确实与其他概率论与数理统计方面的书完全不同. 简要概括如下：

- 本书英文版的副书名是 Math＋R＋Data，这里直接体现了本书与其他数理统计类书籍的不同.
- 强调数据科学应用，例如，随机图模型、幂律分布、隐马尔可夫模型、主成分分析、谷歌 PageRank、遥感、混合分布、神经网络、维数灾难等.
- 广泛使用 R 语言.

与其他数理统计类书籍相比，本书特别强调应用，使用了大量的真实数据.

本书从应用的角度出发组织内容，注重培养学生批判性思考使用统计学的方式和原因，并使学生具有“全局观”.

- **使用真实数据，并及早地引入统计问题**.

前面的 Rao 语录引起了我的强烈共鸣. 虽然这是一本“数理统计”教材，涵盖了随机变量、密度函数、期望值、分布、统计估计和推断等，但是正如本书书名所体现的，本书特别强调这些知识在数据科学中的应用. 作为一本关于数据科学的书，即使只是一本数理统计书，也应该充分利用数据！

这对本书章节的顺序有影响. 我们很早地引入了统计学，并在正文中穿插着统计问题. 甚至是在介绍数学期望的第 3 章，也包括一些简单的预测模型，为学习第 15 章的内容作铺

垫. 第 5 章介绍著名的离散参数模型，并包含用幂律分布拟合真实数据的例子. 这是第 7 章的前奏，之后在第 7 章将讨论抽样分布、均值和方差估计、偏差等知识. 第 8 章介绍点估计，并利用极大似然估计和矩方法对真实数据进行模型拟合. 从该章起，后面每一章都广泛使用了真实数据.

因为这些数据集都是公开的，所以授课教师可以深入研究这些数据示例.

- **数学上正确——还要有很好的直觉**.

前面给出的孔子的这句话虽然早在统计方法正式发展之前就有了，但是这表明他已经具有敏锐的直觉，预见了当今数据科学领域的一个基本概念——数据平滑. 培养学生的这种强烈的直觉是本书的重中之重.

这当然是一本数学书. 所有模型、概念等都是用随机变量和分布来精确描述的. 除了微积分之外，矩阵代数也扮演着重要的角色. 在许多章节的最后都增加了选学的数学补充内容，以便为好奇的读者提供更多材料，探索更复杂的内容. 每章后的练习都包括一些常规练习题和一些更具挑战性的问题.

另外，这本书不是为了数学而“数学”的书，尽管用数学语言对相关内容描述得很精确，但它绝不是一本理论书.

例如，本书并没有从样本空间和集合论的角度来定义概率. 以我的经验，用经典的方式定义概率是学习这些概念背后的直觉的一个主要障碍，也阻碍了后面做好应用工作. 相反，我使用直觉的、非形式化的方法，从长期频率的角度来定义概率，本质上是把强大数定律作为一个公理.

我相信这种方法在解释条件概率和期望值时特别有用，这些概念是学生们常遇到的难题. 在经典的方法下，如果题目叙述没有给定明确的短语(如给定条件下)，学生们很难识别出这个练习(甚至是实际应用)需要条件概率或期望. 相反，我是让学生从反复试验的角度来思考，在 B 发生的时间里，A 发生了多少次？这更容易与实际相联系.

- **提高学生的实际应用能力**.

“应用”这个词对于不同的人意味着不同的事. 例如，Mitzenmacher 和 Upfal[33] 为计算机科学专业的学生编写了一本有趣而优雅的书，他所关注的概率实际上是离散型概率，他的预期应用实际上是针对计算机科学的理论.

相反，我关注的是在现实世界中使用这些知识，这往往涉及更多的是连续型而不是离散型概率，并且更多的是在统计学而不是概率论领域. 这尤其有价值，因为现在大数据和机器学习在计算机和数据科学中发挥着重要的作用.

你马上可以在书中看到这种哲学. 这本书的第一个例子不是关于骰子或硬币的，而是涉及公交系统模型和计算机网络模型. 当然，书中也有使用骰子、硬币和游戏的例子，但是，就像已故的 Leo Breiman 的书[5] 的副书名一样，“着眼于应用”(*With a View toward Applications*)永远不会遥远.

如果我可以冒昧地引述马丁·路德·金的话，我要指出的是，今天的统计学是一个核心的知识领域，它几乎影响着每个人的日常生活. 具有使用统计数据或者至少可以理解统计数据的能力，对于我们来说至关重要. 作为本书的作者，我将此视为一项使命.

- R 编程语言的使用.

出于模拟和数据分析的目的，本书利用了 R 语言中一些轻量级的程序. 学生应该具有一些基本的编程背景，比如说 Python、C、Java 或 R 中的一个，但是无须先前有 R 的编程经验. 在本书的附录中，我给出了一些简要介绍，并且一些高级的 R 语言编程知识会作为补充内容穿插在正文当中.

因为 R 具有出色的图形和可视化能力，并且有 10 000 多个宝贵的代码包，所以 R 被广泛应用于统计和数据科学领域.

计算机科学领域的读者会发现，从计算机科学的角度来看，R 是独立的. 首先，R 遵循函数语言和面向对象的范式：每个动作都是作为函数实现的(甚至是“+”)；几乎总是可以避免副作用；函数是第一类对象；提供几种不同的类结构. R 中还提供了各种有趣的元编程功能. 在编程支持方面，有非常流行的 RStudio IDE，而对于“硬核”编码，有 Emacs Speak Statistics 框架. 本书的大部分章节都有“计算补充”，以及练习中的“计算和数据问题”.

主要内容

第一部分(第 1～6 章)：这部分介绍了概率论、蒙特卡罗模拟、离散型随机变量、期望值和方差，以及离散参数分布族.

第二部分(第 7～10 章)：这部分主要介绍统计学，如抽样分布、极大似然估计、偏差、Kolmogorov-Smirnov 等，并通过 γ 和 β 密度模型拟合实际数据来说明. 直方图被视为密度估计量，这部分还简要介绍了核密度估计，接下来介绍了置信区间和显著性检验的相关内容.

第三部分(第 11～17 章)：这部分涵盖了多元分析的各个方面，例如多元分布、混合分布、PCA/对数线性模型、降维、过拟合和预测分析. 同样，真实数据起着重要作用.

内容安排

这本书可以在一个学期内轻松学完. 如果需要更轻松的节奏，或者想要半学期内讲授完，这本书也适用，因为即使跳过某些部分也不会影响内容的连续性. 特别地，如果是一门更注重统计学的课程，可能会忽略马尔可夫链的相关内容，而如果是一门更注重机器学习的课程，可能希望保留这些内容(例如，隐马尔可夫模型部分). 关于某些专业主题，还单独编写一节来介绍，以防后面跳过这些章节时产生阅读障碍.

第 11 章有关多元分布的内容对于数据科学来说非常有用，例如，多元分布与聚类的关系. 然而，如果时间紧迫或者教师的矩阵代数背景不强，也可以安全地跳过这部分内容.

致读者

我曾经上过一门速读课，20分钟就读完了《战争与和平》. 它和俄罗斯有关.

——伍迪·艾伦，喜剧演员

我很早就体会到了"知道某事物的名称"和"了解某事物"之间的区别.

——理查德·费曼，诺贝尔物理学奖获得者

磨刀不误砍柴工.

——亚伯拉罕·林肯

这不是你所熟悉的普通数学书或者编程书.

为了在实际应用中恰当地使用本书，准确地理解数学含义和代码的实际功能是非常重要的.

在本书中，你会经常发现连续几段甚至一整页都没有数学内容、代码或图表. 千万别跳过这部分！它们可能是为了培养你在现实世界中运用这些知识的能力，因此它们可能是本书中最重要的部分.

在这一点上，数学直觉是关键. 当你阅读时，停下来想想这些方程式背后的逻辑和意义.

一个密切相关的观点是数学和代码是相辅相成的. 了解每一个都会让你对另一个有更深的理解. 本书穿插了数学和代码，乍一看似乎有些奇怪，但是很快你就会发现它们的相互作用对于你理解这些知识是非常有帮助的.

"情节"

把这本书想象成一部电影. 为了使"情节"更吸引人，我们需要事先铺垫. 这本书的目的是讲解概率和统计知识在数据科学中的应用，所以"情节"的最终目的是统计和预测分析.

这些领域的基础是概率论，所以我们首先在第1～6章奠定基础. 后续需要更多的概率内容会在第9章和第11章介绍，但是为了尽早把一些生动的"素材"带入"电影"中，我们在第7章和第8章介绍了统计学内容，特别是对真实数据的分析.

最后一章的马尔可夫链就像电影的续集. 该理论建立了一些令人兴奋的数据科学应用，例如，隐马尔可夫模型和谷歌的PageRank搜索引擎.

致谢

以下是我要非常感谢的人，他们给我提供了非常有价值的反馈意见：Ibrahim Ahmed、Ahmed Ahmedin、Stuart Ambler、Earl Barr、Benjamin Beasley、Matthew Butner、Vishal Chakraborti、Michael Clifford、Dipak Ghosal、Noah Gift、Laura Matloff、Nelson Max、Deep Mukhopadhyay、Connie Nguyen、Jack Norman、Richard Oehrle、Michael Rea、Sana Vaziri、Yingkang Xie和Ivana Zetko. 我的编辑John Kimmel总是非常乐于助人. 还要感谢我的妻子Gamis和我的女儿Laura一如既往的鼓励.

作者简介

Norman Matloff 博士是加州大学戴维斯分校计算机科学专业教授，并担任过该校统计学专业教授. 他曾是硅谷的数据库软件开发人员，并担任 Kaiser Permanente Health Plan 等公司的统计顾问.

他出生于洛杉矶，在东洛杉矶和圣盖博谷长大. 他在加州大学洛杉矶分校获得基础数学博士学位，研究方向为概率论与统计学. 他在计算机科学和统计学方面发表了多篇论文，目前的研究兴趣主要是并行处理、回归方法、机器学习和推荐系统.

他是加州大学戴维斯分校杰出教学奖的获得者，他的著作 *Statistical Regression and Classification: From Linear Models to Machine Learning* 曾入选 2017 年国际 Ziegel 奖. 他还曾获得加州大学戴维斯分校校园杰出公共服务奖.

目　录

第二部分 统计基础

第三部分 多元分析

第一部分
概率论基础

第1章　基本的概率模型

本章将介绍概率的一般概念. 对你而言，可能大部分概念可以从直觉上获得，而直觉在概率论和数理统计中确实是至关重要的. 另一方面，不要仅仅依靠直觉，还要细心地注意已发展出来的一般原则. 在更复杂的情况下，直觉可能不够，甚至可能误导你. 本章所讨论的内容是研究这些复杂问题必不可少的工具，它们将在本书中频繁出现.

在本书中，我们将讨论“经典的”概率示例，包括硬币、纸牌和骰子，以及在现实世界中应用的例子. 后者将涉及不同的领域，如数据挖掘、机器学习、计算机网络、生物信息学、文档分类、医学领域等. 应用问题实际上需要更多的实践才能完全掌握，但不用多说，你将从这些例子中得到最大的好处，这比那些涉及硬币、纸牌和骰子的例子会让你获益更多[㊀].

让我们从一个关于交通运输的问题开始吧!

1.1　示例：公共汽车客流量

1~3

考虑公共汽车公司对客流量的分析，这(或者是更复杂的形式)可用来规划公共汽车数量、停靠频率等. 再次强调，为了使事情简单，这将过于简化，但原则是明确的.

模型如下：

- 在每一站，每位乘客下车的行动独立于其他乘客，且概率为 0.2.
- 有 0、1 或 2 名新乘客上车的概率分别为 0.5、0.4 和 0.1. 在连续停靠站乘客的行为是独立的.
- 假设这辆公共汽车足够大，从来没有坐满，所以新来的乘客可以随时上车.
- 假设公共汽车到达第一站时是空的.

在这里以及全书中，对所涉及的数量或事件进行命名是非常有帮助的. 令 L_i 表示公共汽车离开第 i 站时公共汽车上的乘客人数，$i=1, 2, 3, \cdots$. 令 B_i 表示在第 i 站新上车的乘客人数.

我们对于很多概率问题都感兴趣，例如在前三站没有乘客上车的概率，即

$$P(B_1=B_2=B_3=0)$$

读者也许可以正确地猜出答案是 $0.5^3=0.125$. 但是，我们需要恰当地做这件事. 为了进行这样的计算，我们必须在下一节中先设置一些机制.

再次强调，这是一个非常简单的模型. 例如，我们没有考虑是星期几、哪月、天气状况等.

㊀ 那么，赌博呢？那不也是一种应用吗？是的，但是这些实际上是最深、最难的应用.

1.2　"笔记本"视图：重复实验的概念

从直觉上理解 0.125 的真正含义是至关重要的. 为此，让我们暂时把公共汽车客流量的例子放在一边，考虑一下掷两个骰子的实验，比如有一个蓝色骰子和一个黄色骰子. 令 X 和 Y 分别表示蓝色和黄色骰子上的点数，并考虑 $P(X+Y=6)=5/36$ 的含义.

4

1.2.1　理论方法

在概率的数学理论中，我们讨论的是一个样本空间，它(在简单的情况下)由一系列可能的结果(X，Y)组成，如表 1.1 所示. 从理论上讲，我们设置此样本空间中的每个点的权重为 1/36，考虑到 36 个点中每个点出现的可能性相等. 因此，我们说"$P(X+Y=6)=5/36$ 是指结果(1，5)、(2，4)、(3，3)、(4，2)、(5，1)的总权重为 5/36."

表 1.1　掷骰子示例的样本空间

1，1	1，2	1，3	1，4	1，5	1，6
2，1	2，2	2，3	2，4	2，5	2，6
3，1	3，2	3，3	3，4	3，5	3，6
4，1	4，2	4，3	4，4	4，5	4，6
5，1	5，2	5，3	5，4	5，5	5，6
6，1	6，2	6，3	6，4	6，5	6，6

不幸的是，随着更为复杂的概率模型的发展，样本空间的概念在数学上变得很棘手. 实际上，它需要研究生水平的数学基础，即测度论.

更糟糕的是，在样本空间方法下，人们失去了所有的直觉. 尤其是，使用集合论来表达隐含在条件概率之下的直觉(将在 1.3 节中介绍). 对于期望值也是如此，3.5 节将会以它为中心主题.

在任何情况下，大多数概率的计算都不依赖于显式地写下一个样本空间. 在这个特殊的例子中，对于掷骰子问题，它对于我们解释概念很有帮助，但是我们不会经常使用它.

1.2.2　更直观的方法

但是更重要的是直观的概念，$P(X+Y=6)=5/36$ 的意义如下. 设想一下，如果做了很多次实验，并把结果记录在一个大的笔记本上：

5

- 第一次掷骰子，并把结果写在笔记本的第一行.
- 第二次掷骰子，并把结果写在笔记本的第二行.
- 第三次掷骰子，并把结果写在笔记本的第三行.
- 第四次掷骰子，并把结果写在笔记本的第四行.
- 设想一下，如果你一直这样做数千次，可以在笔记本上写上几千行.

笔记本的前 9 行可能类似于表 1.2. 这里有 2/9(或 8/36)行表示结果是"是". 但在重复

了很多次之后，大约有 5/36 行是“是”. 例如，在做 720 次实验后，大约有 $5/36\times720=100$ 行是“是”.

表 1.2 骰子问题的笔记本

笔记本行数	结果	蓝色+黄色=6?
1	蓝色 2，黄色 6	否
2	蓝色 3，黄色 1	否
3	蓝色 1，黄色 1	否
4	蓝色 4，黄色 2	是
5	蓝色 1，黄色 1	否
6	蓝色 3，黄色 4	否
7	蓝色 5，黄色 1	是
8	蓝色 3，黄色 6	否
9	蓝色 2，黄色 5	否

这就是概率的真正含义：感兴趣的事件发生的行所占的比例. 这听起来很简单，但是如果你能总是用笔记本行的思想，概率问题就容易解决了. 这是计算机模拟的基础.

许多读者事先可能接触过概率原理，因此对本书中没有维恩图(涉及集合交集和并集的图示)感到困惑. 这类读者请耐心等待，你们很快就会发现这里的方法更清晰、更有力. 顺便说一句，不管怎样，这一章结束后这些都不是什么问题了，因为这两种方法都能让学生为即将面对的内容做好准备.

6

1.3 我们的定义

如果我们去问街上的陌生人，“当我们说我们能够赢某个赌场游戏的概率是 20%时，这意味什么?”. 她可能会说：“如果我们能够重复玩这个游戏，那么我们会赢 20%次. ”这就是我们在这本书中定义概率的方式.

这里的定义是直观的，而不是严格数学化的，但直觉正是我们所需要的. 请记住，我们下面给出的是定义，而不是性质列表.

- 我们假设“实验”(至少在概念上)是可重复的. 前面的掷两个骰子实验是可重复的，甚至是公共汽车客流量模型也是如此，即每天客流量的记录也是可重复的实验.

另一方面，经济计量学家在预测 2009 年时，不能“重复”2008 年. 所有的计量经济学工具都假设 2008 年的事件是由各种各样的随机性决定的，我们认为的重复实验仅是从概念上讲.

- 我们想象进行了大量的实验，并把每次重复实验的结果记录在笔记本的一行.
- 如果 A 是实验的一个可能结果且是布尔型(即是或否)，则我们说 A 是这个实验的一个事件. 在上述示例中，以下是一些事件：
  - $X+Y=6$

- $X=1$
- $Y=3$
- $X-Y=4$

- 随机变量是实验的数值结果，例如，这里的 X 和 Y，以及 $X+Y$、$2XY$，甚至是 $\sin(XY)$.

7

- 对于任何感兴趣的事件 A，想象一下在笔记本上对应着一列. 笔记本上的第 k 行($k=1, 2, 3, \cdots$)将根据第 k 次重复实验中 A 是否发生而回答“是”或“否”. 例如，我们在上表中有这样一列，对应着事件{蓝色＋黄色＝6}.
- 对于任何感兴趣的事件 A，我们定义 $P(A)$就是长期稳定行为“是”的比例.
- 对于任何事件 A 和事件 B，假设在我们的笔记本中有一个新的列，标记为“A 且 B”.“在每一行中，当且仅当 A 和 B 都是“是”时，“A 且 B”才会是“是”.

然后 $P(A$ 且 $B)$被定义为表示标记为“A 且 B”的新列中，在所有行中“A 且 B”是“是”的稳定比例[一].

- 对于任何事件 A 和 B，假设在我们的笔记本中有一个新的列，标记为“A 或 B”. 这一列的每一行，当且仅当 A 和 B 中至少有一项是“是”时，这一行才会是“是”[二].

然后将 $P(A$ 或 $B)$定义为在标记为“A 或 B”的新列中，“是”项的行的长期稳定比例.

- 对于任何事件 A 和 B，想象一下在我们的笔记本上有一个新的列，标记为“$A|B$”，并称为 B 已发生的条件下 A 发生的事件：
  - 如果 B 项为“否”，则新列将显示“NA”(“不适用”).
  - 如果有一行 B 列显示为“是”，那么这个新列将显示“是”或“否”，这取决于 A 列为“是”还是“否”.

那么 $P(A|B)$是指笔记本中事件 $A|B$ 是“是”的行的长期稳定比例，其中 $A|B$ 列中要把“NA”行排除在外.

一个非常常见的错误是混淆 $P(A$ 且 $B)$和 $P(A|B)$. 这就体现了笔记本的重要之处. 比较 $P(X=1$ 且 $S=6)=1/36$ 和 $P(X=1|S=6)=1/5$，其中 $S=X+Y$[三]：

8

- 经过大量的重复实验，笔记本的所有行中大约有 1/36 的行具有 $X=1$ 和 $S=6$ 的性质(实际上，$X=1$ 且 $S=6$ 相当于 $X=1$ 且 $Y=5$).
- 在大量的重复实验之后，如果我们只看 $S=6$ 的行，那么在这些行中，大约有 1/5 的行会显示 $X=1$.

$P(A|B)$称为在给定 B 的条件下，A 发生的条件概率. 注意，and(且)的逻辑要优先于 or(或)，例如 $P(A$ 且 B 或 $C)$表示 $P[(A$ 且 $B)$或 $C]$.

下面是一些更重要的定义和属性.

[一] 在大多数教材中，我们称之为“A 且 B”的东西写作 $A\cap B$，表示样本空间中两个集合的交集. 但是同样，我们不是从样本空间的角度来看它.

[二] 在样本空间中，这可以写为 $A\cup B$.

[三] 也可以考虑在笔记本上加一个 S 列.

定义 1　假设 A 和 B 是不可能同时发生在笔记本的同一行中的事件，那么称它们是不相交的事件.

如果 A 和 B 是不相交的事件，那么[⊖]

$$P(A \text{ 或 } B)=P(A)+P(B) \tag{1.1}$$

由于

$$\{A \text{ 或 } B \text{ 或 } C\}=\{(A \text{ 或 } B) \text{ 或 } C\}=\{A \text{ 或 } (B \text{ 或 } C)\} \tag{1.2}$$

利用式(1.1)可以得到

$$P(A \text{ 或 } B \text{ 或 } C)=P(A)+P(B)+P(C) \tag{1.3}$$

因此，

$$P(A_1 \text{ 或 } A_2 \cdots \text{ 或 } A_k)=\sum_{i=1}^{k} P(A_k) \tag{1.4}$$

9

其中，事件 A_i 是互不相交的.

如果事件 A 和 B 不是不相交的，那么

$$P(A \text{ 或 } B)=P(A)+P(B)-P(A \text{ 且 } B) \tag{1.5}$$

在不相交的情况下，减去的项为 0，所以式(1.5)可以化简为式(1.1).

不幸的是，没有类似于式(1.4)的简洁形式可以将式(1.5)推广到 k 个不相交事件的计算.

定义 2　如果

$$P(A \text{ 且 } B)=P(A)\cdot P(B) \tag{1.6}$$

则事件 A 和 B 被认为是随机独立的，且通常只是声明为独立的. 一般形式为

$$P(A_1 \text{ 且 } A_2 \cdots \text{ 且 } A_k)=\prod_{i=1}^{k} P(A_k) \tag{1.7}$$

其中，事件 A_i 是独立的.

在计算“且”的概率时，如何知道事件是否独立？问题的答案通常很清楚. 例如，如果我们掷蓝色和黄色的骰子，很明显一个骰子对另一个骰子的结果没有影响，所以只涉及蓝色骰子的事件与只涉及黄色骰子的事件是独立的.

另一方面，在公共汽车客流量的例子中，很明显，涉及 L_5 的事件与涉及 L_6 的事件并不是独立的. 例如，如果 $L_5=0$，那么 L_6 就不可能是 3，因为在这个简单的模型中，在任何一站最多可以有 2 名乘客上车.

如果 A 和 B 不是独立的，则式(1.6)可以化为

$$P(A \text{ 且 } B)=P(A)P(B|A) \tag{1.8}$$

这应该对你很有意义. 假设加州大学戴维斯分校有 30% 的学生在工程学专业，并且工程学专业中 20% 是女生. 这将意味着 0.30×0.20=0.06，即加州大学戴维斯分校所有学生

⊖ 同样，“不相交”这个术语源于样本空间的集合论，它意味着 $A\cap B=\varnothing$. 这个数学术语在我们的骰子示例中很有效，但根据我的经验，人们很难把它正确地应用到更复杂的问题上. 这是我们如此强调“笔记本”结构的另外一个原因.

中 6%的学生是工程学的女生.

注意，如果 A 和 B 是独立的，那么 $P(B|A)=P(B)$，且式(1.8)简化得到式(1.6).

10

还要注意，式(1.8)意味着

$$P(B|A)=\frac{P(A \text{ 且 } B)}{P(A)} \tag{1.9}$$

1.4　“邮寄筒”

如果我需要买一些邮寄筒，我可以来这里.

——作者的朋友浏览办公用品商店时说

具有上述性质的示例(如式(1.6)和式(1.8))将从 1.6.1 节开始介绍. 不过首先，必须知道学习概率的关键点.

几年前，我的一个朋友在一家办公用品商店时注意到一个邮寄筒架子. 我的朋友说了上面的话. 好吧，式(1.6)和式(1.8)就是“邮寄筒”，请在心里记下一句话，“如果我需要确定一个涉及且的概率，我可以尝试一下公式(1.6)和公式(1.8)”. 请做好准备!

这个邮寄筒比喻将经常被提及.

1.5　示例：公共汽车客流量(续)

有了上一节中的工具，让我们来看看一些概率的计算. 首先，让我们正式计算在前三站没有乘客上车的概率. 此时，如果使用公式(1.7)就会很简单. 别忘了，每一站上车 0 名乘客的概率是 0.5.

$$P(B_1=0 \text{ 且 } B_2=0 \text{ 且 } B_3=0)=0.5^3 \tag{1.10}$$

现在让我们计算一下公共汽车在第二站空车的概率. 同样，我们必须将其转换为数学表达式，即 $P(L_2=0)$.

为了计算这个概率，我们采用了一种非常常见的方法：

- 问：“这个事件如何发生?”
- 把大事件拆分成小事件.
- 使用“邮寄筒”属性.

11

L_2 为 0 的各种方式是什么？如果将事件 $L_2=0$ 表示出来，可以写为

$$\underbrace{B_1=0 \text{ 且 } L_2=0}\ \text{或}\ \underbrace{B_1=1 \text{ 且 } L_2=0}\ \text{或}\ \underbrace{B_1=2 \text{ 且 } L_2=0} \tag{1.11}$$

这里的分类并不代表某种深奥的数学运算. 它们只是为了使分组更清楚，我们有两个“或”，因此可以用公式(1.4).

$$P(L_2=0)=\sum_{i=0}^{2} P(B_1=i \text{ 且 } L_2=0) \tag{1.12}$$

现在用公式(1.8)

$$P(L_2=0)=\sum_{i=0}^{2} P(B_1=i \text{ 且 } L_2=0) \tag{1.13}$$

$$=\sum_{i=0}^{2}P(B_1=i)P(L_2=0|B_1=i) \tag{1.14}$$

$$=0.5^2+(0.4)(0.2)(0.5)+(0.1)(0.2^2)(0.5) \tag{1.15}$$

$$=0.292 \tag{1.16}$$

例如，我们看一下第一项 0.5^2 是从哪里来的？如果 $P(B_1=0)=0.5$，那么 $P(L_2=0|B_1=0)$是多少呢？如果 $B_1=0$，那么公共汽车在接近第二个车站时也是空车. 为了让离开第二个车站时公共汽车也是空的，那么必须是 $B_2=0$ 的情况，此时概率为 0.5. 换句话说，$P(L_2=0|B_1=0)=0.5$.

那第二项呢？首先，$P(B_1=1)=0.4$. 接下来，计算 $P(L_2=0|B_1=1)$，原因如下：如果 B_1 为 1，则公共汽车到达第二站前车上一直有 1 名乘客. 为了保持公共汽车离开第二站时车上没有乘客，那么到达第二站后乘客必须下车(概率为 0.2)，且没有新的乘客上车(概率为 0.5). 因此 $P(L_2=0|B_1=1)=(0.2)(0.4)$.

再举一个例子，假设我们被告知公共汽车在到达第三站时是空的，那么只有两个人在第一站上车的概率是多少？

12

首先，注意这里要求的是 $P(B_1=2|L_2=0)$——是一个条件概率！因此我们用式(1.9)和式(1.8)得到

$$P(B_1=2|L_2=0)=\frac{P(B_1=2 \text{ 且 } L_2=0)}{P(L_2=0)}$$

$$=\frac{P(B_1=2)P(L_2=0|B_1=2)}{0.292} \tag{1.17}$$

$$=0.1\cdot 0.2^2\cdot 0.5/0.292 \tag{1.18}$$

(0.292 已在前面的式(1.16)中计算过了.)

现在让我们来算一下在第二站上车的人比第一站上车的人少的概率. 同样，首先把它转换成数学形式 $P(B_2<B_1)$，然后把大事件分解成小事件，其中事件 $B_2<B_1$ 可以写成

$$\underbrace{B_1=1 \text{ 且 } B_2<B_1}\text{ 或 }\underbrace{B_1=2 \text{ 且 } B_2<B_1} \tag{1.19}$$

然后按照上述形式得到

$$P(B_2<B_1)=0.4\cdot 0.5+0.1\cdot(0.5+0.4) \tag{1.20}$$

变一下怎么样？有人会告诉你，当她在第二站下车时，她看到那辆公共汽车空荡荡地离开了那个车站. 让我们看看当公共汽车离开第一站时，她是车上唯一一名乘客的概率. 这时我们在 $L_2=0$ 的条件下，也在 $L_1>0$ 的条件下. 因此，

$$P(L_1=1|L_2=0 \text{ 且 } L_1>0)=\frac{P(L_1=1 \text{ 且 } L_2=0 \text{ 且 } L_1>0)}{P(L_2=0 \text{ 且 } L_1>0)}$$

$$=\frac{P(L_1=1 \text{ 且 } L_2=0)}{P(L_2=0 \text{ 且 } L_1>0)} \tag{1.21}$$

让我们首先考虑如何从前面的等式中得到分子部分. 问一个常见的问题：这是怎么算的？在这种情况下，事件

13

$$L_1=1 \text{ 且 } L_2=0 \tag{1.22}$$

如何发生？既然我们对 B_i 的概率行为有很多了解，那么让我们尝试重新预测一下这个事件. 该事件的等价事件为

$$B_1=1 \text{ 且 } L_2=0 \tag{1.23}$$

我们之前求得此概率为(0.4)(0.2)(0.5).

我们仍需计算式(1.21)中的分母. 在这里，我们如何根据 B_i 重写事件

$$L_2=0 \text{ 且 } L_1>0 \tag{1.24}$$

$L_1>0$ 意味着 B_1 要么是 1，要么是 2，然后用类似先前计算的方式进行事件分解.

1.6 示例：ALOHA 网络

在本节中，我们将呈现一个来自计算机网络的例子，正如公共汽车客流量示例一样，它将在本书中的许多地方使用. 概率分析被广泛应用于新的、更快的网络类型的发展.

我们在网络上所说的节点，可能指的是计算机、打印机或其他设备. 我们还会涉及消息，为了简单起见，我们假设消息是由一个字符组成. 如果一台计算机上的用户点击了 N 键，也就是说，想与另一台计算机进行连接，那么该用户的计算机会将字符对应的 ASCII 码发送到网络上. 当然，对用户来说这种传输都是透明的，只不过都是后台运行而已.

今天的以太网是从夏威夷大学开发的一个叫作 ALOHA 的实验网络发展而来的. 许多网络节点偶尔会尝试使用同一个无线信道与中央计算机通信. 由于两个节点之间有山脉阻碍，所以它们彼此听不见. 如果只有其中一个尝试发送，则它有可能会成功，并且它将收到来自中央计算机的响应确认消息. 但是，如果多个节点进行发送，就会发生冲突，使所有消息都混乱. 发送节点在等待一个不会到来的确认之后会超时，然后再尝试发送. 为了避免发生太多的冲突，节点会进行随机退回，这意味着即使它们有消息要发送，也会暂时停止发送.

14

一种变体是时隙 ALOHA，它将时间进行划分，划分为间隔，我称之为“epoch”，每个 epoch 的持续时间为 1.0，所以 epoch 1 由间隔[0.0，1.0)组成，epoch 2 是[1.0，2.0)，依此类推.

在这里，我们将考虑相对简单的模型，在每个 epoch 中，如果一个节点处于活跃状态，即有消息要发送，它将分别以概率 p 和 $1-p$ 发送或不发送. p 的值由网络设计者设置.（真正的以太网硬件是这样做的，在芯片内部使用随机数发生器.）注意，一个小的 p 值将会产生更长的退回时间. 因此，如果预计网络上有大的拥堵，则设计者可以选择较小的 p 值.

模型中的另一个参数 q 是一个概率值，它是一个不活跃的节点在一个 epoch 内生成一条消息的概率，也就是说，用户点击一个键，从而变为“活跃”状态的概率. 想想当你在计算机前会发生什么？你不是一直在打字，并且你从不打字到再次按键的时间是随机的. 参数 q 模拟了随机性，网络流量越大，q 值就越大.

设 n 为节点数，为简单起见，我们假设 n 为 2. 同样，为了简单起见，时间安排如下：

- 一个节点上的新消息仅在一个 epoch(如时间 8.5)的中间生成.
- 节点决定发送还是回退消息是在一个 epoch 快结束时作出的，即 epoch(如时间 3.9)

的 90%.

例如：假设在从时间 15.0 到 16.0 的 epoch 开始时，节点 A 已经发送了一些消息，但是节点 B 没有. 在时间 15.5，节点 B 要么生成一条消息发送，要么不发送，概率分别为 q 和 $1-q$. 假设 B 确实生成了一条新消息. 在时间 15.9，节点 A 将尝试发送或不发送，概率分别为 p 和 $1-p$，节点 B 也是同样. 假设 A 回退，B 发送. 那么 B 的传输将会成功，且在 epoch 16 开始时 B 将处于非活跃状态，而节点 A 仍将处于活跃状态. 另一方面，假设 A 和 B 在时间 15.9 都尝试发送，那么这两个都将失败，因此在时间 16.0 时它们都是活跃状态，依此类推.

请记住，在我们这里的简单模型中，当一个节点处于活跃状态时，它不会生成任何额外的新消息.

让我们观察两个 epoch 的网络：epoch 1 和 epoch 2. 假设网络由两个节点组成，分别称为节点 1 和节点 2，这两个节点一开始都是活跃状态. 令 X_1 和 X_2 分别表示在可能的传输之后，在 epoch 1 和 epoch 2 临近尾声处的活跃节点数. 在这个例子中，我们取 p 为 0.4，q 为 0.8.

15

请记住，笔记本的想法只是一个帮助你了解概念真正含义的工具. 这对你在现实世界中运用这些内容的直觉和能力至关重要. 但笔记本的想法并不是为了计算概率，而是使用概率的性质，如下所示.

1.6.1 ALOHA 网络模型总结

- 我们有 n 个网络节点，共享一个公共通信通道.
- 时间按 epoch 进行划分. X_k 表示在 epoch k 结束时的活跃节点数，我们有时将其称为在 epoch k 时的系统状态.
- 如果两个或多个节点试图在一个 epoch 中发送消息，它们会发生冲突，消息无法通过.
- 如果一个节点有消息要发送，那么它就是活跃状态.
- 如果一个节点在一个 epoch 结束时处于活跃状态，那么它将尝试以概率 p 发送消息.
- 如果一个节点在一个 epoch 开始时是不活跃的，那么在 epoch 的中间它将以概率 q 生成一条消息发送.
- 在这里的例子中，我们有 $n=2$，$X_0=2$，即两个节点都是活跃的.

1.6.2 ALOHA 网络计算

让我们计算 $P(X_1=2)$，即 $X_1=2$ 的概率，然后抓住重点，那就是这个概率到底是什么意思.

$X_1=2$ 是怎么发生的？有两种可能性：

- 两个节点都尝试发送，这个概率为 p^2.
- 两个节点都不尝试发送，这个概率为 $(1-p)^2$.

16

因此，

$$P(X_1=2)=p^2+(1-p)^2=0.52 \tag{1.25}$$

让我们使用定义来看看细节. 再说一次，给一些事件命名是非常有帮助的. 令 C_i 表示节点 i 尝试发送消息的事件，$i=1$，2. 然后使用 1.3 节中的定义，我们有

$$P(X_1=2)=P(\underbrace{C_1 \text{ 且 } C_2} \text{ 或 } \underbrace{\text{非 } C_1 \text{ 且非 } C_2}) \tag{1.26}$$

$$=P(C_1 \text{ 且 } C_2)+P(\text{非 } C_1 \text{ 且非 } C_2) \tag{1.27}$$

$$=P(C_1)P(C_2)+P(\text{非 } C_1)P(\text{非 } C_2) \tag{1.28}$$

$$=p^2+(1-p)^2 \tag{1.29}$$

以下是这些步骤的原因：

(1.26)：我们列出了事件$\{X_1=2\}$可能发生的方式.

(1.27)：设

$$G=C_1 \text{ 且 } C_2$$

和

$$H=D_1 \text{ 且 } D_2$$

其中 $D_i=$非 C_i，$i=1$，2. 我们把事件的分解设置为更容易记住的 G 和 H. 事件 G 和 H 显然是不相交的，如果在我们笔记本的给定行中，有一行 G 是“是”，那么 H 肯定是一个“否”，反之亦然. 因此，式(1.26)中的“或”变成了式(1.27)中的“+”.

(1.28)：这两个节点在物理上是相互独立的. 因此，事件 C_1 和 C_2 是随机独立的，所以我们应用了式(1.6). 然后对 D_1 和 D_2 做同样的处理.

那么，$P(X_2=2)$呢？在本例中根据 X_1 的值，我们再次将大事件分解为小事件，分别是 $X_2=2$ 时对应的 X_1 可能取值，即 $X_1=0$ 且 $X_2=2$，$X_1=1$ 且 $X_2=2$，$X_1=2$ 且 $X_2=2$. 因此，利用式(1.4)，我们有

17

$$P(X_2=2)=P(X_1=0 \text{ 且 } X_2=2) \tag{1.30}$$
$$+P(X_1=1 \text{ 且 } X_2=2)$$
$$+P(X_1=2 \text{ 且 } X_2=2)$$

因为 X_1 不能为 0，所以第一项 $P(X_1=0 \text{ 且 } X_2=2)$的概率为 0. 我们将使用式(1.8)处理第二项 $P(X_1=1 \text{ 且 } X_2=2)$. 这里由于实验的时间顺序性，在“邮寄筒”中分别取 A 和 B 为$\{X_1=1\}$和$\{X_2=2\}$是自然的(但肯定不是“强制”的，因为我们经常会看到其他情况). 因此，我们有

$$P(X_1=1 \text{ 且 } X_2=2)=P(X_1=1)P(X_2=2 \mid X_1=1) \tag{1.31}$$

为了计算 $P(X_1=1)$，我们使用与式(1.25)相同的推理. 对于所讨论的事件如果发生了，要么节点 A 发送而 B 不发送，要么 A 回退，而 B 发送. 因此，

$$P(X_1=1)=2p(1-p)=0.48 \tag{1.32}$$

现在我们需要计算 $P(X_2=2 \mid X_1=1)$. 这又涉及把大事件分解成小事件. 如果 $X_1=1$，那么只有在发生以下两种情况时才能有 $X_2=2$：

- 事件Ⅰ：有一个节点在 epoch 1 期间成功发送了消息. 因为 $X_1=1$，所以我们知道确实有一个节点成功发送消息了，并且之后会生成一条新消息.

- 事件Ⅱ：在 epoch 2 期间，没有成功的传输发生，即它们都试图发送或都不试图发送.

回顾 1.6 节中 p 和 q 的定义，我们有

$$P(X_2=2 \mid X_1=1)=q[p^2+(1-p)^2]=0.41 \tag{1.33}$$

因此，$P(X_1=1$ 且 $X_2=2)=0.48\times 0.41=0.20$

我们对 $P(X_1=2$ 且 $X_2=2)$进行了同样的分析. 回忆一下前面内容我们有 $P(X_1=2)=0.52$，且发现 $P(X_2=2 \mid X_1=2)$也是 0.52. 所以我们有 $P(X_1=2$ 且 $X_2=2)$为 $0.52^2=0.27$.

18

综合所有这些，我们发现 $P(X_2=2)=0.47$. 这个例子需要相当多的耐心，但是解的模式以及涉及的推理过程与前面公共汽车客流量模型相似.

1.7　笔记本环境中的 ALOHA

想想做很多次 ALOHA“实验”. 在笔记本环境中，让我们来解释上面数字 $P(X_1=2)=0.52$.

- 首次在两个 epoch 期间运行网络，从激活两个节点开始，并将结果写入笔记本的第一行.
- 第二次在两个 epoch 期间运行网络，从激活两个节点开始，并将结果写入笔记本的第二行.
- 第三次在两个 epoch 期间运行网络，从激活两个节点开始，并将结果写入笔记本的第三行.
- 第四次在两个 epoch 期间运行网络，从激活两个节点开始，并将结果写入笔记本的第四行.
- 想象着你一直这样做了数千次，并在笔记本上填写了数千行.

笔记本的前 7 行如表 1.3 所示. 我们看到：

- 在笔记本的前 7 行中，有 4/7 行的 $X_1=2$. 经过许多行后，这个分数大约为 0.52.
- 在笔记本的前 7 行中，有 3/7 行的 $X_2=2$. 经过许多行后，这个分数大约为 0.47 ㊀.
- 在笔记本的前 7 行中，有 2/7 行的 $X_1=2$ 且 $X_2=2$. 经过许多行后，这个分数大约为 0.27.
- 在笔记本的前 7 行中，在 $X_2=2 \mid X_1=2$ 列中有四行不是 NA. 在这四行中，有两行是“是”，即 2/4. 经过许多行后，这个分数大约为 0.52.

19

表 1.3　两个 epoch 期间 ALOHA 实验的笔记本记录

笔记本行数	$X_1=2$	$X_2=2$	$X_1=2$ 且 $X_2=2$	$X_2=2 \mid X_1=2$
1	是	否	否	否
2	否	否	否	NA
3	是	是	是	是

㊀ 别大惊小怪，事实上这些概率加起来近似等于 1.

（续）

笔记本行数	$X_1=2$	$X_2=2$	$X_1=2$ 且 $X_2=2$	$X_2=2 \mid X_1=2$
4	是	否	否	否
5	是	是	是	是
6	否	否	否	NA
7	否	是	否	NA

1.8　示例：一个简单的棋盘游戏

考虑一个棋盘游戏，为了简单起见，我们假设在四个边上每边有两个正方形. 方格编号从 0 到 7，游戏从 0 开始. 玩家的棋子根据单个骰子掷出的点数前进. 如果一个玩家降落在 3 号方格，他将获得额外投掷一次的奖励.

再次重申：在大多数类似这样的问题中，首先命名所涉及的数量或事件，然后将其“翻译”成数学是非常有帮助的. 为此，令 R 表示玩家第一次掷骰子得到的点数，令 B 表示他的奖励点数. 如果没有奖励点数，则将 B 设置为 0.

让我们计算一个玩家在第一回合后(包括奖励点数，如果有的话)还没有走完整个棋盘的概率，即还没有到达或通过 0 的概率. 像往常一样，我们会问“有关事件是如何发生的?”以及“如何将大事件分解为小事件?”对于后者，我们尝试根据是否有奖励点数来进行分解：

20

$$P(\text{未达到或通过 }0)=P(R+B\leqslant 7)$$

$$=P(R\leqslant 6,\ R\neq 3 \text{ 或 } R=3,\ B\leqslant 4) \tag{1.34}$$

$$=P(R\leqslant 6,\ R\neq 3)+P(R=3,\ B\leqslant 4) \tag{1.35}$$

$$=P(R\leqslant 6,\ R\neq 3)+P(R=3)P(B\leqslant 4 \mid R=3)$$

$$=\frac{5}{6}+\frac{1}{6}\cdot\frac{4}{6}$$

$$=\frac{17}{18} \tag{1.36}$$

上面我们用逗号作为“且”的常用简写符号. 引用相关的“邮寄筒”过程，读者应该可以提供上述每个步骤的依据.

注意，上面我们会使用“尝试”这个词. 我们会根据是否有奖励投掷来分解感兴趣的事件. 这并不意味着随后使用的“邮寄筒”可能是无效的. 它们当然是有效的，问题是按奖励投掷分解是否有助于我们找到一个解，而不是生成许多越来越难以计算的等式. 在这种情况下，它是有效的，特别是用于计算概率，例如 $P(R=2)=1/6$. 当然，如果一种分解方法不起作用了，那么请尝试另一种方法！

现在，这里有一种较简洁的方法(求解一个问题总是有多种方法)：

$$P(\text{未达到或通过 }0)=1-P(\text{达到或通过 }0) \tag{1.37}$$

$$=1-P(R+B>7) \tag{1.38}$$

$$=1-P(R=3,\ B>4) \tag{1.39}$$

$$=1-\frac{1}{6}\cdot\frac{2}{6} \tag{1.40}$$

$$=\frac{17}{18} \tag{1.41}$$

现在假设，根据游戏的电话报告，你听到玩家在第一个回合时他的棋子停在第 4 个方格. 让我们来计算一下他通过奖励掷骰到达那里的概率.

注意，这是一个条件概率，我们正在计算假设我们知道他最终在第 4 方格的条件下，玩家得到奖励投掷的概率. 问题的陈述中不存在“给定条件下”这个词，它是隐含的.

稍微想一想就知道，我们在棋盘上完成完整的一圈后，不可能在第 4 个方格结束，这就简化了很多情况. 所以有

21

$$\begin{aligned}P(B>0\mid R+B=4)&=\frac{P(R+B=4,\ B>0)}{P(R+B=4)}\\&=\frac{P(R+B=4,\ B>0)}{P(R+B=4,\ B>0\text{ 或 }R+B=4,\ B=0)}\\&=\frac{P(R+B=4,\ B>0)}{P(R+B=4,\ B>0)+P(R+B=4,\ B=0)}\\&=\frac{P(R=3,\ B=1)}{P(R=3,\ B=1)+P(R=4)}\\&=\frac{\frac{1}{6}\cdot\frac{1}{6}}{\frac{1}{6}\cdot\frac{1}{6}+\frac{1}{6}}\\&=\frac{1}{7}\end{aligned} \tag{1.42}$$

同样，读者应该确保考虑在上面的各个步骤中哪些使用了“邮寄筒”. 让我们看看上面的第四个等号，因为它是概率问题中常见的攻克方法. 在考虑概率 $P(R+B=4,\ B>0)$时，我们问，什么是更简单但仍然等价的描述？我们看到 $R+B=4$，$B>0$ 可以归结为 $R=3$，$B=1$，所以我们用 $P(R=3,\ B=1)$代替前面的概率式.

同样，这是一种非常常见的方法. 但一定要注意，我们处于一个“当且仅当”的情况. 是的，$R+B=4$，$B>0$ 意味着 $R=3$，$B=1$，但我们必须确保反过来也是正确的. 换句话说，我们还必须确认 $R=3$，$B=1$ 是意味着 $R+B=4$，$B>0$. 在本例中，这是显而易见的，但是如果不小心，在某些问题上可能会犯错误. 如果不小心，那我们将会用一个低概率事件替换一个高概率事件.

22

1.9　贝叶斯法则

1.9.1　总则

上面的几个推导遵循了寻找条件概率 $P(A\mid B)$的一个共同模式，即

$$P(A|B)=\frac{P(A)P(B|A)}{P(A)P(B|A)+P(\text{非}A)P(B|\text{非}A)} \tag{1.43}$$

这就是贝叶斯定理或贝叶斯法则. 它可以很容易地扩展到分母中有几个项的情况，这些分母可以根据需要分解为几个不相交事件 A_1，…，A_k，而不仅仅是 A 和非 A 的情况，如上文所述：

$$P(A_i|B)=\frac{P(A_i)P(B|A_i)}{\sum_{j=1}^{k}P(A_j)P(B|A_j)} \tag{1.44}$$

1.9.2 示例：文档分类

考虑一个文本分类领域的应用. 这里有很多文档的数据，比如来自《纽约时报》的文章，它们包括文字内容和其他属性，希望能用机器来确定新文献的主题类别.

假设我们的软件看到文档中包含单词 bonds. 这些是金融学中的 bonds? 化学中的 bonds? 亲子关系中的 bonds? 也可能是前棒球明星 Barry Bonds(甚至有可能是他的父亲 Bobby Bonds，他也是职业选手)?

现在，如果我们还知道文档中包含了 interest 这个词呢? 这听起来更像是一份财务文档，但另一方面，这句话可能是说“近年来，研究者们对母女关系(bonds)产生了浓厚的兴趣(interest).”那么可以应用式(1.43)，B 是文档包含 bonds 和 interest 的事件，A 是文档为财务文档的事件.

这些概率将从一个被称为语料库的文档数据集中估计出来. 例如，$P(\text{financial}|\text{bonds, interest})$是估计包含两个特定单词 bonds 和 interest 的所有文档中是财务文档的比例. 23

注意上一段中估计这个词. 即使我们的语料库很大，它仍然被视为来自所有《纽约时报》文章的一个样本. 所以在我们的估计概率中会有一些统计上的不准确性，我们将在本书的统计学部分(即第7章)开始讨论这个问题.

1.10 随机图模型

图由顶点和边组成. 要理解这一点，请考虑一个社交网络. 这里的顶点表示人，边表示友谊关系. 暂时假设友谊关系是相互的，也就是说，如果 j 是 i 的朋友，那么 i 也是 j 的朋友.

对于任何一个图，它的邻接矩阵由1和0组成，在第 i 行第 j 列的1表示从顶点 i 到顶点 j 有1条边. 例如，我们有一个由3个人组成的小网络，其邻接矩阵为

$$\begin{bmatrix}0 & 1 & 1\\ 1 & 0 & 0\\ 1 & 0 & 0\end{bmatrix} \tag{1.45}$$

矩阵的第1行表示第1个人与第2个人和第3个人是朋友，但从其他行我们可以看出第2个人和第3个人彼此不是朋友.

在任何图中，顶点的度数就是它的边数. 因此，顶点 i 的度数是第 i 行的1的个数，在上面的小模型中，顶点1的度数为2，而另外两个顶点的度数为1.

在图论中，友谊是相互的这一假设被描述为无向图. 注意，这意味着邻接矩阵是对称的. 然而，我们可能对其他一些网络进行有向建模，这些网络的邻接矩阵就不一定是对称

的. 例如，在一个大家庭里，依据兄长关系我们可以定义边，即如果 j 是 i 的兄长，那么从 i 到 j 会有一条边.

图不仅可以表示人. 它们也可以被应用于无数其他的环境中，如网站关系分析、网络流量路由、遗传学研究等.

24

1.10.1　示例：择优连接模型

择优连接模型是一个著名的图模型. 把它想象成一个无方向的社交网络，每一条边代表一个“朋友”关系. 顶点数会随着时间的推移而增长，一个时间段内增加一个顶点. 在时间 0，我们只有两个顶点 v_1 和 v_2，它们之间存在连接. 在时间 1，添加顶点 v_3，然后在时间 2 添加顶点 v_4，依此类推.

因此，在时间 0 时，两个顶点中的每一个都具有度数 1. 当一个新的顶点被添加到图中时，它就随机地选择一个现有的顶点去连接，从而与这个顶点创建一条新边. 建模的特性是新来的顶点更倾向于连接相对受欢迎的顶点. 在进行随机选择时，新顶点的连接服从概率，此概率与现有边的度数成正比. 现有顶点的当前度数越大，新顶点连接到它的概率越大.

作为阐释择优连接模型工作原理的示例，假设在时间 2 之前，当添加 v_4 时，式(1.45)是图的邻接矩阵，那么 v_4 与 v_1、v_2 或 v_3 之间可能创建一条边的概率分别为 2/4、1/4 和 1/4.

让我们计算 $P(v_4$ 连接 $v_1)$. 设 N_i 表示节点 $v_i(i=3, 4\cdots)$连接的节点，那么按照“将大事件分解为小事件”解决策略，在 v_3 中进行，有：

$$
\begin{aligned}
P(N_4=1) &= P(N_3=1 \text{ 且 } N_4=1)+P(N_3=2 \text{ 且 } N_4=1) \\
&= P(N_3=1)P(N_4=1 \mid N_3=1)+P(N_3=2)P(N_4=1 \mid N_3=2) \\
&= (1/2)(2/4)+(1/2)(1/4) \\
&= 3/8
\end{aligned}
$$

例如，上面的第二项为什么等于(1/2)(1/4)? 我们已经知道 v_3 和 v_2 相连了，因此当 v_4 出现时，由于三个现有顶点的度数为 1，2 和 1. 因此，v_4 将分别以 1/4，2/4 和 1/4 的概率连接到这些顶点上.

25

1.11　基于组合数学的计算

尽管这些坑很小，但人们需要把它们全部数出来.

——取自披头士乐队的歌，“A Day in the Life”

在某些概率问题中，所有的结果都是等可能的. 那么此时概率计算就是简单地数所有感兴趣的结果，然后除以所有可能的结果数. 当然，有时即使是这样的计算也会有挑战性，但理论上很简单. 这里我们将讨论两个例子.

符号 $\binom{n}{k}$ 在这里将被广泛使用. 它是指从 n 个事物中选择 k 个事物的方法数，且该数等于 $n!/(k!(n-k)!)$.

1.11.1　5 张牌中哪一种情况更有可能：一张国王还是两张红心

假设我们从普通的 52 张牌中抽出 5 张牌. P(1 张国王)和 P(2 张红心)哪个大? 在继续

之前，花点时间猜测哪个可能性更大.

下面看看如何计算这个概率. 其中关键是所有的牌都是等可能的，这意味着我们要做的就是数它们. 一共有$\binom{52}{5}$种可能的组合，这就是我们的分母. 对于 P(1 张国王)，我们的分子将是由 1 张国王和 4 张非国王组成的组数. 由于牌堆中有 4 张国王，所以选择 1 张国王有 4 种方法，而一组牌中有 48 张非国王，所以选出 4 张有$\binom{48}{4}$种方法. 国王中的每 1 张都可以与 4 张非国王的每一组相结合，因此 1 张国王和 4 张非国王的所有组合数量就是 4 乘以$\binom{48}{4}$. 因此，

$$P(1\text{ 张国王})=\frac{4\cdot\binom{48}{4}}{\binom{52}{5}}=0.299 \tag{1.46}$$

同理可得

$$P(2\text{ 张红心})=\frac{\binom{13}{2}\cdot\binom{39}{3}}{\binom{52}{5}}=0.274 \tag{1.47}$$

26

所以，1 张国王的可能性稍微大一点.

再次注意，假设所有 5 张牌组合的可能性是均等的. 这是一个现实的假设，但是重要的是它在这里起着关键作用. 顺便说一下，我使用 R 中的 choose() 函数来计算这些数量，在交互模式下运行 R，例如：

```
> choose(13,2) * choose(39,3) / choose(52,5)
[1] 0.2742797
```

R 还有一个非常好的函数 combn()，它将生成从 n 个事物中选取 k 个事物的所有组合$\binom{n}{k}$，并且还将根据你的选择对每个组合调用用户指定的函数. 这样可以节省大量的计算工作.

1.11.2 示例：学生的随机分组

一个班有 68 名学生，其中 48 名学生是计算机科学专业. 这 68 名学生被随机分为 4 人一组. 计算随机分成的 4 人一组中正好有 2 名学生是计算机专业的概率.

按照与上面相同的模式，其概率为

$$\frac{\binom{48}{2}\binom{20}{2}}{\binom{68}{4}}$$

1.11.3 示例：彩票

彩票中心共售出 20 张彩票，其中编号为 1 到 20. 从中抽出 5 张中奖票. 让我们算出 5

张中奖彩票中有两张是偶数的概率.

因为有 10 张彩票是偶数，所以 2 张中奖彩票的组合有$\binom{10}{2}$种. 如上所述，我们所求的概率为

$$\frac{\binom{10}{2}\binom{10}{3}}{\binom{20}{5}} \tag{1.48}$$

现在让我们找出 5 张中奖彩票中 2 张在 1 到 5 之间、2 张在 6 到 10 之间、一张在 11 到 20 之间的概率.

27

想象一下你自己在挑选彩票. 选择 5 张彩票的方法是一样的. 这些方法中有多少种满足所陈述的条件？好吧，首先，从 1 到 5 中选 2 张. 一旦你做到了这一点，再从 6 到 10 中选出 2 张，以此类推. 那么，所期望事件的概率是

$$\frac{\binom{5}{2}\binom{5}{2}\binom{10}{1}}{\binom{20}{5}} \tag{1.49}$$

1.11.4　示例：数字之差

假设不放回地从 1，2，…，n 随机选择 m 个数. 设 X 表示所选集合中相连数之间的最大间隔.（以 1 开头或以 n 结尾的间距不计算，除非它们在所选集合中.）例如，如果 $n=10$ 和 $m=3$，我们也许选到 2、6 和 7. 此时间距是 4 和 1，则 X 是 4. 让我们编写一个函数，利用 R 的内置函数 combn()和 diff()计算 $X=k$ 的概率(这不是模拟).

diff()函数的作用是：计算向量中相邻元素之差，例如，

```
> diff(c(2,7,18))
[1]  5 11
```

这正是我们想要的：

```
maxgap <- function(n,m,k) {
   tmp <- combn(n,m,checkgap)
   mean(tmp == k)
}

checkgap <- function(cmb) {
    tmp <- diff(cmb)
    max(tmp)
}
```

这个代码是如何工作的呢？调用 combn()函数会生成指定大小的所有组合，并对每个组合调用 checkgap()函数. 如上所示，将结果存储在向量 tmp 中. 请记住，对于每个不同的组合，tmp 都只有一个元素.

28

然后将该向量用于

```
mean(tmp == k)
```

在这段看似无害的代码中涉及几个重要的问题. 事实上，这是 R 中非常常见的模式，因此

充分理解代码很重要. 下面是所发生的事情：

表达式 `tmp==k` 产生一个布尔型向量(我们称为 u)，即 TRUE 和 FALSE. 当一个组合产生的最大间距是 k 时，TRUE 就会出现.

然后我们求出布尔向量的均值. 如你所知，在许多编程语言中，TRUE 和 FALSE 分别被视为 1 和 0. 因此，我们对 1 和 0 用 `mean()`.

但是 1 和 0 的平均值相当于 1 的比例，这就是我们正在寻找的概率值！由于所有的组合都是等可能的，所以我们希望求的概率就是 1 的比例.

1.11.5　多项式系数

问题：我们有一个由 6 名民主党人、5 名共和党人和 2 名无党派人士组成的小组，他们将参加小组讨论. 他们将坐在一张长桌旁. 就政治派别而言，有多少安排座位的方法？

有 $\binom{13}{6}$ 种方法可以选择民主党的座位. 一旦这 6 个座位选出后，就有 $\binom{7}{5}$ 种方法选择共和党的座位，那么无党派人士的座位就确定了，也就是说，此时只剩一种方法，但是我们把它写成 $\binom{2}{2}$. 因此，座位安排的总数为

$$\frac{13!}{6!7!}\cdot\frac{7!}{5!2!}\cdot\frac{2!}{2!0!} \tag{1.50}$$

化简后为

$$\frac{13!}{6!5!2!} \tag{1.51}$$

同样的推理可以得到下面的一般概念.

29

多项式系数：假设我们有 c 个物品和 r 个盒子. 则选择 c_1 放入 1 号盒，c_2 放入 2 号盒，……，c_r 放入 r 号盒的方法数是

$$\frac{c!}{c_1!\cdots c_r!},\qquad c_1+\cdots+c_r=c \tag{1.52}$$

当然，“盒子”只是一个比喻. 在上面的政党例子中，“盒子”对应政党，而“物品”对应座位.

1.11.6　示例：打桥牌时得到 4 张 A 的概率

一副标准的 52 张牌发给 4 个玩家，每人 13 张牌. 其中一个玩家是米莉. 米莉得到 4 张 A 的概率是多少？

多项式系数是

$$\frac{52!}{13!13!13!13!} \tag{1.53}$$

(物品是 52 张牌，“箱子”是 4 个玩家). 由于米莉持有 4 张 A，且发牌的数量是相同的，所以剩下需要发牌的数量为 52－4＝48，其中有 13－4＝9 张牌发给米莉，其他 3 个玩家每人发 13 张牌，即

$$\frac{48!}{13!13!13!9!} \tag{1.54}$$

因此，前面事件的概率是

$$\frac{\frac{48!}{13!13!13!9!}}{\frac{52!}{13!13!13!13!}}=0.002\,64 \tag{1.55}$$

30

1.12 练习

数学问题

1. 在 1.1 节公共汽车客流量的示例中，假设第二个站点的观察者注意到没有人下车，但是天很黑，观察者看不到车上是否有人. 计算当时车上只有一名乘客的概率.
2. 在 1.6 节的 ALOHA 模型中，计算概率 $P(X_1=1|X_2=2)$. 请注意，这里不存在“时间倒流”的问题，这里的概率计算在笔记本模式中使用非常合理.
3. 在 ALOHA 模型中计算 $P(X_1=2$ 或 $X_2=2)$.
4. 一般来说，$P(B|A)\neq P(A|B)$. 可以用掷骰子的例子来说明这一点，如下所示. 令 S 和 T 分别表示两次掷骰子的点数和以及偶数出现的次数(0、1 或 2). 计算 $P(S=12|T=2)$ 和 $P(T=2|S=12)$，注意它们是不同的.
5. 吉尔每天早上 9：00、9：15 或 9：30 到达停车场的概率分别为 0.5、0.3 和 0.2. 而在那个时候有停车位的概率分别是 0.6、0.1 和 0.3.
   (a) 计算她找到停车位的概率.
   (b) 有一天她告诉你她找到了一个停车位. 确定她最有可能到达的时间，以及那个时间到达的概率.
6. 考虑 1.8 节的棋盘游戏示例. 求第一个回合后(包括奖励点数，如果有的话)，玩家在方格 1 的概率. 同时，求事件 $B\leqslant 4$ 的概率.(注意，$B=0$ 相当于 $B\leqslant 4$.)
7. 比如说一辆汽车穿过一座多车道的桥，可能需要 3、4 或 5 分钟，其中 50%的可能需要 3 分钟，需要 4 分钟和 5 分钟的可能各占 25%. 我们考虑三辆汽车，分别命名为 A、B 和 C，它们同时开始穿过大桥. 它们在不同的车道独立行驶.
   (a) 计算第一个到达目的地为 4 分钟的概率.
   31
   (b) 计算三辆车的总行驶时间为 10 分钟的概率.
   (c) 一位观察员报告说这三辆车同时到达. 计算每辆车都用了 3 分钟的概率.
8. 考虑简单的 ALOHA 网络模型，设 $X_0=2$ 运行两个 epoch. 假设我们知道一共有两次传输尝试. 计算这些尝试中至少有一次发生在第二个 epoch 期间的概率.(注：对于“尝试”这一术语，我们没有区分传输成功和失败.)给出你对一般 p 和 q 的分析答案.
9. 用 1.11.5 节中多项式系数的内容对式(1.49)进行另一种计算.
10. 考虑 1.10.1 节中的择优连接图模型.
    (a) 计算 $P(N_3=1|N_4=1)$.

(b) 计算 $P(N_4=3)$.

11. 考虑含有三个节点的 ALOHA 网络示例，所有节点都在时间 0 时处于活跃状态. 其中一个用户告诉我们，在 epoch 1 结束时，她的节点在这期间发生了冲突.(我们没有来自其他两个用户的信息.)那次冲突涉及三个节点的概率有多大?
12. 在 1.11.2 节的随机学生分组示例中，假设只有 67 名学生，所以其中有一个小组只有 3 名学生.(继续假设有 48 名学生是计算机专业)假设学生被随机分配到 17 个组中，然后我们从 17 个组中随机选出一组. 计算其中正好有 2 名计算机专业学生的概率.

计算和数据问题

13. 使用 R 中的 combn() 函数证明式(1.48). 函数将遍历每个可能的子集，你的代码可以统计你感兴趣的子集的数量.
14. 在 1.11.5 节，编写一个 combn() 的扩展形式，它将遍历所有可能的分隔.
15. 以棋盘游戏为例(但没有奖励投掷). 我们对数量 t_{ik}(0, 1, 2, 4, 5, 6, 7)感兴趣，即从方格 i 开始，转 k 圈到达或通过方格 0 的概率.

    编写一个递归函数 tik(i,k). 例如，

32

```
> tik(1,2)
[1] 0.5833333
> tik(0,2)
[1] 0.4166667
> tik(7,1)
[1] 1
> tik(7,2)
[1] 0
> tik(5,3)
[1] 1
> tik(5,2)
[1] 0.5
> tik(4,4)
[1] 1
> tik(4,3)
[1] 0.5833333
```

16. 用调用形式编写一个函数

```
permn(x,m,FUN)
```

    类似于 combn()，但用于排列. 返回值是一个向量或矩阵.

    建议：调用 combn() 来获取每个组合，然后应用 partitions 包中的函数 perms() 来生成与该组合对应的所有排列.

17. 应用问题 16 中的 permn() 来解决以下问题：我们从 1, 2, …, 50 中选择 8 个数字 X_1, …, X_8. 我们感兴趣的是量 $W=\sum_{i=1}^{7}|X_i+1-X_i|$. 求 EW.

33 ~ 34

第2章 蒙特卡罗模拟

计算机模拟通过实际代码所做的本质上与我们在“笔记本”上对概率概念所做的一样(1.2节). 这就是所谓的蒙特卡罗模拟.

也有一些类型的模拟在时间上遵循某些过程. 例如离散事件模拟就是这种类型的模拟，即对具有“离散”变化的过程进行建模，如排队系统. 在排队系统中排队等待的人数无论是增加还是减少都只会变化1个单位. 这与模拟天气不同. 在模拟天气的过程中，温度和其他变量的变化是连续的.

2.1 示例：掷骰子

如果我们掷三个骰子，它们的总点数是8的概率是多少？我们可以计算所有的可能性，或者可以通过模拟得到一个近似的结果：

```
# roll d dice; find P(total = k)

probtotk <- function(d,k,nreps) {
   count <- 0
   # do the experiment nreps times -- like doing
   # nreps notebook lines
   for (rep in 1:nreps) {
      sum <- 0
      # roll d dice and find their sum
      for (j in 1:d) sum <- sum + roll()
      if (sum == k) count <- count + 1
   }
   return(count/nreps)
}

# simulate roll of one die; the possible return
# values are 1,2,3,4,5,6, all equally likely
roll <- function() return(sample(1:6,1))

# example
probtotk(3,8,1000)
```

35

这里对内置R函数 sample()的调用表示从数字序列1、2、3、4、5、6中获取一个大小为1的样本. 这正是我们想要模拟的掷骰子模型. 代码

```
for (j in 1:d) sum <- sum + roll()
```

模拟了一个骰子抛投 d 次，并计算出它们的总和.

2.1.1 第一次改进

由于R的应用程序经常消耗大量的计算机时间，所以优秀的R程序员总是在寻找加快速度的方法. 以下是上述程序的替代版本：

```
# roll d dice; find P(total = k)

probtotk <- function(d,k,nreps) {
   count <- 0
   # do the experiment nreps times
   for (rep in 1:nreps)
      total <- sum(sample(1:6,d,replace=TRUE))
      if (total == k) count <- count + 1
   }
   return(count/nreps)
}
```

让我们先讨论如下代码.

```
sample(1:6,d,replace=TRUE)
```

36

此时，调用 sample()函数的作用是“从整数 1 到 6 中有放回地随机(即概率相等)生成 d 个随机数”. 实际上，它模拟了掷骰子 d 次的结果. 所以，这个调用返回 d 个元素的数组，然后通过调用 R 的内置函数 sum()来计算 d 个骰子的总点数.

第二个版本的代码消除了一个显式循环，这是用 R 编写快速代码的关键. 同样重要的是，它更简洁、更清晰地表达了我们在模拟中需要做的事情. 调用 R 中 sum()函数同时具有了这两个属性.

2.1.2　第二次改进

进一步改进是有可能的. 我们考虑以下代码：

```
# roll d dice; find P(total = k)

# simulate roll of nd dice; the possible return
# values are 1,2,3,4,5,6, all equally likely
roll <-
   function(nd) return(sample(1:6,nd,replace=TRUE))

probtotk <- function(d,k,nreps) {
   sums <- vector(length=nreps)
   # do the experiment nreps times
   for (rep in 1:nreps) sums[rep] <- sum(roll(d))
   return(mean(sums==k))
}
```

此处有不少的变化. 这种模式将经常出现，所以我们要确保我们掌握了全部细节.

我们在向量 sums 中存储各种各样的“笔记本行”. 我们首先调用函数 vector()为它分配空间.

但是上述代码的核心表达式是 sums==k，它涉及了 R 的精髓——向量化(A.4 节). 初看这个表达式很奇怪，那是因为我们在比较一个向量 sums 和一个标量 k. 但是在 R 中，每个“标量”实际上都被视为一个元素的向量.

在 R 中，k 是向量，但是等等，它的长度不同于 sums，所以我们如何比较这两个向量呢？R 中向量的长度是循环的，即通过重复它的值来增长向量，以和它将比较的向量的长度相同. 例如：

37

```
> c(2,5) + 4:6
[1]  6 10  8
```

上边的代码是将向量(2，5)与向量(4，5，6)相加. 虽然两个向量的长度不一样，但是在 R 中向量(2，5)可以循环为向量(2，5，2)，从而与向量(4，5，6)相加，得到和(6，10，8)[㊀].

因此，在计算表达式 sums==k 时，R 会循环 k 得到一个向量，该向量由复制 nreps 次的 k 组成，从而与向量 sums 的长度相同. 比较的结果将是长度为 nreps 的向量，由 TRUE 和 FALSE 组成. 在数值环境下，它们分别用 1 和 0 表示. R 中的 mean() 函数是将这些值进行平均，通过它可以得到 1 的比例！这正是我们想要的.

2.1.3 第三次改进

更好的版本是：

```
roll <- function(nd)
   return(sample(1:6,nd,replace=TRUE))

probtotk <- function(d,k,nreps) {
   # do the experiment nreps times
   sums <- replicate(nreps,sum(roll(d)))
   return(mean(sums==k))
}
```

R 中 replicate() 函数的功能就如同其名称的字面意思一样，在本例中此函数调用 sum(roll(d)) 总共 nreps 次. 这会产生一个向量，然后把此向量赋给 sums. 注意，我们不必为 sums 分配空间，replicate() 在生成向量时会配置相应的空间，我们只需将 sums 指向该向量即可.

上面所示的各种改进使代码更加紧凑，并且在许多情况下，使代码更快[㊁]. 不过，请注意，这是以占用更多内存为代价的.

38

2.2 示例：骰子问题

假设掷了 3 个相同的骰子. 3 个骰子的点数之和大于 8，我们希望通过模拟计算第一个骰子点数小于 3 的近似概率. 同样，通过编写代码来实现模拟，以“笔记本”的角度实现概率的计算过程. 在这种情况下，条件概率的计算公式如 $P(B|A)$所示，它表示在 A 发生的条件下 B 发生的概率. 代码如下：

```
dicesim <- function(nreps) {
   count1 <- 0
   count2 <- 0
   for (i in 1:nreps) {
      d <- sample(1:6,3,replace=T)
      # "among those lines in which A occurs"
      if (sum(d) > 8) {
         count1 <- count1 + 1
         if (d[1] < 3) count2 <- count2 + 1
      }
   }
   return(count2 / count1)
}
```

请注意，我们没有使用式(1.9). 因为这将破坏模拟的目的，即影响模拟的实际过程.

㊀ 这里还有一条警告信息，但是没有显示. 循环发出或不发出警告的评判标准超出了本书的讨论范围，但循环是 R 中非常常见的一种操作.

㊁ 可以用 R 的 system.time() 函数来测量时间，例如调用 system.time(probtotk(3，7，10000)).

2.3 使用 runif()模拟事件

为了模拟一个简单事件是否发生，我们通常使用 R 中的 runif()函数. 此函数从区间(0，1)生成随机数，其中所有点的取值可能性相等. 例如，函数返回值在区间(0，0.5)内的概率为 0.5. 因此，下面是模拟投掷硬币的代码：

```
if (runif(1) < 0.5)
   heads <- TRUE else heads <- FALSE
```

参数 1 表示我们只希望从区间(0，1)生成一个随机数.

39

2.4 示例：公共汽车客流量(续)

考虑 1.1 节中的示例. 让我们计算公共汽车到第 10 站后，车上为空的概率. 求解这个问题的解析解太复杂了，但很容易进行模拟：

```
nreps <- 10000
nstops <- 10
count <- 0
for (i in 1:nreps) {
   passengers <- 0
   for (j in 1:nstops) {
      if (passengers > 0)  # any alight?
         for (k in 1:passengers)
            if (runif(1) < 0.2)
               passengers <- passengers - 1
      newpass <- sample(0:2,1,prob=c(0.5,0.4,0.1))
      passengers <- passengers + newpass
   }
   if (passengers == 0) count <- count + 1
}
print(count/nreps)
```

要注意调用 sample()函数时的不同用法.

```
sample(0:2,1,prob=c(0.5,0.4,0.1))
```

这里我们从集合{0，1，2}中分别以 0.5、0.4 和 0.1 为概率选取一个大小为 1 的样本. 由于 sample()的第三个参数是 replace，而不是 prob，我们需要在调用中指定后者.

2.5 示例：棋盘游戏(续)

回想一下 1.8 节的棋盘游戏. 下面是计算式(1.42)中概率的模拟代码：

```
boardsim <- function(nreps) {
   count4 <- 0
   countbonusgiven4 <- 0
   for (i in 1:nreps) {
      position <- sample(1:6,1)
      if (position == 3) {
         bonus <- TRUE
         position <-
            (position + sample(1:6,1)) %% 8
      } else bonus <- FALSE
      if (position == 4) {
         count4 <- count4 + 1
```

40

```
            if (bonus) countbonusgiven4 <-
               countbonusgiven4 + 1
         }
      }
      return(countbonusgiven4/count4)
   }
```

注意 R 的模运算符 %% 的用法. 因为棋盘位置号在 7 之后会变成 0，所以我们要计算取模 8 的棋盘位置.

2.6　示例：断杆

假设一根玻璃棒掉下来，随机碎成 5 块. 让我们计算最小的碎片长度小于 0.02 的概率是多少.

我们要理解这里的“随机”是什么意思. 首先，我们要假设小棒有 4 个断点，最左端为设为 0，最右端设为 1，可以用 runif(4)来模拟. 下面是执行此操作的代码：

```
minpiece <- function(k) {
   breakpts <- sort(runif(k-1))
   lengths <- diff(c(0,breakpts,1))
   min(lengths)
}

# returns the approximate probability
# that the smallest of k pieces will
# have length less than q
bkrod <- function(nreps,k,q) {
   minpieces <- replicate(nreps,minpiece(k))
   mean(minpieces < q)
}

> bkrod(10000,5,0.02)
[1] 0.35
```

41

因此，我们根据模型生成断点，然后对它们按顺序进行排列，以便调用 R 的函数 diff()(1.11.4 节). 这里使用 R 的内置函数确实简化了我们的代码，并加快了运行速度. 最终我们找到了长度最小的碎片.

2.7　我们应该运行模拟多长时间

显然，在上面的例子中，参数 nreps 的值越大，我们的模拟结果就可能越精确. 但是这个值应该有多大呢？或者更确切地说，对于给定的 nreps 值(无论这意味着什么)，人们所期待的准确度的衡量标准是什么？这些问题将在第 10 章中讨论.

2.8　计算补充

2.8.1　replicate()函数的更多信息

replicate()函数的调用方法如下：

```
replicate(numberOfReplications,codeBlock)
```

在 2.1.3 节的例子中，

```
sums <- replicate(nreps,sum(roll(d)))
```

其中，codeBlock 只是一个语句，用于调用 R 的 sum() 函数. 如果要执行多个语句，则必须在一个块(一组用大括号括起来的语句)中执行，例如：

```
f <- function()
{
   replicate(3,
      {
         x <- sample(1:10,5,replace=TRUE)
         range(x)
      }
   )
}
```

42

2.9 练习

计算和数据问题

1. 修改 2.6 节中断杆示例的模拟代码，使碎片的数量是随机的，其中碎片数量为 2、3 和 4 的概率分别是 0.3、0.3 和 0.4.
2. 编写一段代码来解决第 1 章的第 11 题.
3. 用调用 paSim(ngen) 编写一个函数，该函数用于模拟 1.10.1 节中择优连接模型的 ngen 生成. 它将返回一个 ngen 行 ngen 列的邻接矩阵. 使用此代码来计算 v_5 加入网络后 v_1 的度数为 3 的近似概率.
4. 修改 2.5 节中模拟棋盘游戏的示例，加入一个随机的起点，我们取 0 到 7 的平方，每个概率为 1/8. 另外，增加代码以找到 $P(X=7)$，其中 X 是一圈后的位置(包括奖励点数，如果有的话).
5. 假设我们掷一枚硬币，直到连续 k 次出现正面. 编写一个调用 ngtm(k,m,nreps) 的函数，该函数模拟随机实验，并返回要想达到这个目标需要超过 m 次投掷的近似概率.
6. 修改 2.4 节的代码，计算公共汽车在前十站中至少有一站是空车的概率.
7. 这里我们考虑一下在模拟代码中的典型的循环：

   ```
   for (rep in 1:nreps) {
   ```

   参数 nreps 的值越大，我们越可能得到更高精度的结果. 我们稍后将更深入地讨论这一点，但就目前而言，评估我们的 nreps 值是否足够大的一种方法是看结果是否稳定，如下所示.

   修改 2.1 节中的代码，以便为每十个 i 绘制一个 count/i 的值. 曲线大致是平的吗？(此问题需要提前阅读 5.7.1 节.)

43 ~ 44

8. 1.11.4 节中的代码可以准确地计算概率，但是对于较大的 n 和 k，枚举所有可能的组合将是非常耗时的. 可变为用 maxgap() 函数进行模拟.

第 3 章　离散型随机变量：期望值

本章和下一章将介绍离散型随机变量. 从这些随机变量的平均值中，我们将得到一些性质，其中大多数性质实际上适用于一般的随机变量. 所有这些性质对你来说似乎都是抽象的，那么让我们开始吧.

3.1　随机变量

在一个更为数学化的公式中，给出了一个正式的样本空间定义，一个随机变量将被定义为一个实值函数，其定义域为样本空间. 不过，我们还是采取了更直观的方法.

定义 3　*随机变量是我们实验的数值结果.*

例如，考虑以前的例子，我们掷两个骰子，X 和 Y 分别表示蓝色骰子和黄色骰子上得到的点数. 那么 X 和 Y 是随机变量，因为它们是此实验的数值结果. 此外，$X+Y$、$2XY$、$\sin(XY)$等也是随机变量.

45

3.2　离散型随机变量

在我们的骰子示例中，随机变量 X 可以取集合{1，2，3，4，5，6}中的任意一个数值. 我们说{1，2，3，4，5，6}是 X 的支撑，这意味着随机变量可以是列表中的任意一个值. 这是一个有限集.

在 1.6 节的 ALOHA 示例中，X_1 和 X_2 的支撑是{0，1，2}，这也是一个有限集.

现在想想另一个实验，我们掷硬币直到得到一个正面. 设 N 为所需的投掷次数. 那么 N 的支撑是{1，2，3，…}. 这是一个可数的无限集[⊖].

现在再考虑一个实验，在这个实验中，我们在(0，1)区间投掷一个飞镖，假设命中的位置为 R，且 R 可以取 0 到 1 之间的任何值. 此时，这里的支撑是一个不可数的无限集.

我们说 X、X_1、X_2 和 N 都是离散型随机变量，而 R 是连续型随机变量. 我们将在第 6 章讨论连续型随机变量.

注意，离散型随机变量不一定是整数值. 考虑上面的随机变量 X(骰子上显示的点数). 定义 $W=0.1X$. 那么 W 是有限集(0，0.1，…，0.6)中的值，因此它也是离散的.

⊖ 这是一个来自数学基础理论的概念. 粗略地说，这意味着可以给集合分配整数标签，即编号 1、编号 2 等. 正偶数的集合是可数的，因为我们可以说 2 是第 1 项，4 是第 2 项，依此类推. 可以证明，即使是所有有理数的集合也是可数的.

3.3 独立的随机变量

我们已经有了事件独立性的定义，那么随机变量的独立性呢？答案是，如果两个随机变量对应的事件是独立的，那么它们也是独立的.

在上面的骰子例子中，很明显，随机变量 X 和 Y 彼此“不影响”. 如果我知道 $X=6$，那么这个前提根本帮不了我对 Y 的猜测. 例如，即使知道 $Y=2$，但是 X 等于 6 的概率仍然是 1/6. 从数学角度来说，我们有

$$P(Y=2 \mid X=6)=P(Y=2) \tag{3.1}$$

46

这反过来意味着

$$P(Y=2 \text{ 且 } X=6)=P(Y=2)P(X=6) \tag{3.2}$$

换句话说，事件$\{X=6\}$和$\{Y=2\}$是独立的，类似地，事件$\{X=i\}$和$\{Y=j\}$对于任意 i 和 j 都是独立的. 这引出了我们对独立性的正式定义：

定义 4　如果对于任何集合 I 和 J，相应的事件$\{X \text{ 在 } I \text{ 中}\}$和$\{Y \text{ 在 } J \text{ 中}\}$是独立的，那么随机变量 X 和 Y 也是独立的，即

$$P(X \text{ 在 } I \text{ 中且 } Y \text{ 在 } J \text{ 中})=P(X \text{ 在 } I \text{ 中}) \cdot P(Y \text{ 在 } J \text{ 中}) \tag{3.3}$$

所以这个概念可以简单地描述为 X 不影响 Y，Y 也不影响 X. 从某种意义上说，固定其中一个不影响另一个的概率. 很明显这个定义方式可以扩展到两个以上的随机变量.

独立随机变量的概念绝对是概率论和统计学领域的核心内容，它将贯穿全书.

3.4 示例：蒙提霍尔问题

这个问题虽然说起来很简单，但其以令人困惑和难以解决而著称[37]. 然而，它实际上是一个例子，说明了如何使用随机变量将概率问题的语文陈述“翻译”成数学语言，以此来简化问题和厘清思路，使问题更容易解决. 这个“翻译”过程只是简单地命名各种量. 你会在这里的蒙提霍尔问题中看到.

想象一下，仅仅在我们的分析中引入命名随机变量的简单方法，就使一个困扰著名数学家的问题很容易解决！

蒙提霍尔问题的名字来源于一个很受欢迎的电视游戏节目的主持人，该节目要求参赛者从三扇门中选择一扇. 一扇门后面是一辆新汽车，而另两扇门通向山羊. 选手选择其中一扇门，并领取门后的奖励.

47

主人知道哪扇门通向汽车. 为了让事情变得有趣，在参赛者选择之后，主持人会打开另外两扇没有被选择的其中一扇门，并且这扇门通向一只山羊. 参赛者现在是否应该把自己的选择换到剩下的门上，即他没有选择且主持人也没有打开的门？

很多人的回答是否定的，理由是两个门还没有打开，每个门都有 1/2 的概率通向汽车. 但正确的答案实际上是剩下的那扇门(不是参赛者选择的，也不是主持人打开的那扇门)中奖概率是 2/3，因此参赛者应该换到它. 让我们看看为什么.

再次强调，问题的关键是命名一些随机变量. 让

- C＝选手选择的门(1、2 或 3)
- H＝选手选择门后，主持人选择的门(1、2 或 3)
- A＝通向汽车的门

我们可以考虑 $C=1$ 且 $H=2$ 的情况使事情变得更具体. 然后，这个问题的数学公式是找出参赛者应该改变主意的概率，即汽车实际在 3 号门后的概率：

$$P(A=3 \mid C=1, H=2)=\frac{P(A=3, C=1, H=2)}{P(C=1, H=2)} \tag{3.4}$$

你可能会惊讶地发现，我们已经解决了问题的困难部分. 写下式(3.4)是解决问题的核心，剩下的就是计算上面式子中的各种量. 这将需要一段时间，但这些计算是相当机械的，简单地回顾一下我们在前几章中经常采用的步骤. 把分子写成

$$P(A=3, C=1) P(H=2 \mid A=3, C=1) \tag{3.5}$$

因为 C 和 A 是独立的随机变量，所以式(3.5)中的第一个因子的值是

48

$$\frac{1}{3} \cdot \frac{1}{3}=\frac{1}{9} \tag{3.6}$$

第二个因子呢？记住，在计算 $P(H=2 \mid A=3, C=1)$时，我们是在给定的情况下，即主持人知道 $A=3$，并且选手选择了门 $C=1$，主持人将打开唯一剩下的隐藏山羊的门，即门 2. 换句话说，

$$P(H=2 \mid A=3, C=1)=1 \tag{3.7}$$

现在考虑式(3.4)中的分母. 我们可以像往常一样，“将大事件分解为小事件”. 对于分解变量，使用 A 似乎很自然，所以让我们尝试一下：

$$P(C=1, H=2)=P(A=3, C=1, H=2)+P(A=1, C=1, H=2) \tag{3.8}$$

(没有 $A=2$ 的情况，因为主人知道车在 2 号门后面，他不会选择它.)

我们已经计算了第一项. 让我们看看第二项，它等于

$$P(A=1, C=1) P(H=2 \mid A=1, C=1) \tag{3.9}$$

如果主持人知道车在 1 号门后，且选手选择了该门，主持人会在 2 号门和 3 号门之间随机选择，所以

$$P(H=2 \mid A=1, C=1)=\frac{1}{2} \tag{3.10}$$

同时，和前面一样，

$$P(A=1, C=1)=\frac{1}{3} \cdot \frac{1}{3}=\frac{1}{9} \tag{3.11}$$

综上可得

$$P(A=3 \mid C=1, H=2)=\frac{\frac{1}{9} \cdot 1}{\frac{1}{9} \cdot 1+\frac{1}{9} \cdot \frac{1}{2}}=\frac{2}{3} \tag{3.12}$$

49

甚至连历史上最著名的数学家之一 Paul Erdös 据说也没做对这个问题. 或许他可以通过以随机变量的形式写下他的分析来避免错误，而不是写下一个冗长的、不精确的、最终错误的解.

3.5 期望值

3.5.1 一般性——不只是离散型随机变量

本节介绍的概念和性质是概率论和统计学的核心. 除了一些特殊的计算，这些概念既适用于离散型随机变量也适用于连续型随机变量，甚至适用于其他类似情况.

后面定义的方差性质也是既适用于离散型随机变量又适用于连续型随机变量.

3.5.2 用词不当

“期望值”一词是人们在科技界遇到的众多误用词之一. 期望值实际上不是我们“期望”发生的事情. 相反，这通常是不太可能发生甚至是不可能发生的.

例如，设 H 表示我们掷一枚硬币 1000 次时得到的正面朝上的次数. 你稍后会看到，其期望值是 500. 考虑到情况的对称性和期望值是平均值这一事实(稍后将介绍)，这并不奇怪. 但 $P(H=500)$约为 0.025. 换句话说，我们当然不应该“期望” H 是 500.

当然，更糟糕的例子是，我们掷均匀骰子时出现的点数的示例. 它的期望值将是 3.5，这个值不仅很少出现，事实上它从来没有出现过.

尽管名称有误，但期望值却在概率论和统计学中起着绝对核心的作用.

3.5.3 定义和笔记本视图

定义 5　*考虑随机变量 X 的可重复实验. 我们说 X 的期望值是 X 的长期平均值，因为我们无限次地重复这个实验.*

50

在我们的笔记本中，将有一列为 X. 令 X_i 表示笔记本的第 i 行中 X 的值. 那么 X 的长期平均值，即笔记本 X 列中的长期平均值，是[⊖]

$$\lim_{n\to\infty}\frac{X_1+\cdots+X_n}{n} \tag{3.13}$$

为了使这一点更加明确，请看表 3.1 的部分笔记本示例. 此时，我们掷两个骰子，令 S 表示它们的和. $E(S)$是 S 列的长期平均值.

表 3.1　掷骰子问题的扩展笔记本

笔记本行数	X	Y	S	笔记本行数	X	Y	S
1	2	6	8	6	3	4	7
2	3	1	4	7	5	1	6
3	1	1	2	8	3	6	9
4	4	2	6	9	2	5	7
5	1	1	2				

⊖ 上面的定义是本末倒置的，因为它假定极限存在. 从理论上讲，情况可能并非如此. 然而，如果 X_i 有上限和下限的话，它确实存在，这在现实世界中总是正确的. 例如，没有人的身高是 50 英尺，也没有人的身高是负的. 在这本书中，我们通常会说随机变量的期望值，不添加限定词“如果存在的话”.

由于 $E()$是长期平均的性质，所以我们通常简单地称之为平均值.

3.6　期望值的性质

在这里，我们将推导离散型随机变量期望值的简便计算公式，并推导该概念的性质. 你将在这本书的其余部分使用这些性质，所以在这里多花点时间.

3.6.1　计算公式

式(3.13)定义了期望值，但是人们几乎从不直接从定义中计算期望值. 相反，我们通常使用一个公式，我们现在将推导这个公式.

假设我们的实验是掷 10 枚硬币. 令 X 表示我们在这 10 次中得到正面的次数. 我们可能在第 1 次实验中得到 4 个正面，即 $X_1=4$，在第 2 次实验中得到 7 个正面，所以 $X_2=7$，依此类推. 直观地说，X 的长期平均值是 5(将在下面得到证明). 因此，我们说 X 的期望值是 5，并写为 $E(X)=5$. 但是让我们来确认这一点，并在此过程中得到一个关键公式.

51

现在令 $K_{i,n}$ 表示在 X_1，…，X_n($i=0$，…，10，$n=1$，2，3，…,)中正面出现的次数. 例如，$K_{4,20}$ 表示在前 20 次重复实验中正面出现的次数是 4. 那么

$$E(X)=\lim_{n\to\infty}\frac{X_1+\cdots+X_n}{n} \tag{3.14}$$

$$=\lim_{n\to\infty}\frac{0\cdot K_{0,n}+1\cdot K_{1,n}+2\cdot K_{2,n}+\cdots+10\cdot K_{10,n}}{n} \tag{3.15}$$

$$=\sum_{i=0}^{10} i\cdot\lim_{n\to\infty}\frac{K_{i,n}}{n} \tag{3.16}$$

为了理解第二个方程，假设当 $n=5$ 时，即笔记本对应的 5 行，我们有 X_1，X_2，X_3，X_4，X_5 的值分别为 2，3，1，2，1. 我们可以把 1 写在一组 2 写在一组，然后得到

$$2+3+1+2+1=2\times2+2\times1+1\times3 \tag{3.17}$$

我们有两个 2，所以 $K_{2,5}=2$，等等.

但是 $\lim\limits_{n\to\infty}K_{i,n}/n$ 是 $X=i$ 长期出现的比例，换言之，就是 $P(X=i)$！所以，

$$E(X)=\sum_{i=0}^{10} i\cdot P(X=i) \tag{3.18}$$

总体而言，我们有如下性质：

性质 A：离散型随机变量 X(支撑是 A)的期望值是

$$E(X)=\sum_{c\in A} cP(X=c) \tag{3.19}$$

我们将经常使用上面的公式，所以值得重写一下：

52

$$E(X)=\sum_{c\in A} P(X=c)c \tag{3.20}$$

概率 $P(X=c)$当然是[0，1]中的数. 因此，我们看到 $E(X)$等于 X 支撑内的所有值的加权和，权重是这些值的概率.

如前所述，式(3.19)是我们通常用于计算期望值的公式. 前面的方程是推导出来的，专门用来计算的公式.

再次注意式(3.19)不是期望值的定义，期望值的定义在式(3.13)中. 区分这两个概念是很重要的[㊀]. 定义对于我们直观地理解期望值很重要，而公式是我们在实际计算期望值时要用到的.

顺便说一下，注意上面的“离散”一词. 我们稍后将看到，对于连续型随机变量，式(3.19)中的求和将成为一个积分.

现在，这里有两个例子来说明这个公式的作用. 首先，以上面的掷硬币为例，X 表示的是我们10次掷硬币中得到正面的次数(5.4.2节中也会出现)，则

$$P(X=i)=\binom{10}{i}0.5^i(1-0.5)^{10-i} \tag{3.21}$$

所以

$$E(X)=\sum_{i=0}^{10}i\binom{10}{i}0.5^i(1-0.5)^{10-i} \tag{3.22}$$

(通常情况下，随机变量使用大写字母，例如这里的 X，而小写字母表示随机变量的取值，例如这里的 i.)

在求和之后，我们发现 $E(X)=5$，正如所预期的那样.

当 X 表示我们掷一次骰子得到的点数时，有

$$E(X)=\sum_{c=1}^{6}c\cdot\frac{1}{6}=3.5 \tag{3.23}$$

53

顺便说一句，如果去掉括号不会造成任何歧义，期望值通常写成 EX 而不是 $E(X)$. 会产生歧义的一个例子是 $E(U^2)$. 表达式 EU^2 可能被认为是 $E(U^2)$，这是我们想要的，也有可能被认为是 $(EU)^2$，这不是我们想要的. 但如果我们只需要 $E(U)$，那么直接写成 EU 就没有问题了.

再次考虑骰子的例子，X 和 Y 分别表示黄色骰子和蓝色骰子上的点数. 把和写成 $S=X+Y$. 首先注意 S 的支撑是{2，3，4，…，12}. 因此为了找到 ES，我们需要找到 $P(S=i)$，$i=2$，3，…，12. 这些概率计算很简单. 例如，对于 $P(S=3)$，只要注意，$X=1$ 且 $Y=2$，与 $Y=1$ 且 $X=2$ 时，S 都是3，故总的概率为2/36. 所以，

$$E(S)=2\cdot\frac{1}{36}+3\cdot\frac{2}{36}+4\cdot\frac{3}{36}+\cdots+12\cdot\frac{1}{36}=7 \tag{3.24}$$

在示例中，N 表示掷硬币过程中得到正面的次数，故

$$E(N)=\sum_{c=1}^{\infty}c\cdot\frac{1}{2^c}=2 \tag{3.25}$$

(这里我们不再详细地讨论如何计算这个无穷级数的和. 见5.4.1节.)

3.6.2 期望值的一些性质

我们在式(3.24)中发现，当 $S=X+Y$ 时，$E(S)=7$. 这意味着在表3.1的 S 列中，长期平均值是7.

㊀ 事实上，许多书都把式(3.19)当作定义，而把式(3.13)当作结果，这让人感到更加困惑.

但是如果没有式(3.24)中的计算，我们真的可能得到如下结论. 因为 S 列是 X 列和 Y 列的总和，所以 S 列中的长期平均值一定是 X 列和 Y 列的长期平均值的总和. 因为这两个平均值都是 3.5，所以我们会得到 $ES=7$. 换句话说：

性质 B：对于任意的随机变量 U 和 V，新的随机变量 $D=U+V$ 的期望值是 U 和 V 的期望值之和，即

$$E(U+V)=E(U)+E(V) \tag{3.26}$$

54 注意这里的 U 和 V 不需要是独立的随机变量. 你应该通过思考笔记本的上概念，直观地说服自己相信这个事实，如上面的 S 示例所示.

当你这么做的时候，请用笔记本的方法来说服自己理解以下几个性质：

性质 C：

- 对于任意随机变量 U 和常数 a，有

$$E(aU)=a\,EU \tag{3.27}$$

同样，aU 是用原来随机变量定义的一个新的随机变量. 式(3.27)展示了如何获取此新随机变量的期望值.

- 对于随机变量 X 和 Y 不一定是独立关系时，给定常数 a 和 b，我们有

$$E(aX+bY)=a\,EX+b\,EY \tag{3.28}$$

55 根据式(3.26)取 $U=aX$ 和 $V=bY$，然后利用式(3.27)可得上式.

通过归纳，对于任意常数 a_1，…，a_k 和随机变量 X_1，…，X_k，形成新的随机变量 $a_1X_1+\cdots+a_kX_k$. 那么

$$E(a_1X_1+\cdots+a_kX_k)=a_1EX_1+\cdots+a_kEX_k \tag{3.29}$$

- 对于任意常数 b，我们有

$$E(b)=b \tag{3.30}$$

这是有意义的. 如果“随机”变量 X 的为常数 3，那么笔记本中的 X 列将完全由 3 组成，所以该列的长期平均值为 3，所以 $EX=3$.

例如，假设 U 是摄氏温度. 那么华氏温度是 $W=\frac{9}{5}U+32$. 所以，W 是一个新的随机变量，我们可以根据式(3.28)从 U 的期望值中得到 W 的期望值. 此时相当于我们取 $X=U$、$Y=1$、$a=\frac{9}{5}$、$b=32$.

现在，要介绍下一个性质，考虑一个单变量函数 $g()$，设 $W=g(X)$. 那么 W 也是一个随机变量. 假设 X 有支撑 A，如式(3.19). 那么 W 的支撑为 $B=\{g(c):c\in A\}$.（A 中可能有一些重复值，如下面的示例所示.）

例如，假设 $g()$是平方函数，X 取−1、0 和 1 的概率分别为 0.5、0.4 和 0.1，那么

$$A=\{-1, 0, 1\} \tag{3.31}$$

且

$$B=\{0, 1\} \tag{3.32}$$

根据式(3.19)，

$$EW = \sum_{d \in B} d \cdot P(W = d) \tag{3.33}$$

但我们可以把式(3.33)转化为关于 X 的形式： 56

性质 D：

$$E[g(X)] = \sum_{c \in A} g(c) \cdot P(X = c) \tag{3.34}$$

其中，求和项的范围是 X 可以取到的所有值 c.

例如，假设出于某种奇怪的原因，我们对 $E(\sqrt{X})$感兴趣，其中 X 是我们掷骰子时得到的点数. 设 $W=\sqrt{X}$，那么 W 是另一个随机变量，并且是离散的，因为它只取有限个数值(大多数值不是整数，这一事实无关紧要.)我们想计算 EW.

其实，W 是 X 的函数，即 $g(t)=\sqrt{t}$. 式(3.34)告诉我们，需要列出 X 的支撑中的值，即 1，2，3，4，5，6，以及对应 X 的一个概率列表，列表每一项都是 1/6. 代入式(3.34)，我们有

$$E(\sqrt{X}) = \sum_{i=1}^{6} \sqrt{i} \cdot \frac{1}{6} \approx 1.81 \tag{3.35}$$

(上面的和在 R 中可以快速计算，如利用代码 `sum(sqrt(1:6))/6`.)

注意，式(3.34)将是本书中使用最多的公式之一. 请一定要记住它.

性质 E：

如果 U 和 V 是独立的随机变量，那么

$$E(UV) = EU \cdot EV \tag{3.36}$$

例如，在骰子例子中，让 D 表示蓝色骰子和黄色骰子点数的乘积，即 $D=XY$. 因为之前我们有 $EX=EY=3.5$，所以

$$E(D) = 3.5^2 = 12.25 \tag{3.37}$$

请注意，与性质 B 不同，这里我们需要 U 和 V 是相互独立的. 不幸的是，式(3.36)没有一个简单的“笔记本”证明方法. 正式的证明过程将在 3.11.1 节给出.

上面讨论的期望的性质是本书其余部分的关键. 当你在这些性质适用的环境中时，你应该立即注意到. 例如，如果你看到两个随机变量之和的期望值，那么你应该立刻本能地想到性质 B. 57

3.7 示例：公共汽车客流量

在 1.1 节中，让我们求一下 L_1 的期望值，即公共汽车离开第一站时车上的乘客人数.

为了使用式(3.19)，我们需要计算 $P(L_1=i)$，其中 i 取自 L_1 的支撑. 但是由于公共汽车到达第一站时是空的，则有 $L_1=B_1$(回想一下，后者是在第一站上车的人数). B_1 的支撑是 0、1 和 2，取值的概率分别是 0.5、0.4 和 0.1. 所以，

$$EL_1 = 0.5(0) + 0.4(1) + 0.1(2) = 0.6 \tag{3.38}$$

即如果我们观察公共汽车很多天，那么平均每天离开第一站时车上乘客为 0.6 人.

那 EL_2 呢？此时的支撑是$\{0, 1, 2, 3, 4\}$，所以我们需要计算 $P(L_2=i)$，$i=0, 1,$

2，3，4. 我们在 1.5 节中已经得到 $P(L_2=0)=0.292$. 其他的概率也是以相似的方式得到的.

3.8　示例：预测产品需求

预测是数据科学的核心领域. 我们将在第 15 章详细研究它，但现在让我们考虑一个非常简单的模型.

设 $D_i(i=1, 2\cdots)$表示在第 i 天销售的某类商品的数量，每天销售量的支撑为{1、2、3}. 假设数据显示，如果一天的需求是 1 或 2，那么第二天销售量是 1、2 或 3 的概率都为 1/3. 但在需求旺盛的日子，即有 3 个商品销售，那么第二天销售量是 1、2、3 的概率分别为 0.2、0.2 和 0.6. 换句话说，高需求量是有“惯性”的，如果一天销售 3 个那么可能接下来的一天大概率也是这样.

假设今天已经卖了三件商品，那么确定明天销售量的期望值很简单：

58

$$0.2(1)+0.2(2)+0.6(3)=2.4 \tag{3.39}$$

但是我们对 M 的预测是什么呢？M 是两天后的销售量. 同样，M 的支撑是{1，2，3}，但是概率 $P(M=i)$是不同的. 例如，$P(M=3)$是多少呢？

再一次“把大事件分解成小事件”，在这个例子中，按照明天是否又是一个高需求日进行细分，得出两项的和：

$$P(M=3)=0.6\times 0.6+0.4\times 1/3 \tag{3.40}$$

约等于 0.4933.

3.9　通过模拟求期望值

对于无法进行分析计算期望值 EX 的情况，模拟提供了另一种选择. 根据期望值是长期平均值的定义，我们只需要简单地重复模拟实验 nreps 次，并记录每次实验中 X 的值，并对 nreps 次输出结果求平均值.

以下是 2.4 节中代码的修改版本，用于近似地计算公共汽车离开第 10 站时公共汽车上现有乘客人数的期望值：

```
nreps <- 10000
nstops <- 10
total <- 0
for (i in 1:nreps) {
   passengers <- 0
   for (j in 1:nstops) {
      if (passengers > 0)
         for (k in 1:passengers)
            if (runif(1) < 0.2)
               passengers <- passengers - 1
      newpass <- sample(0:2,1,prob=c(0.5,0.4,0.1))
      passengers <- passengers + newpass
   }
   total <- total + passengers
}
print(total/nreps)
```

59

对于每次重复实验，统计第 10 站的乘客数并加总，然后除以 nreps 得到长期平均值.

3.10　赌场、保险公司和“总和使用者”与其他情况相比

期望值是用来衡量中心趋势的，也被称为位置测量，即作为随机变量取值范围内概率“中心”的某种定义．人们还可以使用各种各样类似的方法进行度量，例如中位数、分布的中间点(该点之上的概率为 0.5，之下的概率也是 0.5)．目前，人们认为它们在某些意义上优于均值．由于历史的原因，均值在概率论和统计学中继续发挥着绝对的中心作用，但是人们也应该理解它的局限性．(此处的讨论具有一般性，不限于离散型随机变量．)

(警告：均值的概念很可能在你的意识中根深蒂固，你只是想当然地认为你知道均值意味着什么，没有其他含义．但是，试着退一步，在接下来的事情中重新思考一下均值的含义．)

很明显，均值被过度使用了．举个例子，尝试描述戴维斯市民有多富有．如果亿万富翁比尔·盖茨突然搬进城里，这将使均值的意义扭曲得面目全非．

但是即使没有盖茨先生，也有一个问题，那就是均值是否有那么多意义．对我们的数据求和并除以数据点的个数究竟有什么意义呢？相比之下，中位数有一个简单直观的含义．尽管均值与它有相似之处，但是人们很难将其作为衡量中心趋势的标准证明它．

例如，式(3.13)在戴维斯市民身高的背景下是什么意思？我们会随机抽取一个人，并将他的身高记录为 X_1．然后我们再抽出另外一个人，得到身高记录 X_2，依此类推．好吧，在这种情况下，式(3.13)意味着什么？答案是，意味不了什么．因此，戴维斯市民平均身高的意义很难解释．

不过，对于赌场来说，式(3.13)意义重大．假设 X 是赌徒玩轮盘赌赢时的金额，且式(3.13)等于 1.88 美元．然后，比方说，玩了 1000 次游戏后(不一定是同一个赌徒)，赌场从式(3.13)知道，它将总共支付约 1880 美元．因此，如果赌场收费，比如每场 1.95 美元，它将在这 1000 场游戏中获利约 70 美元的利润．实际的数字可能会略高于或略低于这个数字，但赌场可以非常确定，在 70 美元左右，赌场可以以此计划它的业务．

60

同样的原则也适用于保险公司，关于它在索赔中支付的金额——另一个以金额形式出现的量．对于大量的客户，它知道大概会支付多少(期望)，因此可以相应地设定保费．在这里，均值有了具体的、实际的意义．

赌场和保险公司的例子的关键点在于它们对总额感兴趣，比如一个月的时间内在 21 点桌上的支出总额，或者一年内支付的保险赔款总额．另一个例子可能是一批计算机芯片中有缺陷的数量．制造商对一个月内生产的缺陷芯片总数感兴趣．由于均值的定义是一个总数(除以数据点的数量)，因此均值将与赌场等例子有直接关系．

对于一般的应用，例如研究戴维斯市市民的身高分布，总和并不是固定的，因此均值的使用是有问题的．然而，均值具有某些数学性质，如式(3.26)．多年来这些知识使概率论和统计学领域得到了丰富的发展．相比之下，中位数并没有很好的数学性质．在许多情况下，均值与中位数不会有太大的不同(除非比尔·盖茨进城)，因此你可能认为均值是中位数的一个方便替代品．均值的概念已经在统计中根深蒂固，我们将经常使用它．

3.11　数学补充

3.11.1　性质E的证明

让 A_U 和 A_V 分别为 U 和 V 的支撑. 由于 U、V 是离散型随机变量，我们可以使用式(3.19). 为了计算 $E(UV)$，我们将 U 和 V 的支撑内每个值乘以该值的概率：

61

$$E(UV) = \sum_{i \in A_U} \sum_{j \in A_V} ij\, P(U=i \text{ 且 } V=j) \tag{3.41}$$

$$= \sum_{i \in A_U} \sum_{j \in A_V} ij\, P(U=i)P(V=j) \tag{3.42}$$

$$= \sum_{i \in A_U} i\, P(U=i) \sum_{j \in A_V} j\, P(V=j) \tag{3.43}$$

$$= EU \cdot EV \tag{3.44}$$

第一个等式基本上是式(3.19). 然后，利用随机变量独立性的定义得到第二个等式. 第三个等式中对于 j 求和时，将因子 i 视为常数.

3.12　练习

数学问题

1. 在 3.7 节，完成 EL_2 的计算.
2. 在 3.8 节，完成 EM 的计算.
3. 考虑一下 1.6 节的 ALOHA 示例，使用两个节点，它们分别以 $p=0.4$ 和 $q=0.8$ 的概率被激活. 求在第一个 epoch 期间尝试传输次数(成功或失败)的预期值.
4. 在 1.11.2 节的学生分组示例中，求 4 人组中计算机科学专业学生的期望.
5. 在第 1 章的练习 12 中，求 3 人组中计算机科学专业学生的期望.
6. 4 名玩家都是桥牌手(1.11.6 节). 有些人可能没有 A. 求玩家没有 A 的期望值.

计算和数据问题

7. 考虑 2.5 节中的代码. 扩展代码以求直到玩家达到或超过 0，所得奖励点数的期望值.
8. 假设一个掷骰子游戏，直到玩家累计 15 点获胜，编写模拟代码以求获胜所需的预期掷骰次数.

62

9. 假设参数选择与练习 3 中的参数设置一样，通过模拟来计算两个原始消息都通过所需要的预期时间(epoch 数).

63 ~ 64

10. 修改 1.11.4 节中的代码，编写一个调用形式为 `gapsSim(n,m)` 的函数，以找到最大距离的期望值.(请注意，这不是模拟，因为你正在枚举所有可能性.)

第4章　离散型随机变量：方差

从本章开始，我们将期望值的概念扩展到方差，这里得到的大多数方差的性质实际上适用于一般的随机变量，我们将在后面的章节中讨论.

4.1　方差

如3.5节所述，本节介绍的概念和性质构成了概率论和统计学的核心. 除了一些特殊的计算，这些既适用于离散型随机变量也适用于连续型随机变量.

4.1.1　定义

当期望值告诉我们随机变量的平均值时，我们还需要度量随机变量的变化程度——它在笔记本的一行到另一行之间变化了多少？换句话说，我们需要一个对离散程度的度量. 方差是一种经典的度量方法，方差是通过随机变量与其均值之差的平方的期望值来定义的：

65

定义6　*对于随机变量 U，其期望值是存在的，那么 U 的方差定义为*

$$\mathrm{Var}(U)=E[(U-EU)^2] \tag{4.1}$$

方差的平方根称为标准差.

设 X 表示掷骰子一次所得到的点数，从上一章我们知道 $EX=3.5$，所以 X 的方差是

$$\mathrm{Var}(X)=E[(X-3.5)^2] \tag{4.2}$$

记住这意味着什么：我们有一个随机变量 X，我们正在创建一个新的随机变量 $W=(X-3.5)^2$，它是原来随机变量的函数. 然后计算这个新随机变量 W 的期望值.

从笔记本视图的角度来看，$E[(X-3.5)^2]$是 W 列的长期平均值，如表4.1所示.

要计算此式，需要利用式(3.34)，其中 $g(c)=(c-3.5)^2$：

$$\mathrm{Var}(X)=\sum_{c=1}^{6}(c-3.5)^2\cdot\frac{1}{6}=2.92 \tag{4.3}$$

你可以看到，方差确实度量了离散程度. 在表达式 $\mathrm{Var}(U)=E[(U-EU)^2]$中，如果 U 的值大多聚集在其均值附近，则$(U-EU)^2$ 通常很小，因此 U 的方差很小；如果 U 的变化很大，则方差很大.

表4.1　方差的笔记本视图

行数	X	W
1	2	2.25
2	5	2.25
3	6	6.25
4	3	0.25
5	5	2.25
6	1	6.25

66

性质F：

$$\mathrm{Var}(U)=E(U^2)-(EU)^2 \tag{4.4}$$

同样第一项 $E(U^2)$也是利用式(3.34)计算. 例如，X 是掷骰子时出现的点数. 那么由式(4.4)可得，

$$\mathrm{Var}(X)=E(X^2)-(EX)^2 \tag{4.5}$$

让我们计算第一项(我们已经知道第二项是 3.5^2). 由式(3.34)可知,

$$E(X^2)=\sum_{i=1}^{6} i^2 \cdot \frac{1}{6}=\frac{91}{6} \tag{4.6}$$

因此，如前所述，$\mathrm{Var}(X)=E(X^2)-(EX)^2=91/6-3.5^2=2.92$. 不过，请记住式(4.4)是求方差的一个快捷公式，但不是方差的定义.

下面是式(4.4)的推导过程. 记住，EU 是一个常数.

$$\begin{aligned}
\mathrm{Var}(U)&=E[(U-EU)^2] && (4.7)\\
&=E[U^2-2EU\cdot U+(EU)^2]\text{(代数)} && (4.8)\\
&=E(U^2)+E(-2EU\cdot U)+E[(EU)^2]\text{(3.26)} && (4.9)\\
&=E(U^2)-2EU\cdot EU+(EU)^2\text{(3.27)，(3.30)} && (4.10)\\
&=E(U^2)-(EU)^2 && (4.11)
\end{aligned}$$

方差的一个很重要的性质是：

性质 G：

$$\mathrm{Var}(cU)=c^2\mathrm{Var}(U) \tag{4.12}$$

任取随机变量 U 和常数 c，它应该是有意义的. 比如说，如果我们把一个随机变量乘以 5，那么它与均值之间距离的平方应该乘以 25.

67

让我们来证明式(4.12). 设 $V=cU$. 那么

$$\begin{aligned}
\mathrm{Var}(V)&=E[(V-EV)^2]\text{(定义)} && (4.13)\\
&=E\{[cU-E(cU)]^2\}\text{(变量替换)} && (4.14)\\
&=E\{[cU-cEU]^2\}\text{(式(3.27))} && (4.15)\\
&=E\{c^2[U-EU]^2\}\text{(代数)} && (4.16)\\
&=c^2E\{[U-EU]^2\}\text{(式(3.27))} && (4.17)\\
&=c^2\mathrm{Var}(U)\text{(定义)} && (4.18)
\end{aligned}$$

如果将数据整体平移一个常数，不会改变方差的大小：

性质 H：任取常数 d，有

$$\mathrm{Var}(U+d)=\mathrm{Var}(U) \tag{4.19}$$

下面的例子可以从方差的角度考虑.

化学考试

假设一位化学教授告诉她的学生，考试的平均分数是 62.3，标准差是 11.4. 但有一个好消息！她将给每个人的分数加 10 分. 那么均值和标准差会发生什么变化？

由式(3.26)可知，当 V 为常数 10 时，我们看到考试的平均成绩会增加 10. 但是由式(4.19)可知，方差或标准差不会改变.

直观地说，常数的方差是 0——毕竟，它永远不变！你可以使用式(4.4)来形式化地表明这一点：

$$\mathrm{Var}(c)=E(c^2)-[E(c)]^2=c^2-c^2=0 \tag{4.20}$$

与预期值一样，我们使用方差作为主要度量数据离散程度的方法是出于历史和数学原

因，而不是因为它是最有意义的度量方式. 方差定义中的平方会夸大数据中较大差异的重要性，从而产生一些失真. 使用平均绝对偏差(MAD)，即 $E(|U-EU|)$(在这里用 U 的中位数代替 EU 更好)，会更自然. 然而，这在数学上不太容易处理，所以统计学的先驱们选择了使用均方差，均方差自身有很多强大而精美的数学意义，其中包括抽象的向量空间中的毕达哥拉斯定理.(遗憾的是，这部分内容超出了本书的范围!)

68

与期望值一样，这里讨论的方差性质是本书其余部分的关键. 当它们出现在相应的环境中时，就应该立即注意. 例如，如果你看到两个随机变量和的方差，就应该马上本能地想到式(4.33)，并验证它们是否独立.

4.1.2 方差概念的核心重要性

没有人会怀疑均值是随机变量性质的基本描述. 但方差也很重要，并且本书的其余部分将不断地使用.

下一节将定量地探讨作为离散程度度量的方差的概念.

4.1.3 关于 Var(X)大小的直觉

这里 10 亿，那里 10 亿，不久就会意识到你们说的是真正的钱.

——已故美国参议员埃弗雷特·德克森. 他对一些美国联邦预算项目“只花了”10 亿美元声明的讽刺.

回想一下，随机变量 X 的方差应该是 X 的离散程度的度量，也就是说，X 从一个实例(笔记本中的一行)到下一个实例的变化程度. 但是如果 Var(X)假设是 2.5，那么这个方差表示离散程度很大吗？我们将在下面进一步讨论这个问题.

4.1.3.1 切比雪夫不等式

这个不等式表明，对于均值为 μ 且方差为 σ^2 的随机变量 X，有

$$P(|X-\mu|\geqslant c\sigma)\leqslant\frac{1}{c^2} \tag{4.21}$$

69

换言之，假设 X 偏离它的平均值超过 3 个标准差的概率最多只有 1/9. 这给方差或标准差作为度量离散程度的概念赋予了一些具体的意义.

回到化学考试的例子：

化学考试

教授提到，任何得分高于平均值 1.5 个标准差的人都会得到 A，而那些得分低于 2.1 个标准差的人则会得到 F. 你想想，在全班 200 名学生中，有多少人获得 A 或 F 呢?

在切比雪夫不等式中，取 $c=2.1$. 它告诉我们，最多有 $1/2.1^2=23\%$的学生会得到 F，即约为 46 人.

我们将在 4.6.1 节证明这个不等式.

4.1.3.2 方差的系数

继续讨论方差的大小，请看式(4.21)下面的评论：

换言之，X 偏离它的平均值超过 3 个标准差的概率最多只有$\frac{1}{9}$. 这给方差或标准差作

为度量离散程度的概念赋予了一些具体的意义.

或者，比如说想想小部件的价格. 如果价格在 100 万美元左右，那么若方差只有 1 美元左右的变化，你可能会说基本上没有变化. 但是，如果一个圆筒冰激凌的价格变化在 1 美元左右，则会被认为有更实质性的影响.

这些思考表明，任何关于 $\mathrm{Var}(X)$大小的讨论都应该与 $E(X)$的大小有关. 因此，人们通常会看方差系数，其定义为标准差与均值的比率：

$$\text{方差系数}=\frac{\sqrt{\mathrm{Var}(X)}}{EX} \tag{4.22}$$

这是一种无标度的度量(例如，英寸(1 英寸≈2.54 厘米)除以英寸)，是判断离散程度是否大的好方法.

70

4.2　有用的事实

对于随机变量 X，考虑函数

$$g(c)=E[(X-c)^2] \tag{4.23}$$

记住，量 $E[(X-c)^2]$是一个数，所以 $g(c)$实际上是将实数 c 映射到一些实数结果的函数.

所以，我们可能会问一个问题，c 取何值可以使 $g(c)$得到最小值？为了回答这个问题，先将函数写出：

$$g(c)=E[(X-c)^2]=E(X^2-2cX+c^2)=E(X^2)-2cEX+c^2 \tag{4.24}$$

其中我们使用了先前得到的期望值的性质.

为了使问题具体化，假设我们猜测人们的体重——在没有看到他们，也根本不认识他们的情况下.(这是一个有点刻意而为的问题，但在第 15 章中它将变得非常实用.)因为我们对这些人一无所知，所以我们将对他们每个人会作出同样的猜测.

这种对所有人同样的猜测应该是什么？你的第一个倾向可能是猜测每个人的体重都是人口的平均体重. 如果我们的目标人群的平均体重是 142.8 磅，那么我们会猜测每个人都是这个体重. 实际上，从某种意义上说，这种猜测是最优的，如下所示.

设 X 表示一个人的体重. 这是一个随机变量，因为这些人是从人群中随机选出的. 那么 $X-c$ 是预测误差. 我们的预测有多好呢？我们的衡量方法不能用下式：

$$E(\text{误差}) \tag{4.25}$$

因为很多正的误差和负的误差会抵消掉. 所以合理的方式是

71

$$E(|X-c|) \tag{4.26}$$

然而，由于传统习惯，我们用

$$E[(X-c)^2] \tag{4.27}$$

现在对式(4.24)中 c 求导，并将其结果设为 0. 请记住这里 $E(X^2)$和 EX 是常数，我们有

$$0=-2EX+2c \tag{4.28}$$

换句话说，$E[(X-c)^2]$的最小值出现在 $c=EX$ 处. 我们的直觉是对的！

此外，将 $c=EX$ 带入到式(4.24)中，结果表明 $g(c)$的最小值为 $E(X-EX)^2$，即 $\mathrm{Var}(X)$！

就笔记本而言，想想我们猜了很多人的体重，意味着若每人一行，则在笔记本上有很多行. 那么式(4.27)是我们猜测的长期平方误差的均值，我们通过猜测每个人的体重是人们的平均体重来最小化误差.

4.3 协方差

协方差将会在第 11 章进行全面讨论，这里只是简单介绍一下. U 和 V 的协方差是 U 和 V 一起变化的程度的度量，

$$\mathrm{Cov}(U, V)=E[(U-EU)(V-EV)] \tag{4.29}$$

除了后面要引入的除数外，这本质上就是相关性. 例如，通常 U 很大(相对于它的期望值)时，V 则很小(相对于它的期望值). 考虑某些商品的价格，比如说经济学家最喜欢的小部件. 虽然有很多方面因素发挥作用，但一般来说，价格 U 越高的商店销售的商品 V 越少，反之亦然.

换言之，量$(U-EU)(V-EV)$通常为负数. 要么第一个因子为正、第二个因子为负，要么第一个因子为负、第二个因子为正. 这意味着式(4.29)可能是负的.

另一方面，假设人们身高是 U，体重是 V. 它们通常是大的和大的一起出现或小的和小的一起出现，所以协方差是正的.

72

因此，协方差基本上就是所谓的“相关性”. 从笔记本的角度，想一想笔记本上那些比平均身高高的人，即 $U-EU>0$ 的人. 这些人大多数体重也高于平均水平，即 $V-EV>0$，因此$(U-EU)(V-EV)>0$. 另一方面，身材较矮的人体重也往往较轻，所以大多数身材较矮的人会有 $U-EU<0$ 和 $V-EV<0$，但是此时仍然有$(U-EU)(V-EV)>0$. 换句话说，$(U-EU)(V-EV)$列的长期平均值将为正值.

重点是，如果两个随机变量是正相关的，例如身高和体重，那么它们的协方差应该是正的. 这是协方差定义的直觉，如式(4.29)所示. 很明显，协方差的符号是有意义的，当然我们知道到大小也很重要.

同样，我们可以用 $E()$的性质得到

$$\mathrm{Cov}(U, V)=E(UV)-EU\cdot EV \tag{4.30}$$

上式将在第 11 章中完整地推导出来，但请思考如何自己推导. 只需使用我们原来的“邮寄筒”性质，例如 $E(X+Y)=EX+EY$，$E(cX)=cE(X)$，其中 c 为常数，等等. 请记住 EU 和 EV 是常数！还有

$$\mathrm{Var}(U+V)=\mathrm{Var}(U)+\mathrm{Var}(V)+2\mathrm{Cov}(U, V) \tag{4.31}$$

更一般形式为：任取常数 a 和 b，有

$$\mathrm{Var}(aU+bV)=a^2\mathrm{Var}(U)+b^2\mathrm{Var}(V)+2ab\,\mathrm{Cov}(U, V) \tag{4.32}$$

如果 U 和 V 是独立的，则 $\mathrm{Cov}(U, V)=0$. 在这种情况下，

$$\mathrm{Var}(U+V)=\mathrm{Var}(U)+\mathrm{Var}(V) \tag{4.33}$$

现在一般化式(4.32)，对于常数 a_1，…，a_k 和随机变量 X_1，…，X_k，若形成新的随机变量 $a_1X_1+\cdots+a_kX_k$，则

73

$$\mathrm{Var}(a_1X_1+\cdots+a_kX_k)=\sum_{i=1}^{k}a_i^2\mathrm{Var}(X_i)+2\sum_{1\leqslant i<j\leqslant k}a_ia_j\mathrm{Cov}(X_i,X_j) \quad (4.34)$$

如果 X_i 是独立的，那么我们就有了特殊情况：

$$\mathrm{Var}(a_1X_1+\cdots+a_kX_k)=\sum_{i=1}^{k}a_i^2\mathrm{Var}(X_i) \quad (4.35)$$

4.4　指示随机变量及其均值和方差

定义 7　根据指定事件是否发生取值为 1 或 0 的随机变量称为该事件的指示随机变量.

在这本书的后面，你会经常看到指示随机变量的概念，它在某些推导中是一个非常方便的工具. 但现在，让我们从均值和方差的角度讨论它的性质.

方便的事实：假设 X 是事件 A 的指示随机变量，令 p 表示 $p(A)$. 那么

$$E(X)=p \quad (4.36)$$

$$\mathrm{Var}(X)=p(1-p) \quad (4.37)$$

这两个式子很容易得到. 在第一种情况下，利用期望值的性质我们有

$$EX=1\cdot P(X=1)+0\cdot P(X=0)=P(X=1)=P(A)=p \quad (4.38)$$

74

$\mathrm{Var}(X)$的推导类似(使用式(4.4)).

例如，假设硬币 A 以 0.6 的概率出现正面，硬币 B 正反面出现的概率相同，硬币 C 以 0.2 的概率出现正面. 我掷一次 A，得到 X 个正面，然后掷一次 B，得到 Y 个正面，之后掷一次 C，得到 Z 个正面. 设 $W=X+Y+Z$，即三次投掷的正面总数(W 的范围是从 0 到 3). 我们求 $P(W=1)$和 $\mathrm{Var}(W)$.

我们先使用原来的方法：

$$P(W=1)=P(X=1\text{ 且 }Y=0\text{ 且 }Z=0\text{ 或}\cdots) \quad (4.39)$$

$$=0.6\cdot 0.5\cdot 0.8+0.4\cdot 0.5\cdot 0.8+0.4\cdot 0.5\cdot 0.2 \quad (4.40)$$

$$=0.44 \quad (4.41)$$

对于 $\mathrm{Var}(W)$，使用我们刚刚学到的指示随机变量，其中 X、Y 和 Z 都是指示随机变量. 根据独立性和式(4.33)有 $\mathrm{Var}(W)=\mathrm{Var}(X)+\mathrm{Var}(Y)+\mathrm{Var}(Z)$. 因为 X 是一个指示随机变量，所以 $\mathrm{Var}(X)=0.6\cdot 0.4$. 因此答案是

$$0.6\cdot 0.4+0.5\cdot 0.5+0.2\cdot 0.8=0.65 \quad (4.42)$$

4.4.1　示例：图书馆图书归还时间(第一版)

假设在一些公共图书馆，顾客在借书 7 天内要归还书籍，不早也不晚. 但是，他们可以把书归还给另一家分店，而不是他们借书的分店. 在这种情况下，一本书需要 9 天才能回到它原先的图书馆，而不是通常的 7 天. 假设 50%的顾客把书还给“外地”图书馆. 计算 $\mathrm{Var}(T)$，其中 T 是一本书归还到其正确位置的时间，7 天或 9 天. 注意

$$T=7+2I \quad (4.43)$$

其中，I 为书籍返回“外地”分店事件的指示随机变量. 那么

75

$$\mathrm{Var}(T)=\mathrm{Var}(7+2I)=4\mathrm{Var}(I)=4\cdot 0.5(1-0.5)=1 \quad (4.44)$$

4.4.2　示例：图书馆图书归还时间(第二版)

现在让我们看一个更为广泛应用的模型. 这里我们假设借书人在 4、5、6 或 7 天后还书，其概率分别为 0.1、0.2、0.3 或 0.4. 和以前一样，50%的顾客将书归还给“外地”分店，因此导致图书返回其正确位置之前又额外延迟 2 天. 图书馆每周开放 7 天.

假设你想借一本书，在星期一快下班前到图书馆咨询一下. 同时假设没有其他人在等这本书. 如果你被告知这本书在上一个星期四已经借出去了. 求你需要等到周三晚上才能拿到书的概率.(你每天晚上都会查询.)

设 B 表示图书返回其分店所需的时间，并像前面那样定义 I. 然后，像往常一样，把文字语言翻译成数学表达式，我们会发现我们有 $B>4$(这本书在借出 4 天后还没有回来)，并且

$$
\begin{aligned}
P(B=6\mid B>4) &= \frac{P(B=6 \text{ 且 } B>4)}{P(B>4)} \\
&= \frac{P(B=6)}{P(B>4)} \\
&= \frac{P(B=6 \text{ 且 } I=0 \text{ 或 } B=6 \text{ 且 } I=1)}{1-P(B=4)} \\
&= \frac{0.5\cdot 0.3+0.5\cdot 0.1}{1-0.5\cdot 0.1} \\
&= \frac{4}{19}
\end{aligned}
$$

第三个等式中的分母反映了这样一个事实：借书人通常至少 4 天后归还图书. 像往常一样，我们使用“将大事件分解成小事件”的技巧来计算分子.

以下是模拟验证：

```
libsim <- function(nreps) {
   # patron return time
   prt <- sample(c(4,5,6,7),nreps,replace=TRUE,
      prob=c(0.1,0.2,0.3,0.4))
   # indicator for foreign branch

   i <- sample(c(0,1),nreps,replace=TRUE)
   b <- prt + 2*i
   x <- cbind(prt,i,b)
   # look only at the relevant notebook lines
   bgt4 <- x[b > 4,]
   # among those lines, what proportion have B = 6?
   mean(bgt4[,3] == 6)
}
```

76

请注意，在此模拟中. 首先生成 I、B 和用户归还时间的所有 nreps 值. 这会占用更多的内存空间(虽然在这个小问题上，这算不上是一个问题)，但会使代码更容易，因为我们可以利用 R 的向量运算. 这样不仅方便，而且运行速度更快.

4.4.3　示例：委员会问题中的指示变量

一个由 4 人组成的委员会是从 6 男 3 女中随机抽取的. 假设我们担心委员会成员中可能

存在相当大的性别不平衡问题. 为此，令 M 和 W 分别表示委员会中男性和女性的人数，并设其差值为 $D=M-W$. 让我们用两种不同的方法求 $E(D)$.

由于 D 的支撑由 4－0、3－1、2－2 和 1－3(即 4、2、0 和－2)组成. 所以由式(3.19)得

$$ED=-2\cdot P(D=-2)+0\cdot P(D=0)+2\cdot P(D=2)+4\cdot P(D=4) \tag{4.45}$$

现在，按照 1.11 节的思路，我们有

$$P(D=-2)=P(M=1\text{ 且 }W=3)=\frac{\binom{6}{1}\binom{3}{3}}{\binom{9}{4}} \tag{4.46}$$

式(4.45)中其他部分的概率计算与此类似，我们发现 $ED=4/3$.

注意，这意味着如果我们多次进行这项实验，即一次又一次地选择委员会，平均来说，委员会中的男性比女性多一点.

77

现在让我们利用“邮寄筒”以一种不同的方法进行推导：

$$ED=E(M-W) \tag{4.47}$$
$$=E[M-(4-M)] \tag{4.48}$$
$$=E(2M-4) \tag{4.49}$$
$$=2EM-4\text{(由式(3.28)得)} \tag{4.50}$$

现在，让我们使用指示随机变量来计算 EM. 设 G_i 表示我们选择的第 i 个($i=1,2,3,4$)人是男性这个事件的指示随机变量. 那么

$$M=G_1+G_2+G_3+G_4 \tag{4.51}$$

所以，

$$\begin{aligned}EM&=E(G_1+G_2+G_3+G_4)\\&=EG_1+EG_2+EG_3+EG_4\text{[由式(3.26)得]}\\&=P(G_1=1)+P(G_2=1)+P(G_3=1)+P(G_4=1)\text{[由式(4.36)得]}\end{aligned}$$

请仔细观察，虽然 G_i 不是独立的，但这里利用式(3.26)的第二个等式是正确的. 因为式(3.26)不要求独立.

另一个关键点是，由于对称性，对于所有 i，$P(G_i=1)$都是相同的. 注意，我们这里没有写条件概率！例如，我们不是在说，$P(G_2=1|G_1=1)$. 再从笔记本的角度考虑一下：根据定义，$P(G_2=1)$是 $G_2=1$ 在笔记本行数的长期比例，而不管 G_1 在这些行中的值是多少.

现在我们知道 $P(G_i=1)$对所有 i 都是一样的，假设可供选择的 6 名男性是亚历克斯、波、卡罗、大卫、爱德华多和弗兰克. 当我们选择第一个人时，这些人中的任何一个都有同样的机会被选中，即概率为 1/9(别忘了 3 名女性). 第二次选择也是如此. 想想笔记本中名为“第二次选择”的列. 不要偷看“第一次选择”列，它与 $P(G_2=1)$无关！在某些行中会是亚历克斯，另一些会是波等，同时在一些行中可能会是女性的名字. 但是在那一列中，由于对称性，波的出现次数将和亚历克斯的出现次数相同，即概率相同、爱丽丝出现的概率也为 1/9. 波被选为第一、第三和第四个人的概率也是 1/9. 所以

78

$$P(G_1=1)=\frac{6}{9}=\frac{2}{3} \tag{4.52}$$

因此

$$ED=2\cdot\left(4\cdot\frac{2}{3}\right)-4=\frac{4}{3} \tag{4.53}$$

4.5 偏度

我们介绍了用均值和方差来度量集中趋势和离散程度. 在经典统计学中，另一个常见的度量方法是偏度，它衡量一个分布均值的不对称程度. 对于随机变量 Z 它被定义为

$$E\left[\left(\frac{Z-EZ}{\sqrt{\mathrm{Var}(Z)}}\right)^3\right] \tag{4.54}$$

4.6 数学补充

4.6.1 切比雪夫不等式的证明

为了证明式(4.21)，让我们首先证明马尔可夫不等式：对于任意非负的随机变量 Y 和正的常数 d，

$$P(Y\geqslant d)\leqslant\frac{EY}{d} \tag{4.55}$$

为了证明式(4.55)，设 Z 为事件 $Y\geqslant d$ 的指示随机变量.

79

现在请注意

$$Y\geqslant dZ \tag{4.56}$$

要得到这个，只要想一下笔记本的例子，以 $d=3$ 为例. 笔记本可能如表 4.2 所示.

表 4.2　Y 和 Z 的说明

笔记本行数	Y	dZ	$Y\geqslant dZ$?
1	0.36	0	是
2	3.6	3	是
3	2.6	0	是

因此，有

$$EY\geqslant d\,EZ \tag{4.57}$$

(再想想笔记本. 由于式(4.56)，Y 列中长期平均值将 $\geqslant dZ$ 列的相应均值.)

式(4.56)右侧的是 $dP(Y\geqslant d)$，因此遵循式(4.55).

现在证明式(4.21)，定义

$$Y=(X-\mu)^2 \tag{4.58}$$

设 $d=c^2\sigma^2$. 然后由式(4.55)可得

$$P[(X-\mu)^2\geqslant c^2\sigma^2]\leqslant\frac{E[(X-\mu)^2]}{c^2\sigma^2} \tag{4.59}$$

左边是

$$P(|X-\mu|\geqslant c\sigma) \tag{4.60}$$

同时，根据方差的定义，右边的分子是 σ^2. 这就得到了式(4.21).

80

4.7　练习

数学问题

1. 考虑 4.4.3 节的委员会问题. 那里我们当然选择不放回的，但是假设我们是采用有放回的抽样. $E(D)$此时的新值是多少？提示：本题不需要大量的计算就可以完成.
2. 假设 Z 是一个指标随机变量且 $P(Z=1)=w$. 求 Z 的偏度(4.5 节).
3. 在 4.4.3 节的示例中，求 $\mathrm{Cov}(M, W)$.
4. 假设 X 和 Y 是指示随机变量，$P(X=1)=P(Y=1)=v$，且 $P(X=Y=1)=w$. 根据 v 和 w 求出 $\mathrm{Var}(X+Y)$.
5. 首先，引入“邮寄筒”示例，如果 X 和 Y 是独立的随机变量，那么 $\mathrm{Var}(X-Y)=\mathrm{Var}(X)+\mathrm{Var}(Y)$.

   现在考虑一下公共汽车客流量的示例. 直觉上，L_1 和 L_2 不是独立的. 上述显示的关系不适用于 $X=L_2$ 和 $Y=L_0$ 的情况. (以分析的方法计算这三个方差，并通过模拟加以验证)
6. 考虑 1.10.1 节的择优连接模型，在添加 $v4$ 后的第一时间，从数学和模拟两个角度计算下列各项：

   (a) 结点 $v1$ 度数的期望值和方差.

   (b) 结点 $v1$ 和结点 $v2$ 度数之间的协方差.
7. 考虑 1.8 节棋盘游戏的例子，其中随机变量 B 是奖励点数($B=0, 1, \cdots, 6$). 从数学和模拟的角度分别计算 EB 和 $\mathrm{Var}(B)$.
8. 假设 X 和 Y 是独立随机变量，其中 $EX=1$，$EY=2$，$\mathrm{Var}(X)=3$，$\mathrm{Var}(Y)=4$. 计算 $\mathrm{Var}(XY)$. (读者应确保提供每一步骤的理由，可以引用上述材料中的方程编号.)
9. 81 考虑 1.8 节棋盘游戏的示例. 让 X 表示到达或通过 0 所需的掷骰子次数. (不要把奖励投掷作为单独的投掷考虑). 计算 $\mathrm{Var}(X)$.
10. 在 4.1.1 节的化学考试示例中，计算得到成绩为 F 学生数的上界限.
11. 假设我们把一枚硬币掷了 8 次，以 H 和 T 的方式记录其结果，例如 HHTHTHTT(H 表示正面向上，T 表示反面向上). 设 X 表示出现 HTH 的次数，例如 HHTHTHTT 中出现了 2 次. 计算 EX. 提示：使用指示变量.

计算和数据问题

12. 考虑 2.6 节中的断杆示例. 通过模拟，找出最小块长度的方差.
13. 82 利用第 2 章中问题 3 写的模拟程序，求出在 $v5$ 加入网络后 $v1$ 度数的方差.

第5章　离散参数分布族

一些著名的概率模型被广泛用于各种各样的应用中. 我们将在本章和第 6 章介绍它们.

5.1　分布

随机变量分布的概念是概率论和统计学的核心.

定义 8　设 U 是一个离散型的随机变量. 那么 U 的分布就是 U 的支撑以及相关概率.

示例：让 X 表示一个人掷骰子时得到的点数. 那么 X 的值可以是 1，2，3，4，5，6 且每个取值的概率均为 1/6. 所以

$$X \text{ 的分布} = \left\{\left(1,\ \frac{1}{6}\right),\ \left(2,\ \frac{1}{6}\right),\ \left(3,\ \frac{1}{6}\right),\ \left(4,\ \frac{1}{6}\right),\ \left(5,\ \frac{1}{6}\right),\ \left(6,\ \frac{1}{6}\right)\right\} \tag{5.1}$$

示例：回想一下 ALOHA 示例. X_1 取值 1 和 2，概率分别为 0.48 和 0.52(0 的情况是不可能的). 所以，

$$X_1 \text{ 的分布} = \{(1,\ 0.48),\ (2,\ 0.52)\} \tag{5.2}$$

示例：回想一下前面的例子，其中 N 表示获得第一个正面所需的硬币投掷次数. N 的支撑为 1，2，3，…，由之前可知其概率分别为 1/2，1/4，1/8，…，所以，

$$N \text{ 的分布} = \left\{\left(1,\ \frac{1}{2}\right),\ \left(2,\ \frac{1}{4}\right),\ \left(3,\ \frac{1}{8}\right),\ \cdots\right\} \tag{5.3}$$

我们通常用函数的形式来表示它：

定义 9　对于 V 的任意支撑中的元素 k，离散型随机变量 V 的概率密度函数(pmf)，即 p_V，表示为

$$p_V(k) = P(V = k) \tag{5.4}$$

(请记住这个符号，因为它将在全书中广泛使用. 通常使用小写的 p，其下标由随机变量名组成.)

请注意，$p_V()$只是一个函数，与以前数学课上学过的任何函数(带整数域)一样. 对于每个输入值，都有一个输出值.

5.1.1　示例：掷硬币直到第一次出现正面为止

在式(5.3)中，

$$p_N(k) = \frac{1}{2^k},\quad k = 1,\ 2,\ \cdots \tag{5.5}$$

5.1.2　示例：两个骰子的和

在骰子示例中，$S = X + Y$，

$$p_S(k)=\begin{cases}\frac{1}{36}, & k=2\\ \frac{2}{36}, & k=3\\ \frac{3}{36}, & k=4\\ \cdots \\ \frac{1}{36}, & k=12\end{cases} \tag{5.6}$$

需要注意的是，对于 p_V，可能没有像式(5.5)那样好的闭式表达式. 如式(5.6)没有这种形式，在 ALOHA 示例中的 p_{X_1} 和 p_{X_2} 也没有这种形式.

5.1.3 示例：Watts-Strogatz 随机图模型

随机图模型被用来分析许多类型的链接系统，如电网和社交网络. 我们已经在 1.10.1 节看到第一个示例模型. 这里的另一个示例模型是由 Duncan Watts 和 Steven Strogatz[42] 提供的.

5.1.3.1 模型

我们有一个具有 n 个节点的图，例如，每个节点都表示一个人. 我们把他们连成一个圆圈——在这只是讨论他们的关系，而不是物理位置——所以我们有 n 个链接. 因此，通过沿着圆的链接，可以从任何一个节点到达图中的任何其他节点.（我们假设所有链接都是双向的.）

我们现在随机添加 k 个链接(k 是模型的一个参数)，作为“快捷链接”. 那么节点之间可能存在 $\binom{n}{2}=n(n-1)/2$ 种可能链接方式，但是请记住，图中已有 n 条链接，所以还剩下 $n(n-1)/2-n=n^2/2-3n/2$ 种链接可能. 因为我们将形成 k 个新的链接，所以我们只需从剩下的 $n^2/2-3n/2$ 种可能中随机选择 k 个.

让 M 表示连接到某个特定节点的链接数，你可能会记得，这是节点的度数. M 是一个随机变量(我们随机选择快捷链接)，所以我们可以讨论它的 pmf，记为 p_M，称为图的度数分布，我们现在将计算它.

85

$p_M(r)$是这个节点有 r 个链接的概率. 因为在构建快捷链接之前，节点已经有 2 个沿着圆的链接，因此 $p_M(r)$应该是 k 个快捷链接中有 $r-2$ 个连接到此节点的概率.

除了原来圆中的两个相邻的链接，以及节点到自身的“链接”之外，还有 $n-3$ 个可能的快捷链接可以连接到给定的节点. 我们感兴趣的是，它们中有 $r-2$ 个被选中，以及 $k-(r-2)$个是从其他可能的链接中选择的概率. 因此，我们的概率是：

$$p_M(r)=\frac{\binom{n-3}{r-2}\binom{n^2/2-3n/2-(n-3)}{k-(r-2)}}{\binom{n^2/2-3n/2}{k}}=\frac{\binom{n-3}{r-2}\binom{n^2/2-5n/2+3}{k-(r-2)}}{\binom{n^2/2-3n/2}{k}} \tag{5.7}$$

5.2 参数分布族

参数分布的概念是贯穿全书的一个关键概念.

考虑绘制曲线 $g_{a,b}(x)=(x-a)^2+b$. 每个 a 和 b，对应不同的抛物线，如图 5.1 所示的三条曲线.

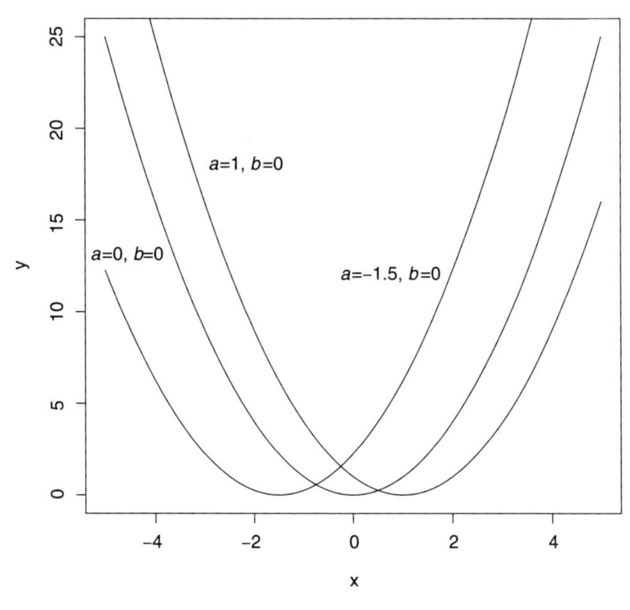

图 5.1 抛物线的参数族

这是一个曲线族，因此也是一个函数族. 我们说数字 a 和 b 是这个族的参数. 请注意，x 不是一个参数，而仅是每个函数的一个点. 关键是 a 和 b 为曲线编制了索引.

5.3 对我们很重要的案例：pmf 的参数族

概率密度函数仍然是函数[㊀]. 因此它们也可以是参数族，由一个或多个参数索引. 我们在 5.1.3 节中有一个例子. 对于不同的 k 和 n，我们都可以找到不同的函数 p_M，这就是 pmf 的一个参数族，由 k 和 n 索引.

86
~
87

多年来，人们发现一些 pmf 的参数族非常有用，以至于人们给它们起了这个名字. 我们将在本章讨论其中一些族. 但请记住，它们之所以出名，仅仅是因为它们被发现是有用的，也就是说，它们能很好地拟合各种环境中的真实数据. 不要妄下结论说我们总是“必须”使用来自某个族的 pmf.

5.4 基于伯努利实验的分布

几个著名的参数分布族都涉及伯努利实验：

㊀ 这些函数的定义域通常是整数，但这无关紧要，函数就是函数.

定义 10　有一个独立的指示变量序列 B_1，B_2，…，其中 $P(B_i=1)=p$ 对于所有的 i 都成立，此时我们称其为伯努利实验序列. 事件 $B_i=1$ 称为成功，$B_i=0$ 称为失败[㊀].

最明显的例子就是掷硬币. B_i 正面为 1，反面为 0. 注意，以伯努利实验的要求，实验必须是独立的，就像掷硬币一样，并且有相同的成功概率，此时 $p=0.5$.

5.4.1　几何分布族

我们的第一个著名的 pmf 参数族是关于获得第一次成功所需的实验次数.

回想一下我们掷硬币的例子，直到我们掷得第一个正面为止，N 表示所需的投掷次数. 为了能够投掷 k 次，我们需要前 $k-1$ 次投掷结果都是反面，然后第 k 次是正面. 因此

$$p_N(k)=\left(1-\frac{1}{2}\right)^{k-1}\frac{1}{2},\quad k=1,2,\cdots \tag{5.8}$$

88

我们说 N 服从 $p=1/2$ 的几何分布.

我们可以把掷出正面称为“成功”，把掷出反面称为“失败”. 当然，这些词并不意味着什么. 我们只是把感兴趣的结果视为“成功”(当然这个结果是我们自己选择的).

定义 M 为直到数字 5 出现的骰子投掷次数. 那么

$$p_M(k)=\left(1-\frac{1}{6}\right)^{k-1}\frac{1}{6},\quad k=1,2,\cdots \tag{5.9}$$

该式反映了这样一个事实：如果我们前 $k-1$ 次掷得点数都不是 5，而第 k 次掷得点数是 5，那么事件 $M=k$ 发生. 这里“成功”指的是得到点数 5.

此时，我们说 N 服从参数 $p=1/6$ 的几何分布.

一般来说，假设随机变量 W 被定义为在伯努利实验序列中获得成功所需的实验次数. 那么

$$p_W(k)=(1-p)^{k-1}p,\quad k=1,2,\cdots \tag{5.10}$$

请注意，参数 p 不同，则其分布也不同，所以我们称之为分布的参数族，由参数 p 进行索引. 我们说 W 服从参数 p 的几何分布. [㊁]

你应该对下式有很好的直觉，

$$E(W)=\frac{1}{p} \tag{5.11}$$

这确实是正确的，我们将得出这一结论. 首先，我们需要一些事实(你也应该在心里归档以备将来使用)：

几何级数的性质：

(a)对于任何 $t\neq1$ 且任何非负整数 $r\leqslant s$，

$$\sum_{i=r}^{S}t^i=t^r\frac{1-t^{s-r+1}}{1-t} \tag{5.12}$$

㊀ 这些只是标签，并不意味着“好”和“坏”.

㊁ 不幸的是，在这里字母 p 表示的意义过多，既用它表示等式左边的概率密度函数，还用它表示等式右边的无关参数 p，即成功概率. 不过，只要你意识到了这一点，这不是问题.

利用数学归纳法，当 $r=0$ 时此式很容得到. 对于一般情况，只需考虑 t^r.　89

(b) 对于 $|t|<1$，

$$\sum_{i=0}^{\infty} t^i = \frac{1}{1-t} \tag{5.13}$$

为了证明此式，只需式(5.12)中的 $r=0$ 且让 $s\to\infty$.

(c) 对于 $|t|<1$，

$$\sum_{i=1}^{\infty} i t^{i-1} = \frac{1}{(1-t)^2} \tag{5.14}$$

式(5.13)两边同时对 t 求导可得[⊖].

利用式(3.19)和式(5.13)便很容易得到式(5.11)

$$EW = \sum_{i=1}^{\infty} i(1-p)^{i-1} p \tag{5.15}$$

$$= p\sum_{i=1}^{\infty} i(1-p)^{i-1} \tag{5.16}$$

$$= p \cdot \frac{1}{[1-(1-p)]^2} \tag{5.17}$$

$$= \frac{1}{p} \tag{5.18}$$

同理可得

$$\mathrm{Var}(W) = \frac{1-p}{p^2} \tag{5.19}$$

我们也可以求出一个闭式表达式，此表达式是针对量 $P(W\leqslant m)$，$m=1, 2, \cdots$. 它有一个正式的名称，累积分布函数(cdf)，表示为 $F_W(m)$，将在 6.3 节中看到. 因此，对于任何正整数 m，我们有　90

$$F_W(m) = P(W\leqslant m) \tag{5.20}$$

$$= 1 - P(W>m) \tag{5.21}$$

$$= 1 - P(\text{前 } m \text{ 次都失败}) \tag{5.22}$$

$$= 1 - (1-p)^m \tag{5.23}$$

顺便说一下，如果我们想从笔记本的角度考虑一个关于几何分布的实验，根据我们的笔记本想法，涉及几何分布，笔记本应该有无限列，每一列对应一个伯努利实验 B_i. 在笔记本的每一行中，B_i 条目在第一个 1 之前全是 0，之后全是 NA(“无效”).

5.4.1.1 R 函数

你可以通过 R 的 `rgeom()` 函数模拟几何分布的变量. 它的第一个参数是指定要生成的此类随机变量的数量，第二个参数是成功概率 p.

⊖ 为了更加小心，我们应该区分式(5.12)并采取限制措施.

例如，如果你运行

```
> y <- rgeom(2,0.5)
```

然后模拟掷硬币直到得到一个正面为止(需要 y[1]次投掷)，然后再掷硬币直到再次得到一个正面为止(y[2]次投掷). 当然，你可以自己进行模拟，比如使用 sample()和 while()，但是 R 使模拟更加方便.

以下是服从概率 p 的几何分布的随机变量 X 的完整函数集：

- dgeom(i,p)，求 $P(X=i)$(pmf)
- pgeom(i,p)，求 $P(X\leqslant i)$(cdf)
- qgeom(q,p)，求使 $P(X\leqslant c)=q$ 的 c(cdf 的逆)
- rgeom(n,p)，从此几何分布中生成 n 个变量.

重要提示：虽然我们这里的定义相当标准，但是有些书对几何分布的定义略有不同，如首次成功前的失败次数，而不是首次成功的实验次数. 软件也是如此，R 和 Python 都是这样定义的. 因此，调用 dgeom()时，在我们定义的背景下，参数使用的是 $i-1$ 而不是 i.

91

例如，这里求 $P(N=3)$，根据我们定义的几何分布，其中参数 $p=0.4$：

```
> dgeom(2,0.4)
[1] 0.144
> # check
> (1-0.4)^(3-1) * 0.4
[1] 0.144
```

注意，这也意味着必须对 rgeom()的结果加 1.

5.4.1.2　示例：停车位问题

假设某条街上每个街区有 10 个停车位. 你在一个街区的起点拐上街道，你的目的地是下一个街区的起点. 你要占用你遇到的第一个停车位. 让 D 表示你找到的停车位到目的地的距离，以停车位为单位. 在这个简单的模型中，假设每个车位空闲的概率为 0.15，且停车位是独立的. 求 $E(D)$.

为了解决这个问题，你可能下意识会认为 D 服从几何分布. 但不要妄下结论！实际上情况并非如此. D 是一个有点复杂的距离，但很明显 D 是 N 的函数，N 表示在找到空车位之前看到的停车位数量，N 是几何分布的.

如前所述，D 是 N 的函数：

$$D=\begin{cases}11-N, & N\leqslant 10\\ N-11, & N>10\end{cases}\tag{5.24}$$

由于 D 是 N 的函数，我们可以在式(5.24)中使用式(3.34)和 $g(t)$：

$$ED=\sum_{i=1}^{10}(11-i)(1-0.15)^{i-1}0.15+\sum_{i=11}^{\infty}(i-11)0.85^{i-1}0.15\tag{5.25}$$

92

现在这可以使用前面几何级数的性质来计算. 或者，我们可以通过模拟找到答案：

```
parksim <- function(nreps) {
   # do the experiment nreps times,
   # recording the values of N
   nvals <- rgeom(nreps,0.15) + 1
   # now find the values of D
   dvals <- abs(nvals - 11)
   # return ED
   mean(dvals)
}
```

注意向量化的加法与循环(2.1.2 节)如下行所示

```
nvals <- rgeom(nreps,0.15) + 1
```

对 abs()的调用是 R 中向量化的另一个实例.

让我们再找一些，首先请注意 $p_N(3)$：

$$p_N(3)=P(N=3)=(1-0.15)^{3-1}0.15 \tag{5.26}$$

然后，求 $P(D=1)$：

$$P(D=1)=P(N=10 \text{ 或 } N=12) \tag{5.27}$$

$$=(1-0.15)^{10-1}0.15+(1-0.15)^{12-1}0.15 \tag{5.28}$$

假设乔是正在找停车位的人. 保罗在第一个街区(目的地前一个街区)尽头的一条小街上看，玛莎在第二个街区第六个停车位后的一条小巷里看. 玛莎打电话给保罗，说乔从来没有经过那条小巷，保罗回答说他确实看到乔走过第一个街区. 他们对乔停在第二个街区第二个车位的可能性感兴趣. 从数学的形式写出概率是什么? 这个概率为 $P(N=12 \mid N>10 \text{ 且 } N\leqslant 16)$. 可以用上式计算.

或者考虑另一个问题：好消息! 我在离目的地只有一个车位的地方找到了一个停车位. 求我把车停在和目的地在同一个街区的可能性.

93

$$P(N=12 \mid N=10 \text{ 或 } N=12)=\frac{P(N=12)}{P(N=10 \text{ 或 } N=12)}$$

$$=\frac{(1-0.15)^{11}0.15}{(1-0.15)^{9}0.15+(1-0.15)^{11}0.15}$$

5.4.2 二项分布族

对于参数为 p 的伯努利实验，如果实验次数(N)是可变的，但成功次数(1)是固定的，此时就会出现几何分布. 当情况相反时，就会出现二项分布——实验次数(n)是固定的，但成功的次数(比如 X)是可变的. [㊀]

例如，假设我们掷一枚硬币 5 次，让 X 表示我们得到正面的次数. 我们说 X 是服从参数 $n=5$，$p=1/2$ 的二项分布. 让我们求 $P(X=2)$. 可能发生的顺序有很多，如 HHTTT、TTHHT 和 HTTHT 等. 每个顺序的概率为 $0.5^2(1-0.5)^3$，且顺序有 $\binom{5}{2}$ 个. 因此

$$P(X=2)=\binom{5}{2}0.5^2(1-0.5)^3=\binom{5}{2}/32=5/16 \tag{5.29}$$

㊀ 注意，习惯上用大写字母表示随机变量，用小写字母表示常量.

对于一般的 n 和 p，

$$p_X(k)=P(X=k)=\binom{n}{k}p^k(1-p)^{n-k} \tag{5.30}$$

同样，我们有一个参数分布族，在这种情况下，分布族中有两个参数 n 和 p.

我们把 X 写成上面讨论几何分布时用到的 0－1 伯努利变量的和：

94

$$X=\sum_{i=1}^{n}B_i \tag{5.31}$$

其中 B_i 为 1 或 0，取决于第 i 次实验是否成功. 再次注意，B_i 是指标随机变量(4.4 节)，所以

$$EB_i=p \tag{5.32}$$

$$\mathrm{Var}(B_i)=p(1-p) \tag{5.33}$$

读者应该使用我们前面在 3.5 节和 4.1 节中 E()和 Var()的性质详细给出如下二项分布随机变量的期望值和方差的推导过程：

$$EX=E(B_1+\cdots+B_n)=EB_1+\cdots+EB_n=np \tag{5.34}$$

由式(4.33)可得：

$$\mathrm{Var}(X)=\mathrm{Var}(B_1+\cdots+B_n)=\mathrm{Var}(B_1)+\cdots+\mathrm{Var}(B_n)=np(1-p) \tag{5.35}$$

同样，式(5.34)与你的直觉一样.

5.4.2.1 R 函数

对于成功概率为 p 的 k 次实验，二项分布随机变量 X 的相关函数为：

- dbinom(i,k,p)用于计算 $P(X=i)$，
- pbinom(i,k,p)用于计算 $P(X\leqslant i)$，
- qbinom(i,k,p)用于确定使得 $P(X\leqslant c)=q$ 的 c，
- rbinom(i,k,p)用于产生 n 个独立的随机变量 X.

我们上面对 qbinom()的定义并不十分严格. 考虑一个 $n=2$ 和 $p=0.5$ 的二项分布随机变量 X. 那么

95

$$F_X(0)=0.25,\quad F_X(1)=0.75 \tag{5.36}$$

因此，如果 q 是 0.33，就没有使得 $P(X\leqslant c)=q$ 的 c. 因此，qbinom()的实际定义是满足 $P(X\leqslant c)\geqslant q$ 的最小 c(当然，这也是 qgeom()的问题).

5.4.2.2 示例：停车位模型

回顾 5.4.1.2 节. 让我们计算在第一个街区有 3 个空闲停车位的概率.

设 M 表示第一个街区空位的数目. 这符合二项分布随机变量的定义：我们有车位数固定(10)的独立伯努利实验，我们对成功的次数感兴趣. 例如，

$$p_M(3)=\binom{10}{3}0.15^3(1-0.15)^{10-3} \tag{5.37}$$

5.4.3 负二项分布族

回想一下，几何分布族(5.4.1 节)的一个典型例子，即 N 是获得第一个正面所需投掷

次数. 现在推广一下，N 是得到 r 次正面所需的投掷次数，其中 r 是一个固定值. 让我们求 $P(N=k)$，$k=r$，$r+1$，…. 具体一点，看 $r=3$，$k=5$ 的情况. 换言之，我们正在计算一共投掷 5 次才得到 3 个正面的概率.

首先注意两个事件的等价性：

$$\{N=5\}=\{前\ 4\ 次投掷中有\ 2\ 次是正面且第\ 5\ 次投掷为正面\} \tag{5.38}$$

“且”之前描述的事件对应一个二项概率：

$$P(前\ 4\ 次投掷中\ 2\ 次出现正面)=\binom{4}{2}\left(\frac{1}{2}\right)^4 \tag{5.39}$$

96

因为第 k 次投掷结果为正面的概率是 1/2 且投掷是独立的，我们有

$$P(N=5)=\binom{4}{2}\left(\frac{1}{2}\right)^5=\frac{3}{16} \tag{5.40}$$

由参数 r 和 p 表示的负二项分布族，对应于随机变量 N，表示当成功概率为 p 时，直到我们获得 r 次成功所需的独立实验次数. 概率密度 pmf 为

$$p_N(k)=P(N=k)=\binom{k-1}{r-1}(1-p)^{k-r}p^r, \quad k=r, r+1, \cdots \tag{5.41}$$

我们可以写成

$$N=G_1+\cdots+G_r \tag{5.42}$$

其中 G_i 是第 $i-1$ 次成功和第 i 次成功之间的投掷次数. 但是每个 G_i 都服从一个几何分布！既然这里几何分布的均值为 $1/p$，所以我们有

$$E(N)=r\cdot\frac{1}{p} \tag{5.43}$$

实际上，这 r 个几何分布的变量也是独立的，所以 N 的方差是它们方差之和：

$$\mathrm{Var}(N)=r\cdot\frac{1-p}{p^2} \tag{5.44}$$

5.4.3.1 R 函数

成功概率参数为 p 的负二项分布随机变量 X 的相关函数为：

- `dnbinom(i,size= 1,prob= p)`用于计算 $P(X=i)$，
- `pnbinom(i,size= 1,prob= p)`用于计算 $P(X<=i)$，
- `qnbinom(q,size= 1,prob= p)`用于计算使得 $P(X<=c)=q$ 的 c，
- `rnbinom(n,size= 1,prob= p)`用于生成 n 个独立的随机变量 X，

97

这里的 `size` 是我们的 r. 但请注意，与 `geom()`相关函数一样，在 R 中根据失败次数定义分布. 所以，在 `dbinom()`中，参数 `i` 是失败次数，`i+ r` 是我们的 X.

5.4.3.2 示例：备用电池

一台机器包含一节正在使用的电池和两节备用电池. 每节电池每月有 0.1 的可能性会出现故障. L 表示机器的寿命，即第三次出现电池故障之前的时间(以月为单位). 求 $P(L=12)$.

第三次故障前的月数服从负二项分布，其中参数 $r=3$，$p=0.1$. 因此，答案可由式(5.41)得出，其中 $k=12$：

$$P(L=12)=\binom{11}{2}(1-0.1)^9 0.1^3 \tag{5.45}$$

5.5 两种主要的非伯努利模型

这一部分中的两个分布族是很重要的，因为它们已经被发现在许多应用中非常适合.这与几何、二项和负二项族不同，因为从某种意义上说在这些情况下，对出现这种分布的环境有定性的描述.例如几何分布的随机变量出现是因为关注获得第一次成功所需伯努利实验的次数，所以模型直接来自生成数据过程的结构.

相比之下，下面的泊松分布族是人们已经发现的在很多情况下相当精确的实际数据模型.比如说，我们可能对指定时间段内磁盘驱动器故障数感兴趣.如果有这方面的数据，我们可以把它画出来，如果它看起来像下面的 pmf 形式，那么我们可能会用它作为我们的模型[⊖].

98

5.5.1 泊松分布族

泊松分布族的概率密度(pmf)为

$$P(X=k)=\frac{e^{-\lambda}\lambda^k}{k!},\quad k=0,1,2,\cdots \tag{5.46}$$

结果是

$$EX=\lambda \tag{5.47}$$

$$\mathrm{Var}(X)=\lambda \tag{5.48}$$

这些事实的推导与 5.4.1 节中几何分布族的推导相似.首先从 e^t 的麦克劳林展开式开始：

$$e^t=\sum_{i=0}^{\infty}\frac{t^i}{i!} \tag{5.49}$$

计算它对 t 的导数，依此类推.细节留给读者.

泊松分布族通常用于对计数数据建模.例如，如果你每天都去某家银行，并统计上午 11:00 到 11:15 之间到达该银行的客户数，你可能会发现该分布与某个参数为 λ 的泊松分布非常接近.

泊松分布的故事比我们在这小节看到的要多得多.我们将在 6.8.2 节中回到这类分布族.

5.5.1.1 R 函数

参数为 λ 的泊松分布随机变量 X 的相关函数为：

- `dpois(i,lambda)`用于计算 $P(X=i)$
- `ppois(i,lambda)`用于计算 $P(X\leqslant i)$
- `qpois(q,lambda)`用于计算使得 $P(X\leqslant c)=q$ 的 c
- `rpois(r,lambda)`用于生成 n 个独立的随机变量 X

99

⊖ 泊松分布族也有一些理论意义(6.8.2 节).

5.5.1.2　示例：断杆

回想一下 2.6 节中的断杆的例子. 现在假设断开数也是随机的，而不仅仅是断点位置. 一个合理的模型应该是泊松模型. 泊松分布的支撑从 0 开始，然而我们的断开片段数不能为 0，所以我们需要将片段数减去 1(断点数)作为泊松模型.

假设我们希望通过模拟找到最短的一块的期望值. 代码与 2.6 节中的代码类似，但我们必须首先生成断点的数量：

```
minpiecepois <- function(lambda) {
   nbreaks <- rpois(1,lambda) + 1
   breakpts <- sort(runif(nbreaks))
   lengths <- diff(c(0,breakpts,1))
   min(lengths)
}

bkrodpois <- function(nreps,lambda,q) {
   minpieces <-
      replicate(nreps,minpiecepois(lambda))
   mean(minpieces < q)
}

> bkrodpois(10000,5,0.02)
[1] 0.4655
```

注意，在每次调用 minpiecepois()时，断点的数目都不同.

5.5.2　幂律分布族

近年来，由于幂律分布族在随机图模型中的应用，该分布族引起了相当多的关注.

5.5.2.1　模型

这里

$$p_X(k)=ck^{-\gamma}, \quad k=1, 2, 3, \cdots \tag{5.50}$$

100

要求 $\gamma>1$，否则概率之和为无穷大. 对于满足该条件的 γ，可通过概率总和为 1.0 来确定 c 的值：

$$1.0=\sum_{k=1}^{\infty}ck^{-\gamma}\approx c\int_1^{\infty}k^{-\gamma}dk=c/(\gamma-1) \tag{5.51}$$

所以

$$c\approx\gamma-1$$

因此，我们这里有一个参数分布族，由参数 γ 索引.

幂律族是一种老式模型(分布的老式术语是律)，但近年来人们对它又重新产生了兴趣. 分析人士发现，现实世界中许多类型的社交网络在其度分布上表现出近似幂律行为.

例如，在一项著名的关于网页度分布(一个有向图，这里面感兴趣的链接是输入链接)的研究[2]中发现：指向网页的链接数，近似的服从幂律分布，其中 $\gamma=2.1$. 从网页里出来的链接数也近似服从幂律分布，其中 $\gamma=2.7$.

此外，一些理论模型(如 1.10.1 节的优选模型)可以看出，经过多次迭代，度分布已经形成式(5.50)的格式.

人们对幂律的兴趣很大程度上源于它们分布的厚尾，这一术语的意思是，远离均值的值在值幂律分布下比在具有相同均值和标准差的正态分布下(著名的“钟形曲线”，6.7.2节)更有可能出现. 在最近的流行文学作品中，与平均值相距甚远的值通常被称为黑天鹅. 例如，一些人将2008年的金融危机归咎于量化分析师(开发概率模型用于引导投资的人)低估了价值偏离平均值的概率.

附录[11]中给出了一些与幂律模型拟合良好(或不好)的实际数据的例子. 幂律模型的一个变体就是指数截断幂律，它本质上是幂律和几何分布的混合体. 这里

101

$$p_X(k)=ck^{-\gamma}q^k \tag{5.52}$$

这是一个双参数族，参数是 γ 和 q. 同样，c 是由概率密度函数(pmf)的和为1.0来确定的.

据说，对于某些类型的数据，该模型比纯幂律更有效. 但是请注意，这个版本并没有真正的厚尾属性，因为它的尾部现在呈指数递减.

感兴趣的读者可以在附录[11]中找到更多信息.

5.5.3　根据数据拟合泊松和幂律模型

上面提到的泊松分布和幂律分布的流行源于它们通常能很好地拟合真实数据. 如何获得合适的模型，以及如何评估?

请注意，数据集被视为来自更大数据源的一个样本，理想地视为总体. 我们将在第7章详细介绍这一点，但现在重点是，我们需要根据数据估计总体数量. 我们用 X_1，X_2，…，X_n 来表示这些数据.

5.5.3.1　泊松模型

泊松分布族有一个参数 λ，它恰好是分布的平均值. 给定一个数据集，我们可以找到 X_i 的平均值，记为 $\overline{X}$，并将其作为我们对 λ 的估计值. 因此对于 $j=0, 1, 2, \cdots$，我们对泊松模型下 $P(X=j)$ 的估计为

$$\frac{e^{\overline{X}}\overline{X}^j}{j!} \tag{5.53}$$

如果不假设服从泊松分布的情况下，我们对 $P(X=j)$ 的估计为

102

$$\frac{X_i \text{ 的数量}=j}{n} \tag{5.54}$$

然后我们可以比较这两组估计值来评估泊松模型的值.

5.5.3.2　幂律的直线图形实验

对式(5.50)两边同时取对数，我们得到

$$\log p_X(k)=\log c-\gamma\log k \tag{5.55}$$

换言之，$\log p_X(k)$ 与 $\log k$ 的关系图是一条斜率为 $-\gamma$ 的直线. 因此，如果我们的数据近似地显示这样一个图形，那么它表明幂律分布是用于量化数据的一个很好的模型. 此外，斜率将为我们提供 γ 的估计值.

不过，上面的一个关键词是“近似的”. 我们只是在处理数据，而不是数据的总体. 我们不知道 $p_X(k)$ 的值，因此必须要从数据中估算出来，以之作为相应的样本比例. 所以，我们并不希望数据完全沿着一条直线，而仅需要遵循线性趋势即可.

5.5.3.3 示例：DNC 电子邮件数据

这些数据是人们的随机图，两个人之间存在一个链接表示他们是至少一封电子邮件的共同接收者. 让我们求出他们的度分布，看看度是否服从幂律分布.

数据集每一行有三列，格式如下：

```
recipientA  recipientB  nmsgs
```

其中前两个字段是收件人 ID，最后一个是邮件数. 如 5.1.3 节所述，我们将其视为一个随机图，上面的一行被视为两个节点之间的一个链接. 我们不使用第三列.

像许多数据集一样，这个数据集也存在问题. 描述中说这是一个无向图，也就是说，接收者 1874 和 999 之间的链接被认为与 999 和 1874 之间的链接相同. 但是，数据集还有后面的记录(具有不同的消息数). 因为这只是一个说明性示例，所以我们只取 recipientA 小于 recipientB 的记录，结果数据集被大约被分成一半.

103

代码如下：

```
recip1 <- recip[recip$V1 < recip$V2,]
degs <- tapply(recip1$V1,recip1$V1,length)
dtab <- table(degs)
plot(log(as.numeric(names(dtab))),log(dtab))
```

R 的 tapply() 函数在很多情况下都非常方便. 7.12.1.3 节对此有完整的介绍，但解释上面的调用很简单：根据第二个参数中一组唯一值，tapply() 将在第一个参数中形成一组值，然后对每个组调用 length(). 结果是 degs 包含了数据集中每个收件人的度.

以下是 degs 的样子：

```
> dtab
degs
  1   2   3   4   5   6   7   8   9  10  11  12  13
167  60  38  39  22  17  12  15  19   9   6   7   9
...
```

有 167 个收件人有一个链接，60 个收件人有两个链接，以此类推. 共有 552 个不同的收件人：

```
> sum(dtab)
[1] 552
```

值 1、2、3 等是式(5.55)中的 k，而 167/552、60/552 等是对式(5.54)中 $p_X(k)$ 的估计. 因此，它们的对数值是式(5.55)左侧的估计值[㊀].

右边是 log1、log2 等，后边(不带 log)是 degs 中条目的名称，我们使用 as.numeric() 函数将其转换为数值型[㊁].

结果如图 5.2 所示，似乎确实呈现出一种线性趋势. 这种趋势是相当线性的，虽然最后会有点拖尾，但这在这类数据中很常见.

㊀ 在我们的绘图代码中，不需要除以 552，因为我们只想查看数据中的趋势.

㊁ 请注意，并非所有 k 值都出现在数据中. 例如，33 和 45 丢失了.

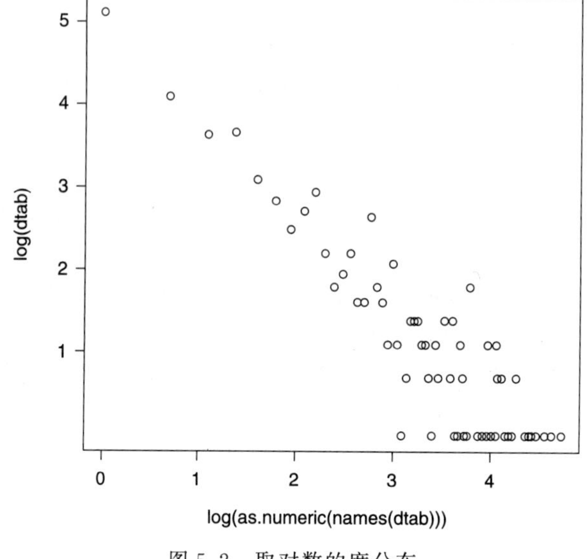

图 5.2　取对数的度分布

104 ~ 105

我们可以使用 R 的 `lm()` 函数拟合一条直线并确定它的斜率[⊖]. 这个函数将是第 15 章中的主角，所以我们将推迟到那时再进一步介绍.

5.6　其他示例

在下一章讨论连续随机变量之前，再多练习一下.

5.6.1　示例：公共汽车客流量问题

回想一下 1.1 节的公共汽车客流量示例. 让我们来计算一些期望值，例如 $E(B_1)$：

$$E(B_1)=0 \cdot P(B_1=0)+1 \cdot P(B_1=1)+2 \cdot P(B_1=2)=0.4+2 \cdot 0.1 \tag{5.56}$$

现在假设公司对在第一站上车的乘客收取 3 美元，而对在第二站上车的乘客收取 2 美元(由于后面的乘客乘坐的时间可能更短，因此支付的费用也会更少). 因此，前两站的总收入为 $T=3B_1+2B_2$. 让我们计算 $E(T)$. 我们利用式(3.28)可以得到

$$E(T)=3E(B_1)+2E(B_2) \tag{5.57}$$

然后我们如式(5.56)一样计算这些项.

假设公共汽车司机每次当 $B_i=0$ 时停车，会有一个叫喊的习惯："什么？没有新乘客吗!". 让 N 表示第一次发生这种情况的站点(1，2，…). 计算 $P(N=3)$：

N 服从几何分布，p 为每个站点有 0 名新乘客的概率，即 0.5. 因此，由式(5.10)可知 $p_N(3)=(1-0.5)^2 0.5$.

另外，让 S 表示前 6 个站点中有 2 名新乘客上车的站点总数. 例如，$B_1=2$，$B_2=2$，

⊖ 在这种情况下，估计的斜率略小于 1.0，这似乎违反了幂律分布 $r>1.0$ 的要求. 但是，请记住，从数据中获得的值只是一个样本估计值.

$B_3=0$，$B_4=1$，$B_5=0$，$B_6=2$，则 S 为 3. 求 $p_S(4)$：

S 服从二项分布，其中参数 $n=6$，$p=0.1$(2 名新乘客在一个站点上车的概率). 那么

$$p_S(4)=\binom{6}{4}0.1^4(1-0.1)^{6-4} \tag{5.58}$$

106

顺便说一下，我们可以利用二项分布的知识来简化 2.4 节中的模拟代码.

```
for (k in 1:passengers)
   if (runif(1) < 0.2)
      passengers <- passengers - 1
```

这些行是用于模拟统计在那站下车的乘客人数. 由于此数服从二项分布，所以上面的代码可以压缩(加速执行)如下

```
passengers <-
   passengers - rbinom(1,passengers,0.2)
```

5.6.2　示例：社交网络分析

让我们从前面的 5.1.3 节继续讨论.

最早的也是目前最简单的社交网络模型之一是由 Erdos 和 Renyi[13] 建立的. 假设我们有 n 个人(或 n 个网站等)，每对之间存在潜在联系的可能性有 $\binom{n}{2}$ 种. 我们假设这里是一个无向图. 在这个模型中，每一个潜在的链接以概率 p 进行实际链接，并以概率 $1-p$ 的可能性不存在链接，所有潜在的链都是独立的.

回顾 5.1.3 节中的度分布的概念. 显然，单节点 i 的度分布 D_i 是服从参数为 $n-1$ 和 p 的二项分布.

但是考虑 n 个节点中的 k 个节点，比如 1 到 k，让 T 表示涉及这些节点的链接数. 让我们求 T 的分布，同样这个分布也是二项分布，但是必须仔细计算实验的次数. 我们不能简单地说，因为 k 个结点中的每个结点可以有多达 $n-1$ 个链接，所以一共存在 $k(n-1)$ 个潜在链接. 因为这里存在重叠. k 个结点中任意两个节点彼此之间存在一个潜在链接，但我们不能将其计数两次. 让我们来解释一下.

假设 $n=9$，$k=4$. 在这 4 个特殊的节点中，有 $\binom{4}{2}=6$ 个潜在链接，每个链接以概率 p 独立开或关. 另外，4 个特殊节点中的每一个都可能与“外部世界”的 $9-4=5$ 个结点有潜在链接，即 5 个非特殊节点. 所以这里有 $4\times5=20$ 个潜在链接，共计 26 个.

107

因此，T 的分布也是二项的，其中成功概率为 p，潜在链接数为

$$k(n-k)+\binom{k}{2} \tag{5.59}$$

5.7　计算补充

5.7.1　R 中的图形和可视化

R 擅长于绘图，提供了从入门到高级的丰富功能集. 在 R 中除了方法的功能外，还提供了许多图形软件包，例如 ggplot2[44] 和 lattice[38]. 还有很多其他相关的书，包括权威

的书[35].

下面是基于 R 的用于生成图 5.1 的代码：

```
prb <- function(x) x^2
prba <- function(x) (x-1)^2
prbb <- function(x) (x+1.5)^2
plot(curve(prb,-5,5),type='l',xlab='x',ylab='y')
lines(curve(prba,-5,5,add=TRUE),type='l')
lines(curve(prbb,-5,5,add=TRUE),type='l')
text(-2.3,18,'a=1, b=0')
text(1,12,'a=-1.5, b=0')
text(-4.65,15.5,'a=0, b=0')
```

要点如下：

- 我们定义了三条抛物线函数.
- 我们调用 curve()函数，用于生成绘制给定曲线的点.
- 我们调用 plot(),type= 'l'表示我们需要一条线而不是离散点，并且带有指定的轴标签.
- 我们调用 lines()，向现有绘图中添加线. curve()中的参数 add 就是用来设定这方面的功能.
- 最后，我们调用 text()，在绘图中的指定坐标(X，Y)处添加标签.

108

一种常见的操作就是将当前显示在屏幕上的 R 图保存到一个文件中. 这有一个具有此功能的函数，我将其放在我的主目录中 R 的启动文件 . Rprofile 中：

```
pr2file <- function (filename)
{
    origdev <- dev.cur()
    parts <- strsplit(filename, ".", fixed = TRUE)
    nparts <- length(parts[[1]])
    suff <- parts[[1]][nparts]
    if (suff == "pdf") {
        pdf(filename)
    }
    else if (suff == "png") {
        png(filename)
    }
    else jpeg(filename)
    devnum <- dev.cur()
    dev.set(origdev)
    dev.copy(which = devnum)
    dev.set(devnum)
    dev.off()
    dev.set(origdev)
}
```

这些主要涉及各种 R 图形设置的操作代码，我不在这里讨论. 我已经设置好了，以便你可以保存为 PDF、PNG 或 JPEG 类型的文件，文件类型由你指定的文件名来体现.

5.8　练习

数学问题

1. 在 1.11.2 节的学生随机分组示例中，设 X 为选择计算机专业学生的数量. 求 $p_X()$.

2. 在 1.11.3 节的彩票示例中，设 X 为选择偶数票的数. 求 $p_X()$.

3. 考虑 5.4.1.2 节的停车位示例，解析地求 $P(D=3)$，然后修改该节中的代码. 试着让你的代码无循环.

109

4. 假设 X_1，X_2，…为独立的指示变量，但是其成功概率不同. 定义 $p_i=P(X_i=1)$. 设 $Y_n=X_1+\cdots+X_n$. 根据 p_i 求 EY_n 和 $\mathrm{Var}(Y_n)$.

5. 对于离散随机变量 X，其危险函数被定义为

$$h_X(k)=P(X=k+1 \mid X>k)=\frac{p_X(k)}{1-F_X(k)} \tag{5.60}$$

这里的想法如下：假设 X 是电池寿命(以月为单位). 例如，$h_X(32)$是电池在下个月发生故障的条件概率，到目前为止它已经持续用了 32 个月. 这一概念被广泛应用于医学、保险、设备可靠性等领域(尽管连续型随机变量比离散型变量更为常见). 结果显示对于一个几何分布的随机变量，其危险函数是常数. 我们说几何随机变量是无记忆的，即一个过程已经进行了多长时间并不重要. 它在下一个 epoch 时间里结束的概率是相同的，就好像它不“记得”到目前为止它已经持续了多长时间.

6. 在 5.1.3 节的 Watts-Strogatz 模型中，找出指定节点只连接到一个快捷方式的概率.

7. 考虑一个参数为 p 的几何分布随机变量 W，求 p 的闭式表达式(W 是偶数)

计算和数据问题

8. 在 3.5.2 节中，据说在 1000 次投掷硬币中，获得 500 个正面的概率约为 0.025. 请核实.

9. 注意问题 5 中的术语危险函数. 编写代码计算并绘制 $n=10$ 且 $p=0.4$ 的二项分布的危险函数. 对于 $\lambda=3.5$ 的泊松分布，也需这么做.

10. 在这里，你将为某个分布族开发“d，p，q，r”函数，如 5.4.1.1 节、5.4.2.1 节等章节所示.

    我们把这一族称为“累积”，设置成反复掷一对骰子. 其中随机变量 X 是表示累积总数至少为 k 个点所需的投掷数. 例如 X 的支撑范围从 $k/12$ 的向上舍入到 $k/2$ 的向上舍入. 这是一个单参数族.

110

    编写 `daccum()`、`paccum()` 函数等. 尽量不要对“d”和“p”的情况使用模拟. 如果你熟悉递归，它可能是最好的方法. 对于“q”的情况，请记住前面式(5.36)的注释.

11. 研究切比雪夫不等式(4.21 节)有多紧，也就是说它提供的上界与实际量有多接近. 具体来说，假设我们掷骰子 12 次，其中 X 表示出现 5 的次数. 求 $P(X=1$ 或 $X=3)$的精确值，然后将其与切比雪夫的上限进行比较.

111
~
112

第6章　连续型概率模型

除了我们在第3章研究的离散型随机变量外，还有其他类型的随机变量. 本章将介绍另一个主要的类别，连续型随机变量，它们构成了统计学的核心，并广泛应用于概论率. 对于这种随机变量，本书需要微积分的预备知识.

6.1　随机掷镖游戏

假设我们在[0，1]区间随机投掷一个飞镖. 让 D 表示我们的击中点. 这里“随机”指的是每个点被击中的可能性是相同的. 反过来，这意味着所有等长的子区间都有相同的可能性被击中. 例如，飞镖落在(0.7，0.8)中的概率与落在(0.2，0.3)、(0.537，0.637)等区间的概率都是相同的，因为它们的区间长度都是0.1.

由于随机性，

$$P(u \leqslant D \leqslant v)=v-u \tag{6.1}$$

任取 $0 \leqslant u < v \leqslant 1$.

我们称 D 为连续型随机变量，因为它的支撑是一系列连续的点，在本例中，是整个区间[0，1].

6.2　单值点的概率为零

第一个要注意的关键点是

$$P(D=c)=0 \tag{6.2}$$

对于任意一点 c，这看起来有些违反直觉！但可以从以下几个方面来看：

- 以 $c=0.3$ 为例. 那么

$$P(D=0.3) \leqslant P(0.29 \leqslant D \leqslant 0.31)=0.02 \tag{6.3}$$

最后一个等式来自式(6.1).

所以，$P(D=0.3) \leqslant 0.02$. 但是我们可以用0.299和0.301代替式(6.3)中的0.29和0.31，得到 $P(D=0.3) \leqslant 0.002$. 我们可以以此类推，从而证明 $P(D=0.3)$ 必须小于任何正数，因此它实际上是0.

- 因为有无穷多个点，假设它们的概率 w 都不等于零，那么这些概率的总和将是无穷大，而不是1. 因此这些点的概率必须为0.

类似地，我们会发现式(6.2)对于任何连续型随机变量都是成立的.

乍一看可能很奇怪，但这和微积分中你很熟悉的情况非常相似. 例如，当我取一个三维物体(比如一个球体)的切片，如果切片的厚度为0，那么切片的体积为0.

事实上，从另一个角度来看，这根本不违反直觉. 请记住，从“笔记本”的角度来看，我们一直认为概率是一个事件在我们无数次的重复实验中，发生次数占实验次数的百分比. 所以式(6.2)并没有说 $D=c$ 不可能发生，它只是说 $D=c$ 几乎不发生，以至于长期来看发生的次数占实验次数的比重近似为 0.

114

当然，连续随机变量模型是理想化的，类似于物理学中的无质量、无摩擦弦. 我们只能测量飞镖落点的大致位置，保留到小数点后的某位，所以它在技术上是离散的. 但是将它近似地建模为一个连续型随机变量是好事，因为它使事情变得更容易些.

6.3 现在我们有个问题

式(6.2)呈现出一个问题. 对于离散随机变量 M，我们通过它们的概率密度函数 p_M 来定义它们的分布. 回想一下，5.1 节将概率密度定义为 M 值及其概率的列表. 但在连续的情况下，这是不可能的，这里每个值的概率都是 0.

因此，我们的目标是发展另一种函数，它神似于概率密度函数，但是回避了单值概率为 0 的问题. 为此，我们必须首先定义另一个关键函数：

6.4 解决该问题的方法：累积分布函数

这里我们引入累积分布函数的概念. 它和密度函数的概念将贯穿本书的其余部分.

6.4.1 累积分布函数

定义 11 对于任意随机变量 W(包括离散型变量)，其累积分布函数 F_W(cdf)定义为

$$F_W(t)=P(W\leqslant t),\quad -\infty<t<\infty \tag{6.4}$$

(请记住符号. 通常使用大写字母 F 表示 cdf，下标为随机变量的名称.)

这里 t 表示什么？它只是函数的一个参数. 这里函数的定义域为$(-\infty, \infty)$，因此我们必须为 t 的每个值定义这个函数. 这是一个简单的问题，但却是一个关键问题.

115

cdf 的一个例子，请考虑上面的“随机飞镖游戏”. 我们知道，当 $t=0.23$ 时，

$$F_D(0.23)=P(D\leqslant 0.23)=P(0\leqslant D\leqslant 0.23)=0.23 \tag{6.5}$$

同样，

$$F_D(-10.23)=P(D\leqslant -10.23)=0 \tag{6.6}$$

且

$$F_D(10.23)=P(D\leqslant 10.23)=1 \tag{6.7}$$

请注意，事实上 D 永远不能等于或接近 -10.23. $F_D(t)$定义域为 $t\in(-\infty, \infty)$，包括 10.23！$F_D(10.23)$的定义为 $P(D\leqslant 10.23)$，这个概率等于 1！是的，D 总是小于或等于 10.23，对吗？

一般来说，对于我们的飞镖游戏，

$$F_D(t)=\begin{cases}0, & t\leqslant 0\\ t, & 0<t<1\\ 1, & t\geqslant 1\end{cases} \tag{6.8}$$

F_D 图像如图 6.1 所示.

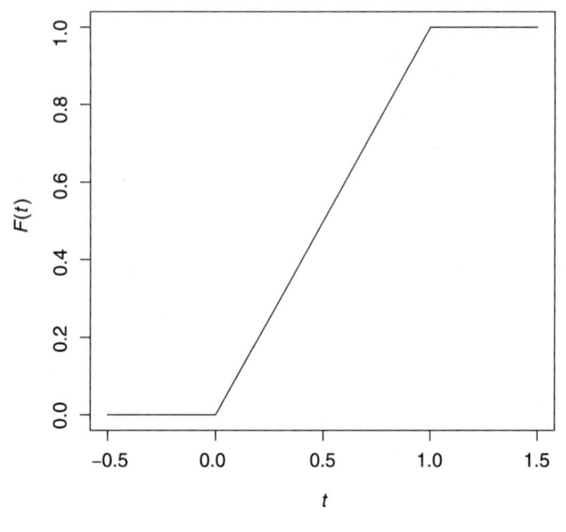

图 6.1 D 的 cdf

离散型随机变量的 cdf 定义也如式(6.4)所示. 例如，假设 Z 是两次投掷硬币得到的正面数. 那么

$$F_Z(t)=\begin{cases}0, & \text{如果 } t<0 \\ 0.25, & \text{如果 } 0\leqslant t<1 \\ 0.75, & \text{如果 } 1\leqslant t<2 \\ 1, & \text{如果 } t\geqslant 2\end{cases} \tag{6.9}$$

116

例如，

$$F_Z(1.2)=P(Z\leqslant 1.2) \tag{6.10}$$
$$=P(Z=0 \text{ 或 } Z=1) \tag{6.11}$$
$$=0.25+0.50 \tag{6.12}$$
$$=0.75 \tag{6.13}$$

注意式(6.11)仅仅是问我们一个常见的问题，“它怎么发生?”这里我们要问的是，$Z\leqslant 1.2$ 是如何发生的. 答案很简单：显然 Z 为 0 或 1 即可. 事实上 Z 不能等于 1.2.

式(6.12)利用了 Z 服从二项分布的事实，其中 $n=2$ 且 $p=0.5$. F_Z 的图像如图 6.2 所示.

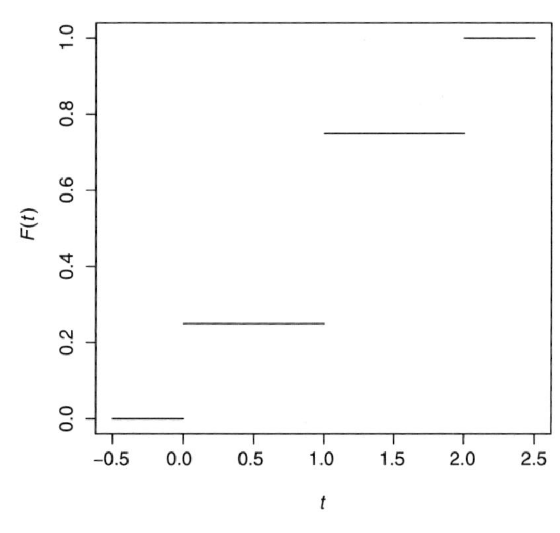

图 6.2 Z 的 cdf

事实是一个人不能得到非整数个正面数，这就是使 Z 的 cdf 在相邻整数之间为平的原因.

117~118

在图中你可以看到式(6.8)的 F_D 是连续的，而式(6.9)的 F_Z 有跳跃. 这是我们称之为连续型随机变量的另一个原因.

6.4.2 既非离散也非连续的分布

让我们修改一下上面的飞镖游戏示例. 假设飞镖随机落在[−1, 2]之间，定义 D 如下. 如果飞镖落在[0, 1]中的某点 x，则将 D 设置为 x. 但如果飞镖落在 0 的左侧，则将 D 定义为 0，如果飞镖落在 1 的右侧，则将 D 设置为 1. 那么 D 就是“非禽非鱼，不伦不类”，它看起来是连续的，因为它的支持仍然是一个连续区间，即[0, 1]. 但在 $c=0$ 和 $c=1$ 的情况下，它不符合式(6.2). 例如，$P(D=0)=1/3$，因为子区间[−1, 0]是[−1, 2]长度的 1/3，所以飞镖随机地落在前者概率为 1/3.

本书中的大部分随机变量不是离散的就是连续的，但是一定要知道还有其他类型的随机变量.

6.5　密度函数

有了 cdf，让我们回到最初的目标，即为连续型随机变量找到一些类似于离散型随机变量的概率质量函数的东西. 这个东西就是概率密度函数(pdf).

> 这里直觉是关键的. 要确保对概率密度函数有很好的直观理解，因为它们对是否能够很好地运用概率至关重要. 我们在本书中会经常用它们.

读者不妨回顾 5.1 节中的 pmf.

现在思考如下. 看一下式(6.12)的 0.25+0.50 和式(6.13)的 0.75. 我们知道，在跳跃点 t 处，$F_Z(t)$是到该点处之前所有 p_Z 的和. 一般来说，这是正确的. 对于离散型随机变量，它的 cdf 可以通过对它的 pmf 求和来计算，即对小于等于 t 的所有跳跃点所构成的集合 J_t 里每个点的概率值求和：

$$F_Z(t) = \sum_{j=J} p_Z(j) \tag{6.14}$$

但请记住，在连续的情况下，即“微积分”的世界中，我们用积分而不是求和.(积分是和的极限，这就是为什么积分符号 $\int$ 的形状和 S 很像.)因此，连续情况下对应的 pmf 应该将 cdf 融合进来. 当然，pmf 就是 cdf 的导数，称其为密度：

119

定义 12　考虑一个连续的随机变量 W，定义

$$f_W(t) = \frac{\mathrm{d}}{\mathrm{d}t} F_W(t), \qquad -\infty < t < \infty \tag{6.15}$$

其中 F_W 的导数存在. 函数 f_w 称为概率密度函数(pdf)，或者称为 W 的密度.

(同样，请记住这个符号. 通常使用小写 f 表示概率密度函数，下标是随机变量的名称.)

什么是密度函数呢? 最重要的是，它是一个用于求涉及连续型随机变量概率的工具.

6.5.1　密度函数的性质

等式(6.15)意味着

性质 A：

$$P(a < W \leqslant b) = F_W(b) - F_W(a) \tag{6.16}$$

$$= \int_a^b f_W(t)\,\mathrm{d}t \tag{6.17}$$

其中式(6.16)从何而来? $F_W(b)$是从$-\infty$到 b 的累积概率，而 $F_W(a)$是从$-\infty$到 a 的累积概率. 它们的差就是 W 在 a 和 b 之间的概率. 式(6.17)是微积分基本定理：对一个函数的导数再求积分，那么就得到了它原来的函数.

由于 $P(W=c)=0$(对于任何点 c)，性质 A 也意味着：

性质 B：

$$P(a < W \leqslant b) = P(a \leqslant W \leqslant b) = P(a \leqslant W < b) = P(a < W < b)$$

120

$$=\int_a^b f_W(t)\mathrm{d}t$$

反过来，它意味着：

性质 C：

$$\int_{-\infty}^{\infty} f_W(t)\mathrm{d}t = 1 \tag{6.18}$$

注意，在上述积分中，$f_W(t)$在 W 不可能发生的任何区域对应 t 的值为 0，即 W 的支撑之外. 例如，6.1 节中的飞镖游戏，当 $t<0$ 和 $t>1$ 的情况就是这样.

任何积分为 1 的非负函数都是一个概率密度函数. 密度函数可以递增、递减或有增有

121

减. 还要注意，密度函数在某些点的值可以大于 1，即使它需要保证积分为 1.

6.5.2　密度的直观含义

假设以小时为单位的电池寿命密度函数 $g(x)$如图 6.3 所示. 考虑区间(490，510). 电池寿命达到这个时间间隔的概率为

$$\int_{490}^{510} g(t)\mathrm{d}t = \text{位于区间(490，510)处曲线围成的面积} \tag{6.19}$$

类似地，电池寿命落在(90，110)区间的概率为区间(90，110)对应曲线下方的面积——一个非常小的值. 换言之，电池寿命在 500 附近比在 100 附近的频率更高. 所以，

> 对于任何连续型随机变量 X，该随机变量在高密度区域比在低密度区域出现的频率更高.

读者可能更熟悉直方图. 这里的想法与直方图是一样的. 比如说我们有一个考试成绩的直方图. 如果直方图在 68 分附近高，而在 86 分附近低，这意味着成绩为 68 分附近的同学比 86 分附近的同学要多得多. 实际上，我们将在下一章看到直方图和密度函数的密切关系.

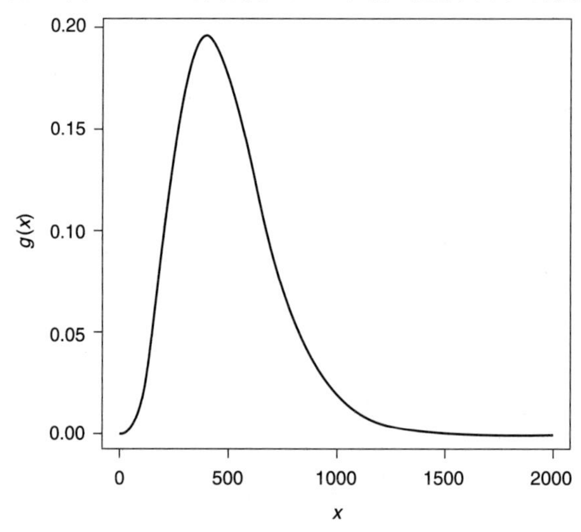

图 6.3　电池寿命密度图

6.5.3 期望值

$E(W)$是多少呢？回想一下，如果 W 是离散型的，那么我们有

$$E(W)=\sum_{c} c\, p_W(c) \tag{6.20}$$

其中，和的范围在 W 的支撑上. 例如，W 是我们在掷两个骰子时得到的点数，那么 c 的取值范围为 2，3，…，12. 同样，因为在连续世界里，我们用积分而不是求和，所以对于连续型随机变量 W，期望值为：

性质 D：

$$E(W)=\int t\, f_W(t)\mathrm{d}t \tag{6.21}$$

122

这里 t 的取值在随机变量 W 的支撑上，以飞镖游戏为例，它的区间为[0，1]. 同样，我们也可以这样写

$$E(W)=\int_{-\infty}^{\infty} t\, f_W(t)\mathrm{d}t \tag{6.22}$$

鉴于之前的评论，对于不同范围的 t，$f_W(t)$可能为 0. 当然，

$$E(W^2)=\int_{-\infty}^{\infty} t^2 f_W(t)\mathrm{d}t \tag{6.23}$$

一般意义上讲，与式(3.34)相似.

性质 E：

$$E[g(W)]=\int_t g(t) f_W(t)\mathrm{d}t \tag{6.24}$$

前面所述的关于离散型随机变量的期望和方差的大多数性质也适用于连续型随机变量：

性质 F：

方程(3.26)、(3.28)、(3.36)、(4.4)和(4.12)在连续情况下仍然成立.

6.6 第一个示例

考虑一个概率密度函数，当 $t\in(1,4)$时密度函数为 $2t/15$，其他情况下密度函数为 0.

$$EX=\int_1^4 t\cdot 2t/15\mathrm{d}t=2.8 \tag{6.25}$$

$$P(X>2.5)=\int_{2.5}^4 2t/15\mathrm{d}t=0.65 \tag{6.26}$$

123

$$F_X(s)=\int_1^S 2t/15\mathrm{d}t=\frac{S^2-1}{15},\ s\in(1,4) \tag{6.27}$$

对于 $F_X(s)$，当 $t<1$ 时为 0，当 $t>4$ 时为 1. 且

$$\mathrm{Var}(X)=E(X^2)-(EX)^2 \quad (\text{由式}(4.4)\text{得}) \tag{6.28}$$

$$=\int_1^4 t^2 2t/15\mathrm{d}t-2.8^2 \quad (\text{由式}(6.25)\text{得}) \tag{6.29}$$

$$=0.66 \tag{6.30}$$

假设 L 表示一个灯泡的使用寿命(以年为单位)，L 与上面的 X 一样具有相同的密度函

数. 让我们根据上下文来计算一些量：

使用寿命低于平均寿命的灯泡比例：

$$P(L < 2.8) = \int_1^{2.8} 2t/15\mathrm{d}t = (2.8^2 - 1)/15 \tag{6.31}$$

（注意，对于这个分布，小于平均值的比例不是 0.5.）

$1/L$ 的平均值：

$$E(1/L) = \int_1^4 \frac{1}{t} \cdot 2t/15\mathrm{d}t = \frac{2}{5} \tag{6.32}$$

在测试许多灯泡时，找到两个使用寿命超过 2.5 年的所需要的灯泡数量的均值：

利用式(5.43)，其中 $r=2$ 和 $p=0.65$.

6.7　著名的连续分布参数族

124

与离散的情况一样，已发现有许多有用的参数分布族.

6.7.1　均匀分布

6.7.1.1　密度函数及其性质

在我们的飞镖示例中，我们可以想象在区间(q, r)中投掷飞镖(因此这是一个双参数族). 那么要成为一个均匀分布，其所有点都要“等可能”，因此密度函数在该区间必须为常数. 但是它的积分必须是 1(见式(6.18)). 所以，这个常数必须是 1 除以间隔的长度：

$$f_D(t) = \frac{1}{r-q} \tag{6.33}$$

其中 $t \in (q, r)$，其他地方为 0. 很容易证明 $E(D)=(q+r)/2$ 和 $\mathrm{Var}(D)=(r-q)^2/12$.

该族的符号记为 $U(q, r)$.

6.7.1.2　R 函数

服从均匀分布的随机变量 X 在(r, s)上的相关函数为：

- `dunif(x,r,s)`，用于计算 $f_X(x)$
- `punif(q,r,s)`，用于计算 $P(X \leqslant q)$
- `qunif(q,r,s)`，用于计算使得 $P(X \leqslant c)=q$ 的常数 c
- `runif(n,r,s)`，用于生成 n 个独立的 X 值

与 R 中大多数分布相关的函数一样，x 和 q 可以是向量，因此例如 `punif()`可以用于查找多个点的 cdf 值.

顺便说一句，连续分布领域中式(5.36)之前提到的问题不再困扰我们. 例如，读者应该确保理解为什么 `qunif(0.6,1,4)`是(唯一的)2.8.

125

6.7.1.3　示例：磁盘性能建模

均匀分布通常用于模拟计算机磁盘请求. 磁盘由大量的同心环组成，这些同心环被称为磁道. 当程序发出读取或写入文件的请求时，磁盘的读/写磁头必须位于文件第一部分的磁道上方. 在大型系统(如大型银行的数据库)中，这种移动(又被称为定位)可能是影响磁盘性能的一个重要因素.

如果磁道的数目很大，读/写磁头的位置(我们用 X 表示)就像一个连续的随机变量，通常这个位置是由均匀分布来模拟的. 这种情况可能会持续很长时间，不过在碎片整理之后，这些文件往往会聚集在磁盘的中心磁道上，从而减少查找时间，此时 X 将不再服从均匀分布.

每个磁道由一定数量的给定大小的扇区组成，例如每个扇区 512 字节. 一旦读/写磁头到达正确的磁道，我们必须等待所需的扇区旋转，并在读/写磁头下方通过. 应该清楚的是，均匀分布是描述这种旋转延迟的一个很好的模型.

例如，假设在磁盘性能建模时，我们把读/写磁头的位置 X 描述为 0 和 1 之间的一个数，0 和 1 分别表示最里面和最外面的磁道. 如上所述，假设 X 在(0，1)上服从均匀分布. 考虑两个连续的位置(即两个连续的查找)X_1 和 X_2，我们假设它们是独立的㊀. 让我们来一起求 $\text{Var}(X_1+X_2)$.

我们从 6.7.1.1 节可知，$U(0,1)$分布的方差为 1/12. 然后利用独立性可知

$$\text{Var}(X_1+X_2)=1/12+1/12=1/6 \tag{6.34}$$

6.7.1.4 示例：拒绝服务型攻击建模

在计算机安全方面，人们发现均匀分布实际上是一个故障警告，它可以描述拒绝服务攻击的迹象. 在这里，攻击者试图通过淹没服务请求来独占 Web 服务器. 研究表明[8]在这种情况下，均匀分布是一个很好的模拟 IP 地址的模型.

126

6.7.2 正态(高斯)分布族

这就是著名的“钟形曲线”，之所以称为“钟形曲线”，是因为它们的密度函数呈钟形㊁.

6.7.2.1 密度函数及其性质

密度函数和参数：

正态分布的密度函数为

$$f_W(t)=\frac{1}{\sqrt{2\pi}\sigma}e^{-0.5\left(\frac{t-\mu}{\sigma}\right)^2}, \quad -\infty<t<\infty \tag{6.35}$$

同样，这是一个双参数族，由参数 μ 和 σ 索引，其中 μ 为均值㊂且 σ 为标准差. 用符号 $N(\mu,\sigma^2)$表示正态分布(通常情况下，使用方差 σ^2 而不是标准差).

6.7.2.2 R 函数

同样，R 提供了正态分布的密度函数、cdf、分位数计算和随机数生成的函数：

- `dnorm(x,mean= 0,sd= 1)`
- `pnorm(q,mean= 0,sd= 1)`
- `qnorm(p,mean= 0,sd= 1)`
- `rnorm(n,mean= 0,sd= 1)`

㊀ 如果磁盘上有许多用户，因此连续的请求来自不同的用户，那么这种假设可能是合理的.

㊁ 请注意，其他参数族(尤其是柯西族)也具有钟形形状. 差别在于分布的尾部趋于 0 的速率. 然而，由中心极限定理(将在第 9 章中介绍)可知，正态分布族是重要的.

127

㊂ 请记住，这是期望值的同义词.

这里的 mean 和 sd 就是分布的平均值和标准差. 其他参数与前面的例子一样.

6.7.2.3　建模的重要性

正态分布族是经典概率论和统计学方法的核心. 它的核心作用体现在中心极限定理(CLT)中，本质上讲，如果 X_1，…，X_n 是独立同分布的，那么新的随机变量

$$Y=X_1,\ \cdots,\ X_n \tag{6.36}$$

近似服从正态分布.

因为这个分布族太重要了，所以我们不得不在第 9 章主要研究这部分内容，其中也包括了关于 CLT 的内容.

6.7.3　指数分布族

在这一节中，我们将介绍另一个著名的参数族，指数分布族[㊀].

6.7.3.1　密度函数及其性质

这一分布族的密度函数为

$$f_W(t)=\lambda e^{-\lambda t},\quad 0<t<\infty \tag{6.37}$$

这是一个单参数分布族. 积分后，我们可以发现 $E(W)=1/\lambda$，$\mathrm{Var}(W)=\dfrac{1}{\lambda^2}$.

6.7.3.2　R 函数

128

服从均匀分布且参数为 λ 的随机变量 X 的相关函数为

- dexp(x, lambda)，用于求 $f_X(x)$
- pexp(q, lambda)，用于计算 $P(X\leqslant q)$
- qexp(q, lambda)，用于求使 $P(X\leqslant c)=q$ 的 c
- rexp(n, lambda)，生成 n 个独立的变量 X

6.7.3.3　示例：车库停车费

某公共停车场第一小时收取 1.50 美元停车费，之后每小时收取 1 美元停车费.（为简单起见，我们假设时间在每个定义的时间段内按比例分配. 读者应该考虑一下，如果不到一小时的进行"四舍五入"，那么分析结果将如何变化.）假设停车时间 T 服从均值为 1.5 小时的指数分布. W 表示已支付的总停车费. 我们计算 $E(W)$和 $\mathrm{Var}(W)$.

关键的一点是 W 为 T 的函数：

$$W=\begin{cases}1.5T, & \text{如果 } T\leqslant 1\\ 1.5+1\cdot(T-1)=T+0.5, & \text{如果 } T>1\end{cases} \tag{6.38}$$

这是个好消息，因为我们知道如何根据式(6.24)求一个连续随机变量函数的期望值. 根据式(6.38)定义 $g()$，我们有

$$EW=\int_0^\infty g(t)\,\frac{1}{1.5}e^{-\frac{1}{1.5}t}\,dt \tag{6.39}$$

㊀ 不过，这不应与数理统计中出现的指数分布族混淆，指数分布族包括指数分布，但其范围要广得多.

$$=\int_0^1 1.5t\ \frac{1}{1.5}e^{-\frac{1}{1.5}t}dt+\int_1^{\infty}(t+0.5)\frac{1}{1.5}e^{-\frac{1}{1.5}t}dt \tag{6.40}$$

积分计算部分留给读者. 或者，你可以使用 R 的 integrate()函数，参见 6.9.1 节.

现在，如何计算 Var(*W*)呢？通常情况下，使用式(4.4)更容易，所以我们要求 $E(W^2)$. 上面的积分变成

129

$$E(W^2)=\int_0^{\infty}g^2(t)f_W(t)dt$$
$$=\int_0^1(1.5t)^2\ \frac{1}{1.5}e^{-\frac{1}{1.5}t}dt+\int_1^{\infty}(t+0.5)^2\ \frac{1}{1.5}e^{-\frac{1}{1.5}t}dt$$

计算上式后，我们再减去$(E(W))^2$，就可以求出 *W* 的方差.

6.7.3.4　指数分布的无记忆性

指数分布如此有名的原因之一是它有一个特性，这个特性使得许多实际随机模型在数学上变得易于处理：指数分布是无记忆的[㊀].

术语无记忆性对于随机变量 *W* 的意思是，对于所有正的 *t* 和 *u*

$$P(W>t+u\,|\,W>t)=P(W>u) \tag{6.41}$$

我们来推导一下：

$$P(W>t+u\,|\,W>t)=\frac{P(W>t+u\ 且\ W>t)}{P(W>t)} \tag{6.42}$$

$$=\frac{P(W>t+u)}{P(W>t)} \tag{6.43}$$

$$=\frac{\int_{t+u}^{\infty}\lambda e^{-\lambda s}ds}{\int_t^{\infty}\lambda e^{-\lambda s}ds} \tag{6.44}$$

$$=e^{-\lambda u} \tag{6.45}$$

$$=P(W>u) \tag{6.46}$$

这意味着“时间从 *t* 开始”，或者 *W*“不记得”*t* 之前发生了什么.

对于初学者来说，很难完全理解无记忆性. 让我们把它具体化. 假设我们正在开车，并到了某个铁路轨道，我们到达的时候正好有一列火车要经过. 人们看不到铁轨，所以我们不知道火车是不是很快会通过. 眼下的问题是我们是否要关掉汽车的引擎. 如果我们把它开着，火车还有很长一段时间才能通过，那么我们将浪费汽油. 如果我们把它关掉，火车可能很快就通过了，此时我们不得不重新启动发动机，这也浪费了汽油.

130

假设火车已经开了 2 分钟，如果我们知道火车还有 0.5 分钟才能通过，那么我们就关掉引擎. 在火车已经持续通过 2 分钟的条件下，这有可能吗？如果火车的长度是服从指数分布的[㊁]，那么式(6.41)会说，到目前为止我们虽然已经等了 2 分钟，但是这对预测火车

㊀ 读者可能还记得，我们在前面发现几何分布是无记忆的. 研究结果表明，几何分布族是唯一的离散无记忆分布族，而指数分布族是唯一的连续无记忆分布族.

㊁ 如果通常有很多汽车，我们可以将其建模为连续的，即使它是离散的.

是否会在接下来的 30 秒内通过是无意义的. 它现在需要至少 30 秒通过的概率，不比它刚到达时需要至少 30 秒通过的概率大.

相当了不起！

6.7.3.5　建模的重要性

现实生活中的许多分布被发现是近似服从指数分布的. 著名的示例就是涉及时间间隔的问题，例如客户进入银行或信息从计算机网络发出. 它也用于软件可靠性研究.

指数分布族与泊松分布族有一个有趣的(且有用的)联系. 在 6.8.2 节对此进行了讨论.

此外，指数分布族是马尔可夫链连续时间模型的关键. 因为状态之间的跳跃期间需要等待的时间是一个连续的、随机的时间量. 由于马尔可夫特性可知，这个等待时间是无记忆的，因此服从指数分布.

6.7.4　伽马分布族

131

伽马分布族是指数分布族的更一般性推广，也被广泛使用.

6.7.4.1　密度函数及其性质

假设在时间 0 时，我们在一盏灯里安装了一个灯泡，它的使用寿命为时间 X_1. 然后我们立即再安装一个新的灯泡，它的使用寿命为时间 X_2，以此类推. 假设随机变量 X_i 是独立的且服从参数为 λ 的指数分布.

设

$$T_r = X_1 + \cdots + X_r, \qquad r = 1, 2, 3, \cdots \tag{6.47}$$

注意，随机变量 T_r 表示第 r 次更换灯泡的时间. T_r 是 r 个独立的且服从参数为 λ 的指数分布随机变量的和. T_r 的分布称为爱尔朗分布. 它的密度函数为

$$f_{T_r}(t) = \frac{1}{(r-1)!}\lambda^r t^{r-1} e^{-\lambda t}, \qquad t > 0 \tag{6.48}$$

这是一个双参数族.

同样，用“笔记本”的方法来思考是有帮助的. 假设 $r=8$. 然后我们观察 8 个灯泡的持续时间，记录 T_8，第 8 个灯泡熄灭的时间. 我们把这个时间写在笔记本的第 1 行. 然后我们再观察一批新的 8 个灯泡，并在笔记本的第 2 行写下这些灯泡的 T_8 值，以此类推. 我们在笔记本上记录了大量的行之后，我们绘制来所有 T_8 值的直方图. 那么关键的一点是直方图将看起来像式(6.48).

我们可以通过允许 r 取到非整数值来泛化它，并利用阶乘函数推广得：

$$\Gamma(r) = \int^{\infty} x^{r-1} e^{-x} dx \tag{6.49}$$

这是伽马函数，在古典数学中非常有名. 它给出比爱尔朗分布更一般的伽马分布族：

132

$$f_W(t) = \frac{1}{\Gamma(r)}\lambda^r t^{r-1} e^{-\lambda t}, \qquad t > 0 \tag{6.50}$$

(注意，$\Gamma(r)$只是作为使密度积分为 1 的常数，它没有实际的意义.)这又是一个双参数族，参数为 r 和 λ. 伽马分布的均值为 r/λ，方差为 $r/(\lambda^2)$. 当 r 为正数的情况下，该式符合(6.48)，事实上指数分布的随机变量其均值为 $1/\lambda$，方差为 $1/\lambda^2$. 请注意，当 $r=1$ 时，伽

马分布衰减为指数分布.

6.7.4.2　示例：网络缓冲区

假设在网络环境中(不是我们前面的ALOHA示例)，一个节点直到在其缓冲区中累积了5条消息才进行传输. 假设消息到达的时间间隔是独立的，且服从均值100毫秒的指数分布. 让我们从一个空的缓冲区开始，计算超过552毫秒才会进行传输的概率.

设 X_1 是第一条消息到达的时间，X_2 是从那时起到第二条消息到达的时间，依此类推. 那么我们累积五条信息的时间就是 $Y=X_1+\cdots+X_5$. 根据伽马分布族的定义，我们看到 Y 服从参数 $r=5$，$\lambda=0.01$ 的伽马分布. 那么

$$P(Y>552)=\int_{552}^{\infty}\frac{1}{4!}0.01^5 t^4 e^{-0.01t}dt \tag{6.51}$$

这个积分可以通过反复的使用分部积分来计算，但是我们用R来代替：

```
> 1 - pgamma(552,5,0.01)
[1] 0.3544101
```

注意，我们的参数 r 在R中称为形状系数，λ 称为速率. 同样，在 `dgamma()`、`qgamma()` 和 `rgamma()` 也具有相同的含义.

6.7.4.3　建模中的重要性

如式(6.47)所示，指数分布随机变量的和在实际应用中经常出现. 这个和是服从伽马分布的.

133

你可能会问在 r 为非整数的情况下，伽马分布的含义是什么. 没有什么特别的含义，但是当我们有一组真实的数据集时，我们通常希望通过拟合一个参数族来概括它，也就是说，我们试图在族中找到一个与数据非常接近的模型.

在这方面，伽马分布族为我们提供了这样的密度函数，它在 $t=0$ 附近是上升的，然后随着 t 的变大逐渐减小为0，所以如果我们的数据看起来像这样的，那么这个分布族是有用的. 一些伽马密度函数的图如图6.4所示.

正如你可能从6.7.4.2节中网络性能分析示例中猜到的，伽马分布族经常出现在网络环境中，以及一般的排队分析中. 它在可靠性分析中也很常见.

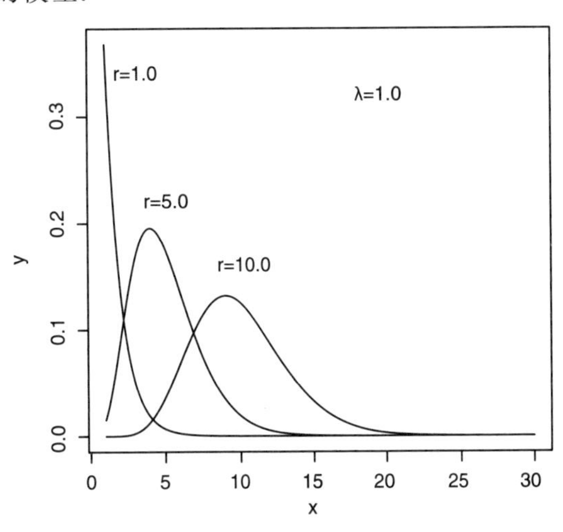

图6.4　各种伽马密度函数

6.7.5　贝塔分布族

如图6.4所示，如果我们的数据是非负的，且密度在0附近有一个峰值，然后在右边随着随机变量趋于∞逐渐减小，此时伽马分布族是一个很好的选择. 那么如果数据在(0，1)范围内呢，或者是任何有界区间呢？比如说，一家货运公司通常运输很多东西，包括家具. 设 X 表示一卡车中家具所占的比例.

例如，如果给定卡车负载的家具占15％，那么$X=0.15$. 所以这里我们有一个支撑在(0，1)中的分布. 贝塔分布族为这种情况提供了一个非常灵活的模型，它允许我们在支撑上模拟许多不同的上凹的或下凹的曲线.

6.7.5.1　密度函数等

密度函数有如下形式：

134~135

$$\frac{\Gamma(\alpha+\beta)}{\Gamma(\alpha)\Gamma(\beta)}t^{\alpha-1}(1-t)^{\beta-1} \tag{6.52}$$

其中有两个参数α和β. 图6.5和图6.6显示了两种可能性.

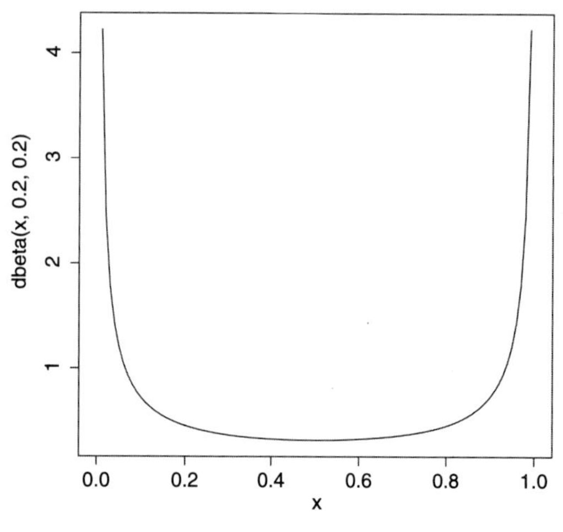

136~137

图6.5　贝塔密度函数，$\alpha=0.2$，$\beta=0.2$

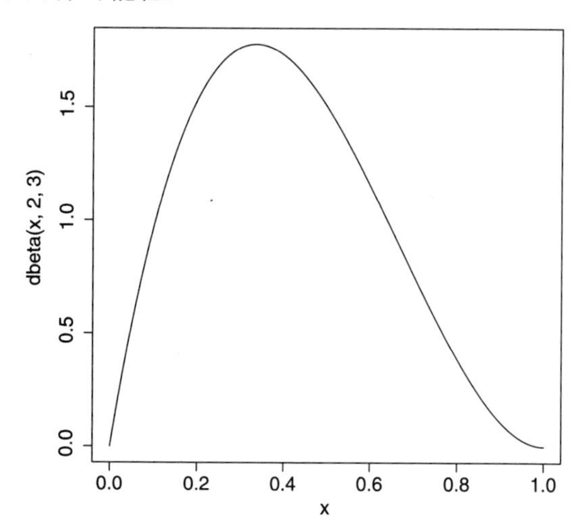

图6.6　贝塔密度函数，$\alpha=0.2$，$\beta=3.0$

贝塔分布族的均值和方差为

$$\frac{\alpha}{\alpha+\beta} \tag{6.53}$$

和

$$\frac{\alpha\beta}{(\alpha+\beta)^2(\alpha+\beta+1)} \tag{6.54}$$

同样，对于`dbeta()`、`qbeta()`和`rbeta()`的参数`shape1`和`shape2`分别对应α和β，我们上面给出的图可以通过执行如下代码得到.

```
> curve(dbeta(x,0.2,0.2))
> curve(dbeta(x,2,3)
```

6.7.5.2　建模的重要性

如前所述，贝塔分布族是变量在(0，1)内自然候选模型. 它对任何有界随机变量都是有用.

例如，假设X的支撑是(12，20). 那么$(X-12)/8$的支撑是(0，1)，所以我们可以通过对数据进行转换，使其落入(0，1)区间.

6.8　数学补充

6.8.1　危险函数

在 6.7.3.4 节中，我们证明了指数分布是无记忆的. 在火车示例中，不管我们等了多长时间，火车在下一个短时间内结束的概率是相同的. 我们说指数分布的危险函数是常数. 对于具有密度函数的非负随机变量 X，其危险函数定义为

$$h_X(t)=\frac{f_X(t)}{1-F_X(t)},\quad t>0 \tag{6.55}$$

138

直观地说，这是应用条件概率. 就像

$$P(t<X<t+\delta)\approx f_X(t)\delta \tag{6.56}$$

对于任意小的 $\delta>0$，

$$P(t<X<t+\delta\mid X>t)\approx h_X(t)\delta \tag{6.57}$$

例如，对于(0，1)上的均匀分布来说，上面的计算结果为 $1/(1-t)$，这是一个递增函数. 我们等待的时间越长，有关事件越有可能很快发生. 这在直觉上是合理的，因为“时间不多了”.

很明显，危险函数在可靠性应用中非常有用.

6.8.2　指数分布族与泊松分布族的对偶性

假设一组灯泡的使用寿命是独立同分布的($i.i.d.$)，考虑以下过程. 在时间 0 时，我们安装了一个灯泡，它的使用寿命为 X_1. 然后我们安装第二个灯泡，使用寿命为 X_2. 然后是第三个，使用寿命为 X_3，依此类推.

设

$$T_r=X_1+\cdots+X_r \tag{6.58}$$

表示第 r 次更换的时间. 另外，让 $N(t)$表示在时间 t 之前(包括时间 t)的更换次数. 然后可以证明，如果 X_i 的共同分布是指数分布，那么随机变量 $N(t)$服从均值为 λ_t 的泊松分布. 反之亦然：如果 X_i 是独立且相同分布的，且 $N(t)$是对于所有 $t>0$，服从泊松分布，那么 X_i 一定服从指数分布. 总而言之：

定理 13　假设 X_1，X_2，…是 i. i. d，对于非负的连续型随机变量. 定义

$$T_r=X_1+\cdots+X_r \tag{6.59}$$

139

和

$$N(t)=\max\{k: T_k\leqslant t\} \tag{6.60}$$

那么当且仅当 X_i 服从参数为 λ 的指数分布时，对于任意 t，有 $N(t)$为服从参数为 λ_t 的泊松分布.

换言之，当且仅当使用寿命服从指数分布时，$N(t)$才服从泊松分布.

证明

“必要性”部分：

关键是要注意事件 $X_1>t$ 等同于 $N(t)=0$. 如果第一个灯泡持续时间超过 t，则时间 t 时的灯泡烧坏计数为 0，反之亦然. 那么

$$P(X_1>t)=P[N(t)=0]\text{（见之前的等式）} \tag{6.61}$$

$$=\frac{(\lambda t)^0}{0!}\cdot e^{-\lambda t}\text{（由式(5.46)可得）} \tag{6.62}$$

$$=e^{-\lambda t} \tag{6.63}$$

那么

$$f_{X_1}(t)=\frac{d}{dt}(1-e^{-\lambda t})=\lambda e^{-\lambda t} \tag{6.64}$$

这表明 X_1 服从指数分布，因为 X_i 是 i. i. d. 的，这意味着它们都具有该分布.

“充分性”部分：

我们需要证明，如果 X_i 服从参数为 λ 的指数分布，那么对于非负数 u 和每个正整数 k，有

$$P[N(u)=k]=\frac{(\lambda u)^k e^{-\lambda u}}{k!} \tag{6.65}$$

$k=0$ 的证明正好与式(6.61)中相反. 一般情况下（这里没有给出），首先注意到 $N(u)\leqslant k$ 等价于 $T_{k+1}>u$. 后一事件的概率可以对式(6.48)的概率密度函数从 u 到∞积分得到. 你需要进行 $k-1$ 次分部积分，最终得到式(6.65)，根据需要从 1 到 k 求和.

140

随机变量 $N(t)$，$t\geqslant 0$ 被称为泊松过程. 关系式 $E[N(t)]=\lambda_t$ 表示单位时间内发生更换的平均速率为 λ. 因此，λ 被称为该过程的强度参数. 正是这种“速率”解释了 λ 成为式(6.37)中自然索引参数的原因.

6.9 计算补充

6.9.1 R 的 integrate()函数

让我看一下如何使用 R 来计算式(6.40).

```
> f <- function(t) exp(-t/1.5) / 1.5
> integrate(function(t) 1.5*t * f(t),0,1)$value +
    integrate(function(t)
       (t+0.5) * f(t),1,Inf)$value
[1] 1.864937
```

正如你所看到的，`integrate()`的返回值不是一个数，而是一个对象 S3. 后者在 `Value` 组件中可得.

6.9.2 从密度函数中抽样的逆方法

假设我们想模拟一个密度函数为 f_x 的随机变量 X，但是在 R 中没有相应的函数. 此时可以通过 $F_X^{-1}(U)$实现，其中 U 服从 $U(0，1)$分布. 换句话说，我们调用 `runif()`，然后将结果插入 X 的 cdf 的逆函数中.

例如，假设 X 的密度函数为 $2t$，$t\in(0，1)$. 那么 $F_X(t)=t^2$，所以 $F_X{}^{-1}(s)=s^{0.5}$. 然后我们可以生成一个 X 作为 `sqrt(runif(1))`. 原因如下：

141

为了简洁起见，将 F_X^{-1} 表示为G. 我们生成的随机变量就是 $Y=G(U)$. 那么

$$F_Y(t)=P[G(U)\leqslant t] \tag{6.66}$$

$$=P[U \leqslant G^{-1}(t)] \tag{6.67}$$

$$=P[U \leqslant F_X(t)] \tag{6.68}$$

$$=F_X(t) \tag{6.69}$$

(最后一个等号成立的原因是 U 在(0，1)上服从均匀分布).

换句话说，Y 和 X 具有相同的 cdf，即它们是同分布的！这正是我们想要的. 注意，这种方法虽然有效，但并不一定实用，因为计算 F_X^{-1} 可能并不容易.

6.9.3　从泊松分布中抽样

rpois()是如何工作的？6.8.2 节给出了 $t=1$ 时的答案. 我们继续生成服从参数为 λ 的指数分布随机变量，直到它们的和超过 1.0. $N(1)$比指数随机变量的总数少一个.

那么我们如何产生指数随机变量？我们只需要使用 6.9.2 节中的方法. $F_X(t)=1-\exp(-\lambda t)$，然后求解

$$u=1-e^{-\lambda t} \tag{6.70}$$

对于 t，我们解得 $G(s)=-\log(1-s)/\lambda$.

因此，该方法基本上就是调用(生成一个数字)

```
-log(1-runif(1)) / lambda
```

首先，人们可能会想用 runif(1)代替 1- runif(1)，因为这两种方法中我们都得到了一个均匀分布的随机变量. 但是，由于计算机上生成均匀随机数的方式 runif()实际上生成的是区间[0，1)上的数. 那么当我们调用日志时，里面包含的 0 会出现问题. 142

6.10　练习

数学问题

1. 设随机变量 X 的密度函数为 $1.5t^{0.5}$，$t \in (0, 1)$，其他地方密度为 0. 计算 $F_X(0.5)$.
2. 假设半小时的费用采用的是四舍五入而不是按比例分摊，请重做 6.7.3.3 节中的例子.
3. 考虑 6.7.4.2 节的网络缓冲区示例. 请计算数字 u，使得以 90%的可能性在 u 毫秒之前完成传输.
4. 假设 X_1，…，X_n 是 i. i. d. 且在(0，1)服从均匀分布. 定义 $R=\max(X_1, \cdots, X_n)$. 注意，这在笔记本中意味着什么. 例如，对于 $n=3$ 时的前两行：

笔记本行数	X_1	X_2	X_3	R
1	0.2201	0.0070	0.5619	0.5619
2	0.7688	0.2002	0.3131	0.7688

求 R 的密度函数.(提示：首先通过以下事实

$$R \leqslant t \quad 当且仅当 \quad X_i \leqslant t \tag{6.71}$$

去求 R 的 cdf.)

5. 假设 X_1，…，X_n 是独立的，且 X_i 服从参数 λ_i 的指数分布. 设 $S=\min X_i$. 利用与问题 4 相似的方法，证明 S 也服从指数分布，并说明参数.

6. 考虑 6.8.1 节中介绍的危险函数.

$$\int_0^t h_X(s)\,\mathrm{d}s = \ln[1-F_X(t)] \tag{6.72}$$

使用此式说明连续分布(有密度函数)中只有指数分布才具有无记忆性.

7. 对于 6.6 节中的随机变量 X，求其偏度(4.5 节). 你可以请随意使用本书中已计算的量.

143

8. 密度函数 $f_X(t)$的模是使密度函数达到极大值的 t，即峰值的位置.(有些密度函数是多峰的，这使此定义变得复杂了，我们在这里不做进一步讨论). 计算参数为 r 和 λ 的伽马分布的模.

9. 用适当的假设来精确地表述以下内容："大多数方块矩阵是可逆的."(提示：矩阵是可逆的当且仅当其行列式不为 0. 你可以先考虑 2×2 矩阵的例子来引导你的直觉.)

计算和数据问题

10. 考虑 6.7.4.2 节的网络缓冲区示例. 假设时间间隔不是服从均值为 100 的指数分布而是服从在 60 到 140 毫秒之间的均匀分布. 请编写模拟代码以计算式(6.51)的新值.

11. 使用 R 的 `integrate()`函数来计算服从均值为 1.0 的指数分布的 $E(X^6)$.

12. 设 $f_X(t)=4t^3$，$0<t<1$，其他地方为 0. 编写一个具有如下形式的调用函数

```
r43(n)
```

从这个分布中生成 n 个随机数. 将分析得到的 EX 与下面的均值进行对比.

```
print(mean(r43(10000)))
```

13. 假设一个随机变量服从两个参数都为 0.2 的 β 分布，求 0.75 处的危险函数值.

14. 使用 R 绘制 6.4.2 节中随机变量 D 的 cdf 图.

15. 按照 6.9.3 节中的想法编写自己的 `rpois()`函数.

16. 在 6.5.1 节的末尾，指出"一个密度在某些点上可以有大于 1 的值，即使它必须积分为 1."在本章的一个参数族中给出一个具体的例子，给出它的参数值和要计算密度的点 t.

17. 在 4.6.1 节中，我们引入了马尔可夫不等式：

144

$$P(Y\geqslant d)\leqslant\frac{EY}{d} \tag{6.73}$$

对于非负的随机变量 Y 和正常数 d，我们有一个概率的上界，但是这个上界是紧的吗？这一个数学术语，它表示是否有相当接近边界的量. 如果不是，这个界可能并没有什么用处.

145~146

在 Y 服从参数为 λ 的指数分布情况下，估计式(6.73)的左右两侧，使用 R 语言根据 λ 绘制差异图，其中 d 的每个值对应一条曲线(为了便于使用，所有曲线都应该在同一个图上.)

第二部分
统 计 基 础

第7章　统计学：序言

谎言有三种：谎言、该死的谎言和统计学.

——出自本杰明·迪斯雷利、马克·吐温等

统计学是概率建模的一种应用. 为了得到所涉及问题的样本，请考虑以下几个问题：

- 假设你买了一张抽奖票，票号为 68. 你的两个朋友也买了，票号为 46 和 79. 设 c 为售出的总票数. 你不知道 c 的值，但希望它很小，这样你赢的机会更大. 你如何能从数据 68，46 和 79 中估算出 c 的值？
- 现在是总统选举期间. 一项民意调查显示，56%的选民支持候选人 X，误差范围为 2%. 这项民意调查是基于 1200 人的抽样调查. 一亿多选民中的 1200 人，怎么会有这么小的误差呢？那么“误差范围”这个词到底是什么意思呢？
- 卫星探测到森林中有一个亮点. 是火吗？还是某个发光物体反射的太阳光？我们如何设计卫星上的软件来估计这是一场火灾的可能性？

147～149

那些认为统计只不过是把一列列的数字加起来，然后带入公式的人是大错特错的. 实际上，如前所述，统计学是概率论的应用. 我们对样本数据的行为使用概率模型，并根据数据进行相应的推断——因此得名为统计推断.

可以说，统计学最强大的应用是预测，现在通常被称为机器学习.

本章介绍统计学，特别是抽样和点估计. 在接下来的几章中，它将与概率模型交织在一起，并在第 15 章中利用数据进行预测.

7.1　本章的重要性

这一章很短，但是很重要，从此时开始本章内容贯穿全书.

这本书的主要特色是使用真实数据集，这对于“数理统计学”的书籍来说是很少见的. 在一定程度上，本书中本章的定位是为了在后续章节使用期望和方差之前，让你多些练习，为你理解这些数学概念如何应用于真实数据做好准备.

7.2　抽样分布

首先我们将给出一些基本理论，它们将在后续内容中大量使用.

7.2.1　随机抽样

定义 14　如果 X_1，X_2，X_3，…是独立的且分布相同，则称随机变量 X_1，X_2，X_3，…是 i.i.d. 同分布意味着 p_{X_i} 或 f_{X_i} 对于所有 i 都是相同的.

请仔细注意以下事项：

对于 i.i.d. 的 X_1，X_2，X_3，…，我们通常使用 X 来表示具有同一分布的一般随机变量 X_i.

150

定义 15 如果 X_1，X_2，X_3，…，X_n 是 i.i.d.，且它们的共同分布为总体的分布，则我们说 X_1，X_2，X_3，…，X_n 是来自一个总体容量为 n 的随机样本.

请注意，X_1，X_2，X_3，…，X_n 构成一个样本，你不能说"我们有 n 个样本."

随机样本的抽取方式是有要求的. 假设总体中有 k 个对象，例如 k 个人，其值为 v_1，v_2，…，v_k. 例如，如果我们对人的身高感兴趣，那么 v_1，v_2，…，v_k 就是总体中所有人的身高. 那么随机抽取一个样本的方法如下：

(a) 抽样采取的是有放回的.

(b) 每个 X_i 都是从 v_1，v_2，…，v_k 中抽取的，抽取的每个 v_j 的概率为 $1/k$.

条件(a)保证 X_i 是独立的，而条件(b)保证它们是同分布的.

如果抽样是无放回的，我们称之为简单随机抽样. 请注意这意味 X_i 缺乏独立性. 例如，如果 $X_1=v_3$，那么我们知道若采用无放回抽样，则其他 X_i 的值就取不到 v_3，这与独立性相矛盾. 如果 X_i 是独立的，那么对一个 X_i 的了解不应该影响对其他 X_i 的了解.

但是我们通常假设我们的抽样是真正的随机抽样，即有放回抽样，除非另有明确说明，否则将默认这一点. 在大多数情况下，总体如此庞大，甚至是无限的[㊀]，因此确实没有实际的区别，因为我们抽取同一个人(或其他对象)两次的概率极低.

请特别注意，每个 X_i 的分布与总体相同. 例如，如果总体的三分之一(即三分之一的 v_j)小于 28，那么 $P(X_i<28)$将为 1/3.

如果总体中 X 的均值假设是 51.4，那么 EX 是 51.4，依此类推.

这些点很容易看出来，但是要时刻牢记于心，因为它们会一次又一次出现.

151

7.3 样本均值

本章的大部分内容将涉及样本均值

$$\overline{X}=\frac{X_1+X_2+X_3+\cdots+X_n}{n} \tag{7.1}$$

假设我们想根据 500 个家庭的样本估计某个州的家庭平均收入. 这里 X_i 表示样本中第 i 个家庭的收入；$\overline{X}$ 是 500 个样本的家庭平均收入. 请注意，该州所有家庭平均家庭收入 μ 是未知的.

一个简单而关键的概念是 $\overline{X}$ 为一个随机变量. 由于 X_1，X_2，X_3，…，X_n 是随机变量——我们是从总体中随机抽样的——所以 $\overline{X}$ 也是随机变量.

7.3.1 示例：玩具总体

让我们用一个小例子来说明它. 假设我们有三个人，身高分别为 69、72 和 70，我们从

㊀ 无限的？很快将对它进行解释.

中随机抽取容量为2的样本. 如前所述，$\overline{X}$ 是一个随机变量. 它的支撑中有6个值：

$$\frac{69+69}{2}=69,\quad \frac{69+72}{2}=70.5,\quad \frac{69+70}{2}=69.5$$

$$\frac{70+70}{2}=70,\quad \frac{70+72}{2}=71,\quad \frac{72+72}{2}=72 \tag{7.2}$$

所以 $\overline{X}$ 的支撑是有限的，只有6个可能的值. 因此，它是一个离散型随机变量，其pmf分别由1/9、2/9、2/9、1/9、2/9和1/9给出. 所以，

$$p_{\overline{X}}(69)=\frac{1}{9},\quad p_{\overline{X}}(70.5)=\frac{2}{9},\quad p_{\overline{X}}(69.5)=\frac{2}{9}$$

$$p_{\overline{X}}(70)=\frac{1}{9},\quad p_{\overline{X}}(71)=\frac{2}{9},\quad p_{\overline{X}}(72)=\frac{1}{9} \tag{7.3}$$

从“笔记本”的角度来看，我们可以看到前三行为

笔记本行	X_1	X_2	$\overline{X}$
1	70	70	70
2	69	70	69.5
3	72	70	71

152

同样，X_1、X_2 和 $\overline{X}$ 都是随机变量.

7.3.2　$\overline{X}$ 的期望值和方差

现在，回到一般的 n 和我们的样本 X_1，…，X_n 的情况，因为 $\overline{X}$ 是一个随机变量，所以我们可以求它的期望值和方差. 请注意，从笔记本的角度来看，它们是上面 $\overline{X}$ 列值的长期均值和方差. 设 μ 表示总体的均值. 记住，每个 X_i 都与总体是同分布的，所以 $E(X_i)=\mu$. 同样，从笔记本的角度来看，$E(X_1)=\mu$ 意味着 X_1 列的长期均值为 μ.（对于 X_2 列等也是如此.）

这意味着 $\overline{X}$ 的期望值也是 μ. 原因如下：

$$\begin{aligned}
E(\overline{X}) &= E\left[\frac{1}{n}\sum_{i=1}^{n}X_i\right]\ (\overline{X}\text{ 的定义})\\
&= \frac{1}{n}E\left(\sum_{i=1}^{n}X_i\right)(\text{对于任意常数 } c,\ E(cU)=cEU)\\
&= \frac{1}{n}\sum_{i=1}^{n}EX_i\,(E[U+V]=EU+EV)\\
&= \frac{1}{n}n\mu\quad (EX_i=\mu)\\
&= \mu
\end{aligned} \tag{7.4}$$

153

此外，$\overline{X}$ 的方差是总体方差的 $1/n$：

$$\begin{aligned}\operatorname{Var}(\overline{X}) &= \operatorname{Var}\left[\frac{1}{n}\sum_{i=1}^{n}X_i\right] \\ &= \frac{1}{n^2}\operatorname{Var}\left(\sum_{i=1}^{n}X_i\right) \\ &= \frac{1}{n^2}\sum_{i=1}^{n}\operatorname{Var}(X_i) \\ &= \frac{1}{n^2}n\sigma^2 \\ &= \frac{1}{n}\sigma^2\end{aligned} \tag{7.5}$$

(第二个等式来自关系式 $\operatorname{Var}(cU)=c^2\operatorname{Var}(U)$，第三个等式利用的是独立随机变量方差的可加性.)

这种推导在统计学中起着至关重要的作用，反过来，你也可以看到 X_i 的独立性在推导中也起着关键的作用. 这也是为什么我们假设有放回抽样.

7.3.3 同样的示例：玩具总体

让我们对 7.3.1 节中的玩具总体验证式(7.4)和式(7.5). 总体均值是

$$\mu=(69+70+72)/3=211/3 \tag{7.6}$$

使用式(3.19)和式(7.3)，我们有

$$E\overline{X}=\sum_c c\,p_{\overline{X}}(c)=69\cdot\frac{1}{9}+69.5\cdot\frac{2}{9}+70\cdot\frac{1}{9}+70.5\cdot\frac{2}{9}+71\cdot\frac{2}{9}+72\cdot\frac{1}{9}=211/3 \tag{7.7}$$

因此，式(7.4)得到了证明. 那式(7.5)呢?

首先，总体方差是

$$\sigma^2=\frac{1}{3}\cdot(69^2+70^2+72^2)-\left(\frac{211}{3}\right)^2=\frac{14}{9} \tag{7.8}$$

154

$\overline{X}$ 的方差是

$$\operatorname{Var}(\overline{X})=E(\overline{X}^2)-(E\overline{X})^2 \tag{7.9}$$

$$=E(\overline{X}^2)-\left(\frac{211}{3}\right)^2 \tag{7.10}$$

使用式(3.34)和式(7.3)，我们有

$$E(\overline{X}^2)=\sum_c c^2 p_{\overline{X}}(c)=69^2\cdot\frac{1}{9}+69.5^2.\ \frac{2}{9}+70^2\cdot\frac{1}{9}+70.5^2\cdot\frac{2}{9}+71^2\cdot\frac{2}{9}+72^2\cdot\frac{1}{9} \tag{7.11}$$

读者现在应该把事情总结一下，并确认式(7.9)的结果为(14/9)/2=7/9，如式(7.5)和式(7.8)所述.

7.3.4 解释

现在，让我们回过来考虑一下上面式(7.4)和式(7.5)的意义：

(a) 式(7.4)告诉我们，虽然有些样本给出的 $\overline{X}$ 值过高，即高估了 μ，而有些样本给出的 $\overline{X}$ 值过低，但是平均来看 $\overline{X}$ 值“刚好”.

(b) 式(7.5)告诉我们，对于大样本，也就是 n 充分大，样本均值 $\overline{X}$ 的变化不大.

如果把(a)和(b)合在一起，则它表明当 n 充分大时，$\overline{X}$ 可能相当精确，也就是说，相当接近总体均值 μ. 所以，统计学的故事常常归结为这样一个问题："我们的估计量的方差足够小吗?"你会在接下来的章节中看到这一点，但稍后会给出预览.

7.3.5 笔记本视图

让我们用笔记本视图来看看这些内容. 但是与其在笔记本上做记录，还不如用模拟生成记录. 假设总体中的 X 服从均值为 2.5 的泊松分布且 $n=15$.

155

我们将生成一个矩阵形式的笔记本，其中矩阵的每行存储了一个样本 X 的 n 个值，即笔记本的一行. 让我们再进行这个实验，它仍然包括了 X 的 n 个值——如果进行 5000 次实验，那么笔记本上就有 5000 行. 代码如下：

```
gennb <- function()
{
   xs <- rpois(5000*15,2.5)  # 生成 X
   nb <- matrix(xs,nrow=5000)  # 笔记本
   xbar <- apply(nb,1,mean)
   cbind(nb,xbar)  # 将 X 的平均值列加入笔记本中
}
```

apply()函数在 7.12.1.1 节中有更详细的描述. 在本例中，对 nb 的每一行调用 mean() 函数. 这相当于计算笔记本中每一行的 $\overline{X}$. 因此，xbar 将由 5000 行的平均值组成，即 $\overline{X}$ 的 5000 个值.

回想一下，因为服从泊松分布的随机变量的方差与均值相同，本例中为 2.5. 那么根据式(7.4)和式(7.5)可知，笔记本中 $\overline{X}$ 列的均值和方差分别近似为 2.5 和 2.5/15=0.1667. (只是近似，因为我们在笔记本中看到的只有 5000 行，而不是无限多行.)让我们检查一下：

```
> mean(nb[,16])
[1] 2.499853
> var(nb[,16])
[1] 0.1649165
```

果然如此!

7.4 简单随机抽样情况

如果无放回抽样会怎样? 读者应该确保理解式(7.4)仍然完全适用. 即使求和中的每项不是独立的，$E()$的可加性仍然是成立的. 且 X_i 的分布仍然是总体分布，与有放回抽样情况一样.(读者可能会想起 4.4.3 节中类似的问题.)

发生改变的是式(7.5)的推导. 如果求和的每项不是独立的，那么方差不再具有可加性. 这意味着我们必须引入协方差项，如式(4.31)中所述，虽然可能会像以前一样在一组混乱的方程组中进行处理，但对于一般的统计过程来说，这是不可能的. 因此，独立性假设是普遍存在的.

156

事实上，对于 $\overline{X}$ 来说，简单随机抽样确实会产生较小的方差. 这样也好，相对直观——我们可能会对更多不同的对象进行抽样调查. 所以在我们上面的玩具示例中，方差将小于得到的 14/9. 请读者对此进行验证.

如前所述，在实践中有/无放回的问题是没有实际意义的. 除非总体很少，因为总体很大时同一个对象被抽到两次的机会微乎其微.

7.5 样本方差

如前所述，我们使用样本均值 $\overline{X}$ 来估计总体均值 μ. $\overline{X}$ 是 X_i 的函数. 我们还可以用 X_i 的其他什么函数来估计总体方差 σ^2 呢？

设 X 表示与 X_i 具有相同分布的一般随机变量，再次注意，X_i 服从总体的分布. 根据此性质，我们有

$$\mathrm{Var}(X)=\sigma^2 \quad (\sigma^2 \text{ 是总体的方差}) \tag{7.12}$$

根据定义，

$$\mathrm{Var}(X)=E[(X-EX)^2] \tag{7.13}$$

7.5.1 σ^2 的直观估计

让我们通过式(7.13)中的样本估计量来估计 $\mathrm{Var}(X)=\sigma^2$. 对应关系见表 7.1.

μ 的样本估计量是 $\overline{X}$. 那么“$E()$”的样本估计量呢？好吧，因为 $E()$在 X 的整个总体上求平均，而样本估计量是在样本上求平均. 所以式(7.13)的样本估计量为

$$s^2=\frac{1}{n}\sum_{i=1}^{n}(X_i-\overline{X})^2 \tag{7.14}$$

表 7.1 总体和样本的估计量

总体估计量	样本估计量
EX	$\overline{X}$
X	X_i
E[]	$\frac{1}{n}\sum_{i=1}^{n}$

157

换言之，正如用样本均值来估计 X 的总体均值一样，Var(X)的估计也是如此：

X 的总体方差是从 X 到其总体均值的均方距离，因为 X 在总体中是同分布的. 因此，在样本中通过 X_i 到其样本均值 $\overline{X}$ 的平方距离均值来估计 Var(X)就很自然了，如式(7.14)所示.

我们用 s^2 作为这个总体方差估计的符号[⊖].

7.5.2 更易于计算的方法

顺便说一下，显然式(7.14)等价于

$$\frac{1}{n}\sum_{i=1}^{n}X_i^2-\overline{X}^2 \tag{7.15}$$

这是一种计算 s^2 的简便方法，尽管它会受到更多舍入误差的影响. 注意式(7.15)是式(4.4)的样本估计量.

⊖ 虽然我试图严格坚持使用大写字母来表示随机变量的惯例，但是在本例中通常使用小写字母.

7.5.3　特殊情况：X 为指示变量

我们经常有指示变量形式的数据. 例如，判断某人是否为学生，如果是学生，则 X 可以是 1，否则为 0. 在这种情况下，我们来看看 $\overline{X}$ 和 s^2.

158

根据 4.4 节，我们知道 $\mu=p$ 和 $\sigma^2=p(1-p)$，其中 $p=P(X=1)$. 像往常一样，请记住这些是总体的量.

p 的自然估计量是 $\hat{p}$，即样本中 1 的比例[⊖]. 注意这实际上是 $\overline{X}$！因为它的分子是 0 和 1 的和，因此分子为 1 的总数，这对式(7.5.2)也有影响. 因为 $X_i^2=X_i$，所以式(7.5.2)为

$$s^2=\overline{X}-\overline{X}^2=\overline{X}(1-\overline{X})=\hat{p}(1-\hat{p}) \tag{7.16}$$

我们稍后会看到，这与本章开头的选举调查非常相关.

7.6　除以 n 还是 $n-1$

需要注意的是，在式(7.14)中通常是除以 $n-1$ 而不是 n. 事实上，几乎所有的教材都是除以 $n-1$，而不是除以 n. 很明显，除非 n 很小，否则这种差别是微乎其微的. 如此微小的差异不会影响任何分析师的决策. 但这里有两个重要的概念问题：

- 为什么大多数人(如在 R 的 `var()` 函数中)要除以 $n-1$？
- 为什么我选择使用 n？

第一个问题的答案是式(7.14)即为所谓的向下偏倚. 这是什么意思？

7.6.1　统计偏差

定义 16　假设我们希望使用通过样本数据计算的估计量 $\hat{\theta}$ 来估计总体的某一量 θ. 如果

159

$$E\hat{\theta}=\theta \tag{7.17}$$

则 $\hat{\theta}$ 被称为无偏估计，否则，称为有偏的. 偏离的程度为

$$E\hat{\theta}-\theta \tag{7.18}$$

式(7.4)表明 $\overline{X}$ 是 μ 的无偏估计. 然而，可以证明出(练习 5)

$$E(s^2)=\frac{n-1}{n}\sigma^2 \tag{7.19}$$

就笔记本而言，如果我们要采集很多样本，笔记本中每行一个所有 s^2 值的平均值将略小于 σ^2.

这让早期统计学的先驱们感到困扰，因此他们决定用样本方差除以 $n-1$ 作为 σ^2 的无偏估计量. 他们对 s^2 的定义为

$$s^2=\frac{1}{n-1}\sum_{i=1}^{n}(X_i-\overline{X})^2 \tag{7.20}$$

这就是为什么 W. Gossett 使用式(7.20)定义他著名的学生 t 分布，其中除数是 $n-1$ 而不是 n. 这种方法的另一个优点是，如果使用 $n-1$ 作为除数，且总体服从正态分布，那么 s^2

⊖　符号“^”是用来表示估计量的标准方法.

服从卡方分布. 但是他也可以像式(7.14)一样简单地定义方差. 很小的、非零的偏差本质上并没有什么问题.

此外，尽管 s^2 在 Gossett 的定义下是无偏的，但 s 本身仍然是向下偏倚的(练习 6). 如果我们(这本书和其他所有的书)用 s 来形成置信区间(第 10 章)，那么我们可以看到，坚持无偏估计将是招致失败的下策.

根据表 7.1，我选择使用式(7.14)，即除以 n. 学生理解样本估计的概念非常重要. 这种方法的另一个优点是在某种意义上它更加一致. 当处理二进制数据(10.6 节)时，所有书籍中的标准统计做法都是除以 n，而不是 $n-1$.

置信区间的概念是统计推断的核心. 但事实上，你已经知道了——从有关的民意调查新闻报道中提到的“误差范围”. 160

7.7 “标准误差”的概念

如前所述，$\overline{X}$ 是一个随机变量. 对于每个样本它的值都是不同的，这是由于样本是随机的，所以这使得 $\overline{X}$ 也成为一个随机变量.

从式(7.5)中可知，该随机变量的标准差为 $\sigma/\sqrt{n}$. 因为 $\overline{X}$ 是一个统计估计量，我们称其标准差 $\sigma/\sqrt{n}$ 为估计量的标准误差，或简称为标准误差.

当然，我们通常不知道总体标准差 σ，所以我们用 s 代替. 也就是说，$\overline{X}$ 的标准误差实际上被定义为 $s/\sqrt{n}$. 在后面的章节中，我们会遇到其他量的估计量，但是标准误差仍然被定义为估计量的估计标准差，其意义如下.

注意，根据式(7.16)，在指示变量的情况下，$\hat{p}$ 的标准误差为

$$\sqrt{\hat{p}(1-\hat{p}/n} \tag{7.21}$$

为什么要给这个量取一个特殊的名字(在后面的章节和 R 输出中会反复出现)？答案是：它让我们知道一个估计值是否可能接近真实总体值. 出于这个原因，关于选举民调的新闻报道报告了误差范围，稍后你将看到，通常是标准误差的两倍. 我们将在第 10 章中使用更强大的工具深入探讨这个问题，但是这里我们可以通过应用切比雪夫不等式(4.21)获得一些见解：

- 回想一下我们当时对这个方程的说明，在不等式中取 $c=3$：X 偏离均值超过 3 个标准差，最多只有 1/9 的时间.
- 把这个应用到随机变量 $\overline{X}$，我们有：在至少 8/9 的所有可能样本中，$\overline{X}$ 在总体均值 μ 的 3 个标准误差范围内，即 $3s/\sqrt{n}$.

有趣的是，事实证明，对 $\overline{X}$ 的准确度的评估是相当粗糙的. 我们将在第 9 章再讨论这个问题. 161

7.8 示例：Pima 糖尿病研究

想想著名的 Pima 糖尿病研究[15].

```
names(pima) <- c('NPreg','Gluc','BP','Thick',
   'Insul','BMI','Genet','Age','Diab')
```

数据包括 767 名女士的 9 项指标. 以下是前几条记录：

```
> pima <-
   read.csv('pima-indians-diabetes.data',header=T)
> head(pima)
  NPreg Gluc BP Thick Insul  BMI Genet Age Diab
1     6  148 72    35     0 33.6 0.627  50    1
2     1   85 66    29     0 26.6 0.351  31    0
3     8  183 64     0     0 23.3 0.672  32    1
4     1   89 66    23    94 28.1 0.167  21    0
5     0  137 40    35   168 43.1 2.288  33    1
6     5  116 74     0     0 25.6 0.201  30    0
```

这里 Diab 用 1 来表示糖尿病，0 表示无糖尿病. 用 μ_1 和 σ_1^2 分别表示糖尿病患者体重指数 BMI 的总体均值和方差，用 μ_0 和 σ_0^2 分别表示无糖尿病患者 BMI 的总体均值和方差. 让我们求它们的样本估计：

```
> tapply(pima$BMI,pima$Diab,mean)
       0        1
30.30420 35.14254
> tapply(pima$BMI,pima$Diab,var)
       0        1
59.13387 52.75069
```

7.12.1.3 节将介绍 tapply()的详细信息. 简而言之，在上面的第一个调用中，我们利用 R 根据 Diab 向量对 BMI 向量进行划分，即为糖尿病患者和无糖尿病患者创建两个 BMI 的子向量. 然后我们对每个子向量用 mean().

让我们求“n”：

```
> tapply(pima$BMI,pima$Diab,length)
  0   1
500 268
```

162 将其命名为 n_1 和 n_0.

糖尿病患者的 BMI 似乎确实较高. 不过，我们必须记住，尽管如此，部分或全部的差异可能是由于抽样变化造成的. 我们将在第 10 章中更详细讨论这个问题，现在让我们简单来看一看.

以下是两个样本均值的标准误差：

```
> sqrt(52.75069/268)
[1] 0.4436563
> sqrt(59.13387/500)
[1] 0.3439008
```

例如，对于糖尿病患者，我们估计的 BMI 35.14254 可能[⊖]在实际总体 BMI 均值 μ 加减 $3\times0.443\,656\,3=1.330\,969$ 之间.

让我们再来看看对差值 $\mu_1-\mu_0$ 的估计. 自然估计值为 $\overline{U}-\overline{V}$，其中这两个量分别是糖尿病和非糖尿病的样本均值. 关键的一点是，这两个样本均值来自不同的数据，它们是独

⊖ 可能(likely)这个词的用法可能有一些问题，我们将在第 10 章讨论.

立的. 因此，利用式(4.35)，我们有 $W=\overline{U}-\overline{V}$ 的方差为 $\sigma_1^2/n_1+\sigma_0^2/n_0$.

换言之：

两个样本均值差的标准误差(即 $\overline{U}-\overline{V}$ 的标准误差)为

$$\sqrt{\frac{s_1^2}{n_1}+\frac{s_2^2}{n_2}} \tag{7.22}$$

综上所述，我们发现 $W(\mu_1-\mu_0$ 的估计量)的标准误差为

$$\sqrt{52.75069/268+59.13387/500} \tag{7.23}$$

或约为 0.56. 由于我们估计这两个总体均值之间的差约为 4.8，非正式的“3 个标准误差”似乎可以说明这两个总体之间确实存在着巨大的差异.

163

7.9　别忘了：样本≠总体

很明显，样本均值与总体均值并不相同. 相反，我们通常用前者来估计后者. 但根据我的经验，在复杂的环境中学习概率论和统计学时往往会忽略这一基本事实. 一个简单但重要的观点是时刻强调它.

7.10　模拟问题

蒙特卡罗模拟本质上就是一种抽样操作. 如果重复我们的实验 nreps 次，nreps 就是我们的样本量.

7.10.1　样本估计

看一下 3.9 节中的代码. 我们的样本量是 10 000，X_i 是循环中第 i 次迭代的 passengers 值，$\overline{X}$ 是 total/nreps 的值.

此外，为了得到相应的标准误差，我们将从所有的 passengers 值中计算 s，并除以 nreps 的平方根.

这将是对 2.7 节中提出的“我们应该运行模拟多长时间?”这个问题的部分回答. 问题是标准误差是否足够小. 这将在第 10 章进一步讨论.

7.10.2　无限总体

另外，我们在 7.2.1 节的神秘评论：抽样总体可能是无限的，这又会怎么样呢? 原因如下：

如 2.3 节所述，R 中的 runif() 函数可作为生成模拟随机数的基础. 事实上，甚至 sample() 函数内部也调用了与 runif() 函数等效的内容. 但是，原则上，runif() 函数从无穷多个值中抽取，即连续区间(0，1)中的所有值. 因此我们的总体是无限的.

实际上，这并不完全正确. 由于计算机的精度有限，runif() 函数实际上只能有有限多个值. 但近似来看，我们认为 runif() 函数真正地抽取了连续区间的所有值. 对于所有连续的随机变量来说都是如此，我们之前指出了这些变量是理想化的.

164

7.11 观测研究

上述抽样形式也相当理想化. 它假设了一个定义明确的总体，从中每个对象被抽到的可能性是相等的. 然而，在现实生活中，事情往往不是那么清晰.

例如，在第 15 章中，我们分析了美国职业棒球大联盟球员的数据，并在这些数据上应用本章的统计推断方法. 球员数据是特定年份的，我们的总体是所有大联盟球员的集合，包括过去的、现在的和将来的. 但是在这里，没有物理抽样. 我们隐含地假设，我们的数据就像是从该总体中随机抽取的样本.

这反过来也意味着我们特定的一年也没什么特别的. 例如，这一年的球员体重可能会比往年多 220 磅. 这可能是一个安全的假设，但同时也可能意味着我们应该将我们的(概念上的)总体限制在最近几年. 回到 20 世纪 20 年代，球员可能没有我们今天看到的那么重.

通常用于棒球运动员数据设置的术语是观察研究. 我们被动地观测这些数据，而不是通过从总体中进行物理抽样来获取数据. 细心的分析员一定会考虑他的数据是否代表了概念上的总体，而不是受到某些偏差的影响.

7.12 计算补充

7.12.1 * apply()函数

R 的函数 apply()、lapply()、tapply()等都是 R 中的常用重要函数，为了进行有效的数据科学研究，必须掌握它们，因此在这方面花点时间是值得的. 幸运的是，它们也简单易学.

165

7.12.1.1 R 中的 apply()函数

一般形式为[⊖]

```
apply(m,d,f)
```

其中 m 是矩阵或数据框，d 是一个方向(1 为行，2 为列)，f 是要在每一行或列上调用的函数.(如果 m 是一个数据框，那么 d= 2 的情况是不允许的，此时必须使用 lapply()，我们下一节将对此进行说明.)

在 7.3.5 节，我们有 nb、1 和 R 的内置函数 mean()分别作为 m、d 和 f. 更常见的是，有人会使用自己编写的函数.

7.12.1.2 lapply()和 sapply()函数

这里“l”代表“列表”，我们对 R 列表中的所有元素应用相同的函数. 例如：

```
> l <- list(u='abc',v='de',w='f')
> lapply(l,nchar)
$u
[1] 3
```

⊖ 这不是最一般的形式，但对我们这里的目的来说已经足够了.

```
$v
[1] 2

$w
[1] 1
```

R 的内置函数 nchar()返回字符串的长度. 如你所见，R 返回了另一个带有答案的 R 列表. 我们可以通过对结果调用 unlist()来简化，返回向量(3，2，1). 或者，如果我们知道它可以转换成向量，则可以使用 sapply()：

```
> sapply(l,nchar)
u v w
3 2 1
```

一个 R 数据框，尽管在各种意义上都类似于矩阵，但实际上每列一个元素是作为 R 列表进行操作的. 所以，尽管如上所述，apply()不能与 d= 2 一起用于数据框，但我们可以使用 lapply()或 sapply().

166

例如：

```
> x <- data.frame(a=c(1,5,0,1),b=c(6,0,0,1))
> x
  a b
1 1 6
2 5 0
3 0 0
4 1 1
> count1s <- function(z) sum(z == 1)
> sapply(x,count1s)
a b
2 1
```

7.12.1.3　split()和 tapply()函数

这个系列中的另一个函数是 tapply()，以及相关的 split()函数. 后者根据 R 因子的水平将向量分成若干组. 前者也会这样做，但会将用户指定的函数(如 mean())应用于每个组.

考虑一下 7.8 节的这个代码：

```
tapply(pima$BMI,pima$Diab,mean)
tapply(pima$BMI,pima$Diab,var)
tapply(pima$BMI,pima$Diab,length)
```

在第一个调用中，我们让 R 求出由 Diab 定义的每个子组的 BMI 均值. 如果只调用 split()：

```
split(pima$BMI,pima$Diab)
```

我们会得到两个子向量，一个是糖尿病的，另一个是无糖尿病的，从而形成一个二元素的 R 列表.

在第二个调用中，我们对样本方差也做了同样的处理.（注意：R 的 var()函数使用的是标准的除以 $n-1$，但如前所述，其结果差异很小.）最后，我们通过对每个组的子向量应用 length()函数确定每个组的大小.

记住这些函数，它们会派上用场的！

167

7.12.2　数据中的异常值/错误值

让我们看看 Pima 数据中的葡萄糖列(7.8 节).

```
> hist(pima$Gluc)
```

直方图如图 7.1 所示. 研究中似乎有些女性的血糖值为 0 或接近 0. 让我们仔细地看一下：

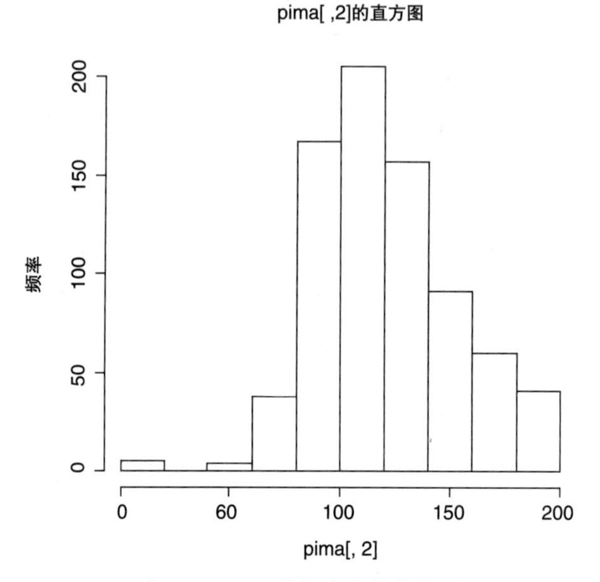

图 7.1 Pima 数据中的葡萄糖列

```
> table(pima$Gluc)

  0  44  56  57  61  62  65  67  68  71  72  73  74
75  76
  5   1   1   2   1   1   1   1   3   4   1   3   4
2   2
 77  78  79  80  81  82  83  84  85  86  87  88  89
90  91
  2   4   3   6   6   3   6  10   7   3   7   9   6
11   9
...
```

所以有 5 例血糖为 0，生理上这是不可能的. 让我们检查一下其他无效情况：

```
> apply(pima,2,function(x) sum(x == 0))
NPreg  Gluc     BP Thick  Insul    BMI Genet    Age
  111     5     35   227    374     11     0      0
 Diab
  500
```

这里发生了什么？我们在 pima 中逐列计算 0 值的数目. 我们通过定义一个形式参数 x 的函数来实现后者，该函数首先执行 x==0，生成一个包含 TRUE 和 FALSE 值的向量. 正如编程语言中常见的那样，R 将其视为 1 和 0. 然后利用 sum() 函数，我们得到了 0 的计数.

在 R 中，缺失值的代码是“NA”. 各种 R 函数将跳过 NA 值或采取其他特殊措施. 因此，我们应该重新编码(不包括第一列(怀孕次数)和最后一列(糖尿病指标))：

```
> pima.save <- pima   # 再次使用下面代码
> pm19 <- pima[,-c(1,9)]
> pm19[pm19 == 0] <- NA
> pima[,-c(1,9)] <- pm19
```

让我们看看如果没有 0 值，情况会有多大变化：

```
> mean(pima$Gluc)
[1] 120.8945
> mean(pima.save$Gluc)
[1] NA
> mean(pima.save$Gluc,na.rm=TRUE)
[1] 121.6868
```

有些 R 函数会自动跳过 NA 值，而其他一些函数只有在我们要求时才会这样做. 在这里，我们通过将“NA remove”设置为 TRUE 来实现.

我们看到 NA 在这里只起了很小的作用，但在某些情况下，它们的影响可能是实质性的.

168 ～ 169

7.13　练习

数学问题

1. 验证 7.4 节结尾处的断言，即方差小于 14/9.
2. 在 7.3.1 节中的玩具总体中，再增加第 4 个身高 65 的人. 求 $p_{\overline{X}}$，即随机变量 $\overline{X}$ 的概率质量函数 .
3. 在 7.3.1 节中，求 p_{s^2}，即随机变量 s^2 的概率质量函数.
4. 推导式(7.15).
5. 推导式(7.19). 提示：利用式(7.15)和式(4.4)，以及每个 X_i 的均值和方差都等于总体的均值和方差，即 μ 和 σ^2.
6. 回想一下，在 s^2 的定义中使用经典的 $n-1$ 作为除数，那么它是 σ^2 的无偏估计. 然而，这意味着 s 是有偏的. 特别是 $E_s<\sigma$(除非 $\sigma=0$). 请证明. (提示：利用 s^2 无偏性和式(4.4).)

计算和数据问题

7. 在 7.12.2 节中，删除无效的 0 后，我们发现样本均值略有变化. 计算样本方差的变化.
8. 使用 7.12.2 节中的代码把 NA 值都替换为 0，用如下调用形式编写一个函数
   `zerosToNAs(m,colNums)`
   这里 m 是要转换的矩阵或数据框，colNums 是使用的列号的向量. 返回值将是一个新的m.

170

第 8 章 拟合连续模型

所有的模型都是错的，但有些是有用的.

——George Box，统计学先驱，1919—2013.

如第 5 章和第 6 章所示，人们通常使用参数族来进行数据建模. 本章介绍了这一方法，它涉及了统计学的核心思想，这些思想关系密切，相得益彰：

- 为什么我们要将参数模型拟合到样本数据中？
- 我们如何拟合这个模型，即如何从样本数据中估计总体参数？
- 什么才是合适的拟合呢？

在这里我们的重点是拟合参数密度模型，从而拟合连续型随机变量. 然而，本文介绍的主要方法：矩量法和极大似然估计法，它们同样适用于离散型随机变量.

8.1 为什么要拟合参数模型

用 X_1，…，X_n 表示我们的数据. 根据数据拟合参数化概率密度模型通常很有用. 不过，有些人可能会问，为什么要这么麻烦的拟合一个模型呢？比如说直方图(见下文)不足以描述数据吗？对此，有几个答案：

171

- 在下面的第一个示例中，我们将拟合伽马分布. 伽马分布是一个双参数族，用两个参数来概括数据要比用直方图中的 20 个具有高度的方块来概括更容易些.
- 在许多应用中，我们可能会使用由几十个变量组成的大型系统. 为了限制模型的复杂度，我们希望每个部分都有简单的模型.

例如，在排队系统模型[3]中. 如果服务时间和工作间隔时间这样的变量可以用指数分布很好地建模，那么分析可以被大大的简化，并且可以很容易地求出一些量，例如平均工作时间和平均等待时间等[⊖].

8.2 基于样本数据的概率密度函数无模型估计

在我们开始使用参数模型之前，让我们来看看如何在没有参数模型的情况下去估计随机变量的概率密度函数. 除了与参数模型进行对比之外，还会介绍回归模型和机器学习(第 15 章)中同样出现的核心问题.

我们如何从样本数据中估计总体密度？结果证明：普通的直方图实际上就是一个密度估计量！比如说熟知的化学课老师从学生考试成绩“分布”的总结看到的. 这可以追溯到我们在 6.5.2 节中的观点，即：

⊖ 即使是非指数时间也可以处理，例如，通过分期的方法.

虽然概率密度本身不是概率，但是它们确实能告诉我们哪些区域将经常出现或哪些区域很少出现.

这就是直方图要告诉我们的.

8.2.1 仔细观察

设 X_1，X_2，…，X_n 表示我们的数据，即一个来自总体的随机样本. 假设直方图中第 i 个方块覆盖了区间$(c, c+w)$. 让 N_i 表示落入到方块中的数据点的数目. 这个数量服从二项式分布，其中实验次数为 n，那么成功的概率为

172

$$p=P(c<X<c+w)=\text{从 } c \text{ 到 } c+w\text{，} f_X \text{ 下面的面积} \tag{8.1}$$

其中 X 服从变量在总体中的分布. 如果 w 很小，那么这意味着

$$p \approx w f_X(c) \tag{8.2}$$

但是由于 p 是观测值落入这个方块的概率，我们可以通过下式进行估计

$$\hat{p}=\frac{N_i}{n} \tag{8.3}$$

所以，我们有一个 f_X 的估计值！

$$\hat{f}_X(c)=\frac{N_i}{wn} \tag{8.4}$$

因此，除了常数因子 $q/(wn)$以外，我们绘制的 N_i 直方图是密度 f_X 的估计.

8.2.2 示例：BMI 数据

考虑 7.8 节的 Pima 糖尿病研究. 其中一列是体重指数(BMI). 让我们绘制一个直方图：

```
pima <-
   read.csv('pima-indians-diabetes.data',
      header=FALSE)
bmi <- pima[,6]
bmi <- bmi[bmi > 0]
hist(bmi,breaks=20,freq=FALSE)
```

该图如图 8.1 所示.

上面的代码是做什么的？首先，必须清洗数据. 众所周知，该数据集有一些缺失值，其编码为 0，例如在 BMI 和血压列中的缺失数据.

173

现在，对 `hist()` 函数本身的调用呢？`breaks` 参数用于设置方块的数量. 我在这里选了 20 个.

通常，直方图中的纵轴测量的是落在方块中的数量，即出现的频率. 设置 `freq= FALSE`，表明我们希望绘图的区域面积为 1.0，即与概率密度一样. 因此，我们每个方块中的计数除以 wn，从而得

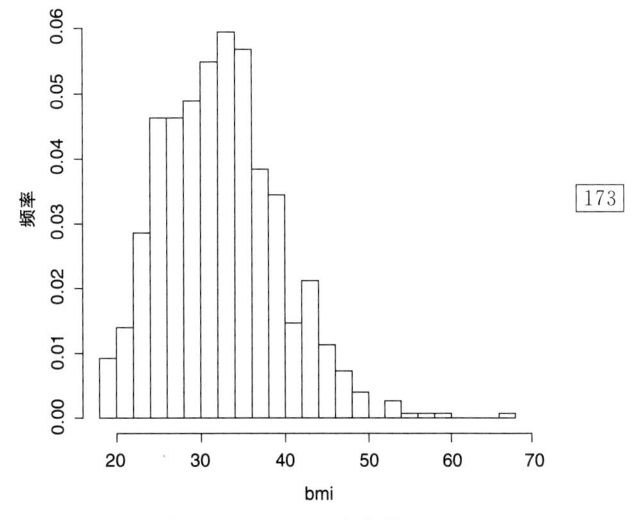

图 8.1 BMI，20 个方块

到一个概率密度估计值.

8.2.3 方块的数量

为什么会有问题？直觉是这样的：

- 如果我们使用了太多的方块，图表就会变得很不稳定. 图 8.2 显示了 100 个方块的 BMI 数据直方图. 据推测，真实的总体密度是相当平稳的，所以这些波动是一个问题.
- 另一方面，如果我们使用的方块太少，每个方块就会很宽，因此我们无法获得对潜在概率密度的非常详细的估计. 在极端情况下，如果只有一个方块，图形就完全没有信息了.

174

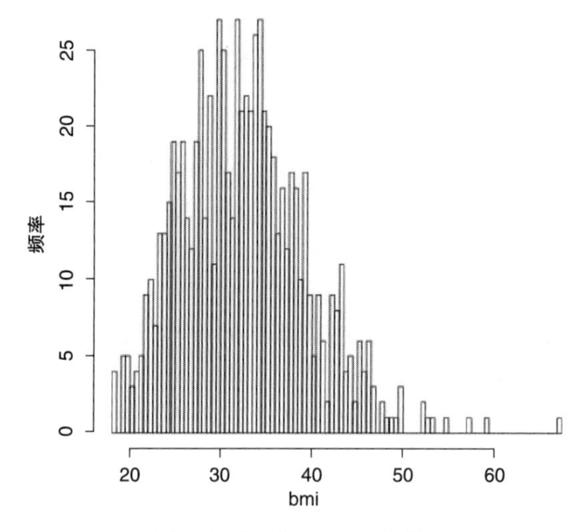

图 8.2　BMI，100 个方块

8.2.3.1 偏差-方差权衡

从方差和偏差的角度来考虑选择方块的数量会很有启发性，这就是著名的偏差-方差权衡. 这是统计学中的一个基本问题. 这里我们将在概率密度估计的背景下讨论它，但它也将在第 15 章中作为核心内容进一步讨论. 假设我们想要估计某一总体中的量 θ，即从样本数据中得到估计量 $\hat{\theta}$. 我们希望使均方误差

$$\mathrm{MSE}=E[(\hat{\theta}-\theta)^2] \tag{8.5}$$

尽可能小.（再次记住，$\hat{\theta}$ 是一个随机变量. 来自总体的每个随机样本将产生不同的 $\hat{\theta}$ 值. 另一方面 θ 虽然未知，但它是一个固定的量）. 让我们扩展这个量. 即

175

$$\hat{\theta}-\theta=(\hat{\theta}-E\hat{\theta})+(E\hat{\theta}-\theta)=a+b \tag{8.6}$$

所以，我们要求

$$E[(a+b)^2]=E(a^2)+E(b^2)+2E(ab) \tag{8.7}$$

但是 b 是一个常数. 事实上，根据定义它是偏差. 且 $Ea=E\hat{\theta}-E\hat{\theta}=0$. 所以 $E(ab)=bEa=0$，上面的方程给出

$$\mathrm{MSE}=E(a^2)+E(b^2)=E(a^2)+b^2=\mathrm{Var}(\hat{\theta})+\mathrm{bias}^2 \tag{8.8}$$

这是一个著名的公式：

$$\mathrm{MSE}=方差+偏差平方 \tag{8.9}$$

之所以称之为权衡，是因为这两项经常不一致. 例如，回顾 7.6 节中的讨论. 样本方差的经典定义是使用 $n-1$ 为除数，而本书中的定义（“我们定义的”）是使用 n. 正如那一节所指出的，差异通常很小，但这将说明“权衡”问题.

- 经典估计量的偏差为 0，而我们的估计量的偏差不等于 0. 因此，经典的估计量更好，因为它在式(8.9)中的第二项更小.
- 另一方面，由于 $1/(n-1)>1/n$，经典估计量具有较大的方差，因子 $[n/(n-1)]^2$

较大(根据式(4.12)). 因此，我们的估计量在式(8.9)中有较小的第一项.

总之，“赢家”将取决于 n 和 $\mathrm{Var}(s^2)$的大小. 在这里，计算后者太离题了，但关键是要权衡.

8.2.3.2　直方图下的偏差-方差权衡

让我们来看看在方差和偏差的背景下方块的宽度问题.

176

(a) 如果方块太窄，那么对于给定的方块，从一个样本到另一个样本方块的高度会有很大的变化，即高度的方差会很大.

(b) 另一方面，方块太宽会产生偏差问题. 举例来说，如 6.6 节中的示例，真实的概率密度函数 $f_X(t)$是 t 的增函数. 然而我们估计的 $\hat{f}_X(c)$左端的方块太低、右端的方块太高. 如果方块的数量太小，那么方块的宽度就会很大，此时偏差可能是一个非常严重的问题.

从另一个角度看上面的(a). 如前所述，N_i 服从参数为 n 和 p 的二项分布，因此

$$\mathrm{Var}(N_i)=np(1-p) \tag{8.10}$$

且

$$\mathrm{Var}(\hat{f}_X(c))=\frac{1}{w^2}\cdot\frac{p(1-p)}{n} \tag{8.11}$$

同样，利用二项式的性质

$$E[\hat{f}_X(c)]=\frac{1}{wn}\cdot np=\frac{p}{w} \tag{8.12}$$

现在关键是：回顾 4.1.3 节，题为“关于 $\mathrm{Var}(X)$大小的直觉”. 有人指出，衡量方差是否大的一种方法是计算变异系数，即标准差与平均值的比率. 此时，是式(8.11)的平方根与式(8.12)的比：

$$\frac{\sqrt{np(1-p)}}{np}=\frac{1}{\sqrt{n}}\sqrt{\frac{1-p}{p}} \tag{8.13}$$

现在，对于固定的 n，如果我们使用太多的方块，方块的宽度会非常窄，所以 p 的值将接近 0. 这将使变异系数(8.13)变大. 因此这里对上面(a)中的定性描述进行了数学证明.

但是，如果 n 很大，方差就小一些，式(8.13)中第二个因子的较大值就可以用第一个因子的较小值来补偿.

177

因此，我们可以承担得起把方块的宽度变窄的影响，从而避免在(b)中指出的过度偏差. 换句话说，我们的样本越大，我们应该选择越多的方块. 这仍然回避了需要选择多少方块的问题，但至少我们可以用这种观点来探索这个数. 下一节将更详细的介绍.

8.2.3.3　一般性问题：选择平滑度

回想一下这本书前言中出自中国古代哲学家孔子的一句话：

其万折也必东，似志.

孔子的基本观点正如我们今天所说的“大局观”，即着眼于大江东流的趋势，而不是局部弯曲. 我们应该在视觉上“平滑”河流图像.

这正是直方图的作用. 方块的数量越少，平滑处理就越多. 因此，选择方块数量可以描述为选择平滑度. 这是统计学和机器学习中的一个中心问题，在第 15 章和这里都将发挥重要作用.

自动选择方块的数量有很多方法[39]. 这里讨论它们太复杂了，但是 R 包中的直方图[32]提供了几种这样的方法. 以下是对 BMI 数据有效的包：

```
histogram(bmi,type='regular')
```

第二个参数指定我们希望所有的方块宽度相同. 如图 8.3 所示.

注意，这里选择了 14 个方块. 图在这里看起来很合理，但是无论是在这里还是在一般情况下，读者通常应该对自动选择平滑度的方法保持警惕. 没有完美的方法，不同的方法会得到不同的结果.

178～179

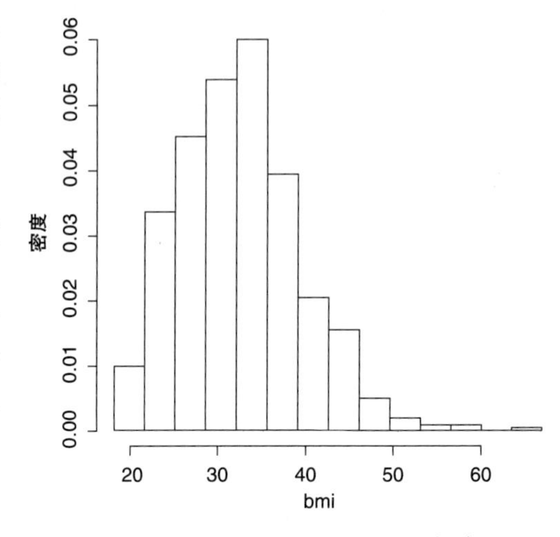

图 8.3　BMI，histogram 包拟合

8.3　无模型密度估计的高级方法

即使有一个很好的选择方块数的方法，直方图仍然是相当不稳定的. 核方法的目的就是解决这种问题.

要了解它们是如何工作的，请再次考虑直方图中的方块区间$[c-\delta, c+\delta]$. 假设我们对区间中的某个点 t_0 的密度值感兴趣. 由于直方图在区间内具有恒定的高度，这意味着区间内的所有数据点 X_i 都被视为与估计的 $f_X(t_0)$相同.

相比之下，核方法对数据点进行加权，给接近 t_0 的点赋予更多的权重. 即使在区间之外的点也可能被赋予一些权重.

数学上有点复杂，所以我们将把它放到本章末尾的数学补充部分，并通过 density()函数演示如何在 R 中使用此方法.

与许多 R 函数一样，density()有许多可选的参数. 这里我们只使用宽度 bw，它被用于控制概率密度函数的平滑度，与直方图的方块宽度一样. 在示例中我们使用默认值㊀.

因此，调用很简单

```
plot(density(bmi))
```

请注意，密度函数输出的只是密度的估计值，必须通过 plot()运行才能显示㊁. 如此，可以很容易在同一个图上绘制多个估计的密度函数(参见练习 8).

180

图形如图 8.4 所示.

㊀ 默认值是由高级数学参数生成的一个“最优值”，此处未显示. 不过，读者还是应该尝试不同的宽度.

㊁ 这也涉及 R 的泛型函数. 请参阅本章末尾的计算补充.

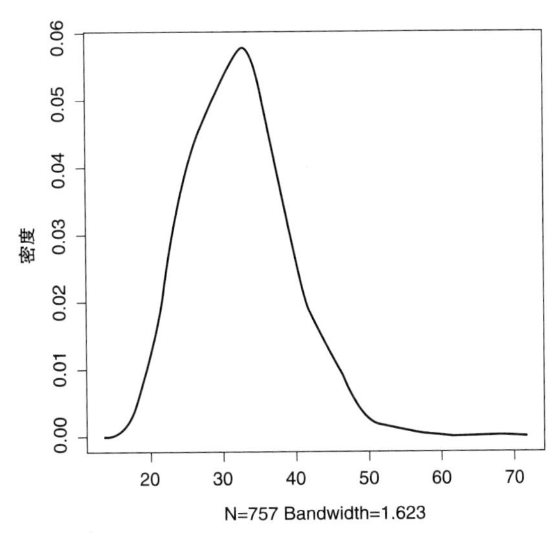

图 8.4　核密度函数估计，BMI 数据

8.4　参数估计

为了将参数模型(如伽马分布)拟合到我们的数据中，接下来的问题是如何估计参数. 估计密度参数的两种常用方法是矩量法(MM)和极大似然估计(MLE)[⊖]. 我们将通过实例介绍这些方法.

8.4.1　矩量法

MM 之所以得名于此，是因为像均值和方差这样的量我们称之为矩. $E(X^k)$是 X 的 k 阶矩，$E[(X-EX)^k]$被称为 k 阶中心矩. 如果我们有一个具有 m 个参数的分布族，我们可以通过“匹配” m 个矩来求这些参数，如下所示.

181

8.4.2　示例：BMI 数据

从 6.7.4.1 节可知，对于服从伽马分布的 X 有

$$EX=r/\lambda \tag{8.14}$$

且

$$\mathrm{Var}(X)=r/\lambda^2 \tag{8.15}$$

在 MM 中，我们简单地用上述方程中的样本估计值来代替总体值，得到

$$\overline{X}=\hat{r}/\hat{\lambda} \tag{8.16}$$

且

$$s^2=\hat{r}/\hat{\lambda}^2 \tag{8.17}$$

将第一个方程除以第二个方程，我们有

$$\hat{\lambda}=\overline{X}/s^2 \tag{8.18}$$

⊖　这些方法也被更广泛地使用，而不仅仅是用于估计密度函数的参数.

且从上面的方程中可以得到

$$\hat{r}=\overline{X}\hat{\lambda}=\overline{X}^2/s^2 \tag{8.19}$$

让我们看看这个模型拟合的程度，至少在视觉上来看看：

```
xb <- mean(bmi)
s2 <- var(bmi)
lh <- xb/s2
ch <- xb^2/s2
hist(bmi,freq=FALSE,breaks=20)
curve(dgamma(x,ch,lh),0,70,add=TRUE)
```

结果如图 8.5 所示. 从视觉上看，拟合的还不错. 请务必记住拟合模型与直方图之间差异的可能来源：

182

- 抽样变化：我们当然是在处理抽样数据，而不是总体. 样本越大，则它们的差异可能越小.
- 模型偏差：正如 George Box 的名言所示的那样，模型就是一个简单的现实模型. 大多数模型都是不完美的，例如，物理计算中假定的无质量、无摩擦的弦，但是相对我们的目的而言，它通常足以满足我们的需求.
- 方块数的选择：这里的参数模型选择不同的方块数可能比我们选择的 20 更合适.

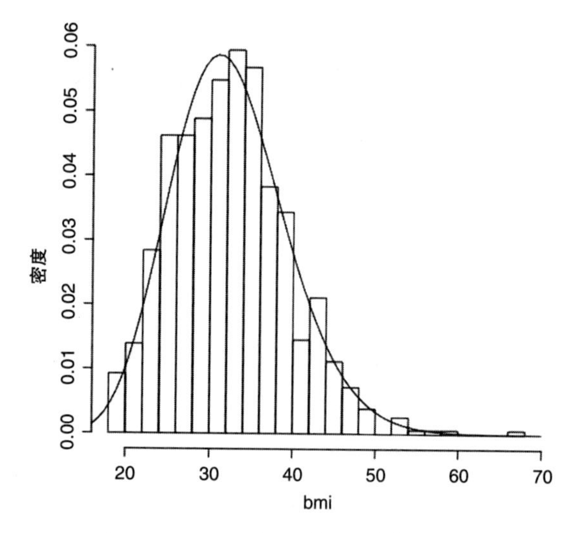

图 8.5　BMI，直方图与伽马分布拟合

8.4.3　极大似然估计

要了解 MLE 是如何工作的，请考虑下面的游戏. 我可以掷一枚硬币，直到累积了 r 个正面为止. 我并未说明 r 选择何值，但是我会说明 K 值，即我需要投掷的次数. 那么你需要猜测 r 的值，当然 K 服从负二项分布(5.4.3 节)，所以

$$P(K=u)=\binom{u-1}{r-1}0.5^u,\quad u=r,\ r+1,\ \cdots \tag{8.20}$$

假设我告诉你 $K=7$. 那么你该如何找到 r，从而使下式达到最大化

$$\binom{6}{r-1}0.5^7 \tag{8.21}$$

你在问，“r 的什么值最有可能使我们的数据($K=7$)最大?” 尝试 $r=1$，2，…，7，有人会发现 $r=4$ 能使得式(8.21)最大化，所以我们就把它作为我们的猜测[⊖].

⊖　顺便说一句，下面是矩量法的原理. 对于负二项分布，已知 $E(K)=r/p$，其中 p 是成功的概率，“在本例中表示出现正面的概率. 所以 $E(K)=2r$，在 MM 下，我们将设 $\overline{K}=2\hat{r}$，其中左侧是数据中所有 K 值的平均值. 我们只做了一次“实验”，所以 $\overline{K}=6$，我们猜测 r 为 3.

现在考虑我们的参数概率密度函数设置. 对于连续数据的“似然值”，我们没有概率，但它可以根据概率密度函数来定义，如下所示.

183 ~ 184

假设 $g(t, \theta)$是我们的参数概率密度函数，其中 θ 是参数(可能是向量值). 那么其似然值定义为

$$L=\prod_{i}^{n} g(X_i, \theta) \tag{8.22}$$

我们将取 $\hat{\theta}$ 为使 L 最大化的参数值，但是最大化其等价形式更容易些

$$l=\log L=\sum_{i}^{n} \log g(X_i, \theta) \tag{8.23}$$

这些方程是典型的没有解析解，因此必须用数值求解. R 的 mle() 函数为我们实现了这个.

8.4.4 示例：湿度数据

这是来自加州大学 Irvine 机器学习资源库的自行车共享数据集[12]. 我们使用的是 day 数据，其中一列是湿度数据. 由于湿度值在区间(0, 1)内，参数模型的自然候选者是贝塔分布(6.7.5 节). 以下是代码和输出结果：

```
> bike <- read.csv('day.csv',header=TRUE)
> hum <- bike$hum
> hum <- hum[hum > 0]
> library(stats4)
> ll <- function(a,b)
+     sum(-log(dbeta(hum,a,b)))
> z <- mle(minuslogl=ll,start=list(a=1,b=1))
> z
...
Coefficients:
       a        b
6.439144 3.769841
```

R 的 mle() 函数有两个主要参数. 这里函数 ll() 作为第一个指定函数，用于计算对数似然值. 该函数的参数设置必须是参数形式，我把它的参数 a 和 b 命名为“alpha”和“beta”.

185

计算采用迭代过程，程序开始于 MLE 的初始猜测值，然后不断地改进猜测值，直到收敛于 MLE. mle() 函数的第二个参数为 start，用于指定我们的初始猜测.

让我们根据直方图绘制与之拟合的概率密度函数：

```
> hist(hum,breaks=20,freq=FALSE)
> a <- coef(z)[1]
> b <- coef(z)[2]
> curve(dbeta(x,a,b),0,1,add=TRUE)
```

结果如图 8.6 所示. 8.4.2 节末尾的注意事项在这里同样适用.

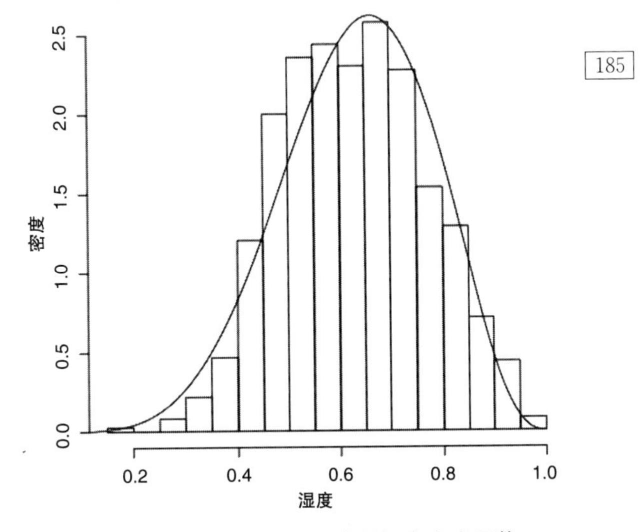

图 8.6 湿度，直方图+拟合的概率密度函数

顺便说一下，mle()函数还提供估计量 α 和 β 的标准误差：

```
> vcov(z)
           a          b
a 0.11150334 0.05719833
b 0.05719833 0.03616982
```

186

这是协方差矩阵，对角线上的元素为方差，而非对角线上的元素为协方差. 因此 $\bar{\alpha}$ 的标准误差为$\sqrt{0.11150334}$，约为 0.334.

8.5 MM 与 MLE

MM 和 MLE 都是强大的参数估计技术，但是哪个更好呢？一方面，MLE 可以被证明为是渐近最优(标准误差最小). 另一方面，MLE 需要更多的假设. 与数据科学中的许多事情一样，是不是最好的工具可能取决于场合.

8.6 拟合优度评估

在上面的示例中，我们可以对模型与数据的拟合程度进行可视化评估，但是最好有一个拟合优度的量化度量.

经典的评估工具是卡方拟合优度测试. 它是最古老的统计方法之一(1900 年!)，因此被广泛使用. 但是，Box 教授表明，这种方法并不是衡量模型拟合度的最佳方法，因为检验只回答了“是”或“不是”的问题，例如，“总体分布是否准确的服从伽马分布?”——在我们知道先验分布答案是“否”的条件下，相关的答案是可疑的[⊖].

一个更有用的度量是 Kolmogorov-Smirnov(KS)统计. 它实际上给出了拟合模型与真实的总体分布之间的差异大小. 具体来说，假设我们用上面的湿度数据拟合了一个贝塔模型.

KS cdf 基于. 当然，pbeta()函数的作用是给出了贝塔分布族的 cdf，但我们还需要一个无模型的 F_X 估计，即 X 的真实总体 cdf. 对于后者，我们使用 X 的经验 cdf，定义为

$$\hat{F}_X(t)=\frac{M(t)}{n} \tag{8.24}$$

其中 $M(t)$是 X 中小于等于 t 的 X_i 的个数. R 的 ecdf()函数用于计算此值，如下所示：

187

```
> ehum <- ecdf(hum)
> plot(ehum,cex=0.1)
> curve(pbeta(x,a,b),0,1,add=TRUE)
```

(a 和 b 的值之前已经计算过了)图 8.7 显示了该曲线图.

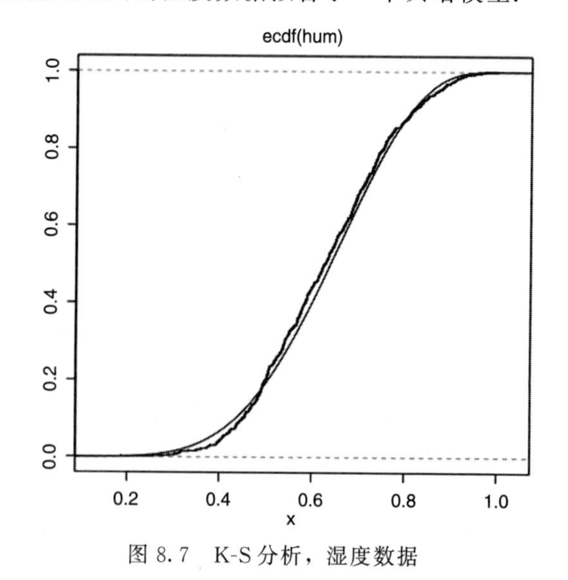

图 8.7　K-S 分析，湿度数据

⊖ 这是一般意义上的显著性检验问题，将在第 10 章讨论.

这就是视觉效果，显示出很好的拟合度. 现在为了实现量化，K-S 统计根据最大差异(即经验 cdf 和拟合 cdf 之间的最大差异)来衡量拟合度：

```
> fitted.beta <- pbeta(hum,a,b)
> eh <- ecdf(hum)
> ks.test(eh,fitted.beta)$statistic
         D
0.04520548
...
```

由于 cdf 的值在区间[0，1]内，因此最大差异为 0.045 已经相当好了.

188

当然，我们不能忘记这个数字会随抽样变化而变化. 我们可以用 K-S 置信区间来部分的解释这一点[20] ㊀.

8.7 贝叶斯原理

每个人都有权发表自己的意见，但不应是他自己的事实

——*丹尼尔·帕特里克·莫伊尼汉，纽约参议员，1976 - 2000.*

威士忌适用来喝的，水是用来打架的

——*马克·吐温，对加州水资源管辖权之争的讽刺.*

多年来，统计学中最具争议的话题就是贝叶斯方法(统计学界的“加州水”). 虽然现在的使用很普遍，但这个话题仍然是双方都持有强烈意见的方法.

这个名字来源于贝叶斯法则(1.9 节)，

$$P(A \mid B)=\frac{P(A)P(B \mid A)}{P(A)P(B \mid A)+P(\text{非 } A)P(B \mid \text{非 } A)} \tag{8.25}$$

没有人会质疑贝叶斯规则的有效性，因此对于利用基于该规则的概率计算的统计方法是没有争议的. 但关键是概率. 只要式(8.25)中的各种术语是真实的概率(即基于实际数据)就没有争议.

但是，争论的焦点是贝叶斯用“感觉”来代替定理中的一些概率，即非概率，这里的“直觉”是由所谓的主观的先验分布产生的. 关键词是主观的.

相比之下，如果先验数据使用了被称为经验贝叶斯的真实数据，则没有争议. 实际上，我们在实践中看到的许多贝叶斯分析都是这种类型的，同样没有争议. 所以，我们这里使用的术语“贝叶斯”仅指主观先验分布.

189

假设我们希望估计一个总体均值. 此时贝叶斯分析师在收集数据之前会说：“好吧，我认为总体均值以概率为 0.28 的可能性为 1.2，但另一方面，它也可能是以概率为 0.49 的可能性为 0.88”之类的. 这是分析师对总体均值的主观先验分布. 分析师甚至在收集任何数据之前都会这样做. 请注意，他并没有说这些都是真实的可能性，他只是想量化他的预感. 然后，分析师收集数据，并使用一些数学推理过程，将这些“直觉”与实际数据结合起来，然后输出总体均值或其他感兴趣量的估计值.

㊀ 顾名思义，ks.test()也提供了一个显著性检验，但是我们在这里不使用它，原因与上面给出的卡方检验相同.

8.7.1 工作原理

技术细节可能变得相当复杂. 读者可以参考该领域顶级专家的研究文献[10]，进行深入研究，但这里我们至少可以介绍其方法.

假设我们的数据服从泊松分布，我们希望估计 λ. 请记住，后者现在被视为一个随机变量，我们感兴趣的是找到后验分布 $f_{\lambda | X_i}$. 那么式(8.25)应该是

$$f_{\lambda|X_i} = \frac{f_\lambda p_{X_i|\lambda}}{\int p_{X_i|\lambda} f_\lambda \mathrm{d}\lambda} \tag{8.26}$$

对于 λ 的分布，我们可以选择一个共轭先验，意思是式(8.26)具有一个方便的闭合形式. 对于泊松分布，共轭先验是伽马分布. 分析师通过直觉来选择伽马分布的参数. 结果式(8.26)也是伽马分布. 然后我们可以把对 λ 的估计看作条件模式.

8.7.2 赞成和反对的理由

贝叶斯分析师认为应该使用所有可用的信息，即使这只是一种预感. “分析师通常是所研究领域的专家. 你不会想丢掉他的经验吧?” 此外，他们引用的理论分析表明，即使先验值不“有效”，贝叶斯估计量在诸如均方误差等标准方面表现良好.

190

另一方面，被称为频率学派的非贝叶斯分析师则认为这是不科学的、缺乏公正性. “在一个有争议的健康问题的研究中，你不希望研究人员将他的个人政治偏见纳入数据分析中，对吗?” 所以，频率学派的观点让我们想起上面莫伊尼汉的话.

在计算机科学/机器学习领域，贝叶斯估计似乎没有那么大的争议㊀. 作为工程师的计算机科学家往往对一种方法是否可行感兴趣，而原因则不那么重要.

8.8 数学补充

8.8.1 核密度估计的详细信息

核方法(8.3 节)是如何工作的呢? 回想一下，这种方法对于估计 $f_X(t)$ 与直方图的方法类似，但是给 t 附近的数据点更多的权重.

选择一个权重函数 $k()$ 作为核函数，它可以是任何积分为 1.0 的非负函数. (当然，它本身就可以作为一个概率密度函数，但是这里它仅起到一个加权的作用，与所估计的概率密度无关.)那么概率密度估计为

$$\hat{f}_X(t) = \frac{1}{nh}\sum_{i=1}^{n} k\left(\frac{t - X_i}{h}\right) \tag{8.27}$$

其中 h 是宽度.

例如，我们选择使用一个正态分布 $N(0, 1)$ 作为核函数. 对于非常接近 t 的 X_i(以 h 为单位)，$(t - X_i)/h$ 将接近于 0，即 $k()$ 的峰值. 因此该 X_i 将被赋予很大的权重. 对于离 t 很远的 X_j，赋予的权重会很小.

㊀ 同样请注意，在许多情况下，他们使用的是经验贝叶斯，而不是主观贝叶斯.

191

如前所述，R 的 density()函数执行此计算.

8.9 计算补充

8.9.1 常用函数

在 8.3 节中，我们知道 density()函数不是自动绘制的，我们需要调用上面的 plot()进行显示. 让我们仔细看看：

```
> z <- density(bmi)
> class(z)
[1] "density"
> str(z)
List of 7
 $ x        : num [1:512] 13.3 13.4 13.6 13.7 ...
 $ y        : num [1:512] 1.62e-05 2.02e-05 ...
 $ bw       : num 1.62
 $ n        : int 757
 $ call     : language density.default(x = bmi)
 $ data.name: chr "bmi"
 $ has.na   : logi FALSE
 - attr(*, "class")= chr "density"
```

(R 的 str()函数显示对象“内部”的摘要.)

因此，它输出是 R 中 S3 类结构的一个对象，其中包含了要绘制点的横坐标和纵坐标、宽度等. 最重要的是，类别是“密度”. 这就是它的用法. 一般的 R 的 plot()函数只是一个占位符，而不是一个实际函数(A.9.2 节). 当我们调用它时，R 检查参数的类别，然后将调用分派给特定的绘图函数，在本例中为 plot.density()函数.

要在过程中看到这一点，让我们运行 R 的 debug()函数[⊖]：

```
> debug(plot)
> plot(z)
debugging in: plot(z)
debug: UseMethod("plot")
Browse[2]> s
debugging in: plot.density(z)
debug: {
    if (is.null(xlab))
...
```

192

果然，我们在调用 plot.density().

除了 plot()之外，R 还有许多其他泛型函数，例如 print()、summary()和第 15 章中的 predict().

8.9.2 gmm 包

广义矩量法(GMM)是由 Lars Peter Hansen 研发的，这是他获得 2013 年诺贝尔经济学奖的部分原因. 顾名思义，它的范围比一般的 MM 要广得多，但我们这里不去深入探究.

8.9.2.1 gmm()函数

前面我们看到了 mle()函数，它是 R 中的一个函数，用于在 MLE 没有解析解的情况

⊖ 在软件世界中，调试工具不仅仅用于调试，还常用来作为理解代码的一种方法.

下求其数值解.

gmm 包[7]为 MM 也做了相同的操作. 包中的 gmm()函数用起来非常简单. 与 mle()函数一样，它是一种迭代方法. 我们调用的形式是

```
gmm(g,x,t0)
```

这里 g 是一个计算矩的函数(类似于 mle 中函数 ll，它用于计算似然函数)；x 是我们的数据；t0 是参数的初始猜测向量. 通过对 gmm()返回的对象调用 vcov()可以得到 $\hat{\theta}$ 的估计协方差矩阵，从而可以计算标准误差.

8.9.2.2　示例：体脂数据

我们的数据集是 bodyfat，包含在 mfp 包[36]中，数据集包括 252 人的测量值. 这个数据表的第一列 brozek 是身体脂肪的百分比，换算成比例时它是(0，1)内的值. 这使得贝塔分布成为它的候选.

193

```
> library(mfp)
> data(bodyfat)
> g <- function(th,x) {
+     t1 <- th[1]
+     t2 <- th[2]
+     t12 <- t1 + t2
+     meanb <- t1 / t12
+     m1 <- meanb - x
+     m2 <- t1*t2 / (t12^2 * (t12+1)) - (x-meanb)^2
+     cbind(m1,m2)
+ }
> gmm(g,bodyfat$brozek/100,c(alpha=0.1,beta=0.1))
...
  alpha      beta
 4.6714   19.9969
...
```

如前所述，g()是为用户提供的计算矩的函数. 它取决于我们的数据 x 和我们最近迭代找到的 th. 这里我们的函数根据式(6.53)和式(6.54)计算并返回前两个矩 m1 和 m2.

8.10　练习

数学问题

1. 假设某个随机变量 X 的分布在(0，c)上服从均匀分布. 基于数据 X_1，…，X_n，求 c 的 MM 估计的解析解.
2. 假设某个随机变量 X 的分布在(r，s)上服从均匀分布. 基于数据 X_1，…，X_n，求 r 和 s 的 MM 估计的解析解.
3. 考虑 t 在(0，1)内时参数概率密度族为 ct^{c-1}，其他地方为 0. 基于数据 X_1，…，X_n，求对应 MLE 和 MM 的解析解.
4. 假设在某一总体中，X 服从参数为 λ 的指数分布. 考虑方块范围在[$c-\delta$，$c+\delta$]的直方图. 推导出 $E[\hat{f}_X(c)]$的公式，其中包含 λ，c，δ 和样本容量 n.

194

5. 求式(8.24)中 $\hat{F}_X(t)$的均值和方差的表达式.

计算和数据问题

6. 求 BMI 数据的极大似然估计，并与 MM 估计进行比较.
7. 在 Pima 数据中绘制 `Insul` 列的直方图，并根据你的选择拟合参数概率密度模型.
8. 对于 BMI 数据，在同一个图上绘制两个概率密度估计值，第一个使用 `plot()` 函数，第二个使用 `lines()` 函数.
9. 使用 `gmm()` 函数用 β 模型拟合胰岛素数据.
10. 继续 8.9.2.2 节中的分析，计算 K-S 拟合优度测度.
11. 使用 `mle()` 函数在 5.5.3.3 节电子邮件数据中，找到幂律 γ 的 MLE.
12. 在 8.4.2 节，提出了这样一种可能性：如果我们将直方图的方块数从 20 改为其他值，此时伽马拟合似乎看起来更准确. 用你选择的几个方块数试一试.
13. 假设我们观察服从成功概率为 0.5 的二项分布的 X. 假设实验次数 N 服从几何分布，成功概率也为 0.5. 由于二项分布中的实验次数是二项分布族的一个参数，所以这个设置可以被看作是贝叶斯的，其中实验次数 N 具有几何先验性. 编写一个调用形式为 `g(k)` 的函数，在给定 $X=k$ 的条件下，`g(k)` 返回 N 的条件模式(即，最有可能的值).

195 ~ 196

第9章　正态分布族

正态分布族就是著名的“钟形曲线”，之所以有这样的名称是因为它们的概率密度函数具有钟的形状.

9.1　概率密度及其性质

正态分布的概率密度为

$$f_W(t)=\frac{1}{\sqrt{2\pi}\sigma}e^{-0.5\left(\frac{t-\mu}{\sigma}\right)^2},\quad -\infty<t<\infty \tag{9.1}$$

同样，这是一个双参数族，由参数 μ 和 σ 索引，μ 和 σ 分别表示均值[㊀]和标准差. 其符号为 $N(\mu, \sigma^2)$（通常情况下，用方差 σ^2 而不是标准差 σ）.

我们可以写成

$$X\sim N(\mu, \sigma^2) \tag{9.2}$$

197 表示随机变量 X 服从 $N(\mu, \sigma^2)$ 分布（波浪形符号读作“服从”）.

9.1.1　在仿射变换下封闭

该族在仿射变换下是封闭的：

如果

$$X\sim N(\mu, \sigma^2) \tag{9.3}$$

对于任意的常数 c 和 d，我们设

$$Y=cX+d \tag{9.4}$$

那么

$$Y\sim N(c\mu+d, c^2\sigma^2) \tag{9.5}$$

例如，假设 X 是随机选择的加州大学戴维斯分校学生的身高，单位为英寸. 人的身高确实近似服从正态分布. 学生身高的直方图看起来呈钟形. 现在让 Y 表示学生的身高，单位是厘米. 那么我们有上面的情况，即 $c=2.54$，$d=0$. 正态分布随机变量的仿射变换意味着 Y 的直方图将再次呈现钟形.

请仔细考虑上述内容.

这里所说的远不止是 Y 的均值为 $c\mu+d$，方差为 $c^2\sigma^2$，即使 X 不服从正态分布，我们根据“邮寄筒”可知，Y 的结果也是如此，如式(4.12)所示. 关键是这个新的随机变量 Y 也是正态分布族的一员，也就是说它的概率密度仍然由式(9.1)给出，只不过现在有了新的均值和方差.

㊀ 请记住，这个是期望值的同义词.

让我们来推导这个[⊖]. 为了方便起见，假设 $c>0$. 那么 198

$$F_Y(t)=P(Y\leqslant t) \quad (F_Y \text{ 的定义}) \tag{9.6}$$

$$=P(cX+d\leqslant t) \quad (Y \text{ 的定义}) \tag{9.7}$$

$$=P\left(X\leqslant\frac{t-d}{c}\right) \quad (\text{代数}) \tag{9.8}$$

$$=F_X\left(\frac{t-d}{c}\right) \quad (F_X \text{ 的定义}) \tag{9.9}$$

因此，

$$f_Y(t)=\frac{\mathrm{d}}{\mathrm{d}t}F_Y(t) \quad (f_Y \text{ 的定义})$$

$$=\frac{\mathrm{d}}{\mathrm{d}t}F_X\left(\frac{t-d}{c}\right) \quad (\text{由式(9.9)})$$

$$=f_X\left(\frac{t-d}{c}\right)\cdot\frac{\mathrm{d}}{\mathrm{d}t}\frac{t-d}{c} \quad (f_X \text{ 和链式法则})$$

$$=\frac{1}{c}\cdot\frac{1}{\sqrt{2\pi}\sigma}\mathrm{e}^{-0.5\left(\frac{\frac{t-d}{c}-\mu}{\sigma}\right)^2} \quad (\text{由式(9.1)})$$

$$=\frac{1}{\sqrt{2\pi}(c\sigma)}\mathrm{e}^{-0.5\left(\frac{t-(c\mu+d)}{c\sigma}\right)^2} \quad (\text{代数})$$

最后一个表达式是 $N(c\mu+d,\ c^2\sigma^2)$的密度函数，所以我们证完了！

9.1.2 在独立求和下封闭

如果 X 和 Y 是独立的随机变量，每一个都服从正态分布，那么它们的和 $S=X+Y$ 也服从正态分布.

这是一个相当显著的现象！对于大多数其他参数化分布族来说，情况并非如此. 例如，X 和 Y 都服从 $U(0,1)$分布，但是 S 的概率密度却是呈三角形的，而不是服从另一个均匀分布(该结论可以使用 11.8.1 节的方法推导出来).

注意，如果 X 和 Y 是独立的且服从正态分布，那么上述两个性质意味着对于任何常数 c 和 d，$cX+dY$ 仍然服从正态分布.

更一般地讲： 199

对于常数 a_1，…，a_k 和独立的随机变量 X_1，…，X_k，其中

$$X_i\sim N(\mu_i,\ \sigma_i^2) \tag{9.10}$$

对于新的随机变量 $Y=a_1X_1+\cdots+a_kX_k$，有

$$Y\sim N\left(\sum_{i=1}^{k}a_i\mu_i,\ \sum_{i=1}^{k}a_i^2\sigma_i^2\right) \tag{9.11}$$

9.1.3 奥秘

读者应该再次思考一下，这个正态分布的性质多么了不起——两个独立的正态随机变

⊖ 请读者有些耐心！推导过程有点长，但它有助于巩固读者头脑中的各种概念.

量之和仍然服从正态分布——只有正态分布有这个性质，它似乎没有一个直观的解释.

想象一下随机变量 X 和 Y，它们都服从正态分布. 假设 X 的均值和方差分别为 10 和 4，Y 的均值和方差分别为 18 和 6. 我们重复实验 1000 次，即在我们的“笔记本”上有 1000 行，每行 2 列. 如果画随机变量 X 列的直方图，我们会得到一个钟形曲线，Y 列也是如此.

现在添加一个 Z 列，其中 $Z=X+Y$. 为什么 Z 列的直方图应该也是钟形的呢(我们稍后再讨论)？

9.2　R 函数

```
dnorm(x, mean = 0, sd = 1)
pnorm(q, mean = 0, sd = 1)
qnorm(p, mean = 0, sd = 1)
rnorm(n, mean = 0, sd = 1)
```

这里的 mean 和 sd 就是分布的均值和标准差. 其他参数与前面的例子一样.

9.3　标准正态分布

200

定义 17　如果 $Z \sim N(0, 1)$，我们说随机变量 Z 服从标准正态分布.

注意，如果 $X \sim N(\mu, \sigma^2)$，且我们设

$$Z=\frac{X-\mu}{\sigma} \tag{9.12}$$

那么

$$Z \sim N(0, 1) \tag{9.13}$$

上面的内容主要根据前面的结果：

- 定义 $Z=\frac{X-\mu}{\sigma}$.
- 重新写一下为 $Z=\frac{1}{\sigma} \cdot X+\left(\frac{-\mu}{\sigma}\right)$.
- 对于任意的随机变量 U 与常数 c 和 d，因为 $E(cU+d)=cEU+d$，我们有

$$EZ=\frac{1}{\sigma}EX-\frac{\mu}{\sigma}=0 \tag{9.14}$$

  且式(4.19)和式(4.12)意味着 $\mathrm{Var}(X)=1$.
- 所以我们知道 Z 的均值为 0，方差为 1. 但它服从正态分布吗？是的，根据我们前面的标题“在仿射变换下封闭”就可以得出.

顺便说一下，$N(0, 1)$的累积分布函数通常用 Φ 表示.

9.4　评估正态累积分布函数

传统上，统计学书籍都把 $N(0, 1)$的累积分布函数表作为附录，由数值逼近方法形成. 这是必要的，因为式(9.1)中的函数没有封闭的不定积分.

但这产生了一个问题：正态分布族中有无穷多个分布. 我们是否需要为每个正态分布

单独给出一个附表？当然，这是不可能的，事实上，$N(0, 1)$分布的这张表，对于整个正态分布族来说已经足够了.

201

虽然我们会使用R来获得相应的概率，但是了解这些表是如何工作的对我们是很有启发性的.

关键是上文9.3节中的内容. 假设X服从$N(10, 2.5^2)$分布. 我们如何用$N(0, 1)$表得到概率，比如$P(X<12)$？由于

$$P(X<12)=P\left(Z<\frac{12-10}{2.5}\right)=P(Z<0.8) \tag{9.15}$$

因为右边的Z是一个标准正态分布，我们可以从$N(0, 1)$表中找到其概率!

在R统计包中，对于任何均值和方差的标准累积分布函数都可以通过pnorm()函数获得. 在上面的例子中，我们只要运行

```
> pnorm(12,10,2.5)
[1] 0.7881446
```

9.5 示例：网络入侵

作为一个例子，让我们看看网络入侵问题的一个简单版本，这是计算机安全的一个重要方面. 假设我们发现，吉尔远程登录到某台计算机时，她读取或写入的磁盘扇区的数量X近似服从均值为500、标准差为15的正态分布.

在我们继续讨论之前，对建模的一个评论是：由于扇区的数量是离散的，所以它不可能有一个精确的正态分布. 但实际上，没有一个随机变量具有精确的正态分布或其他连续分布，如6.2节所述，但这种分布确实是近似服从正态分布.

现在，假设我们的网络入侵监视器发现吉尔(或冒充她的人)已经登录并读取或写入了535个扇区. 我们应该怀疑吗？如果真的是吉尔本人，她有多大可能会读到这么多或更多内容？

```
> 1 - pnorm(535,500,15)
[1] 0.009815329
```

得到的概率0.01让我们怀疑登录者的身份. 虽然可能是吉尔，但这些行为对吉尔来说是不寻常的，所以我们开始怀疑那不是她. 我们有足够的理由可以更深入地调查，例如，通过查看她(或冒充她的人)访问了哪些文件，特别是对吉尔来说也很少访问的文件，以及她在一天的什么时间进行访问、访问的地点，等等.

202

现在假设吉尔的账户有两次登录，分别访问了X个和Y个扇区，其中$X+Y=1088$. 这对她来说很少见吗？即$P(X+Y>1088)$是多少？很小吗？

假设X和Y是独立的. 我们需要考虑一下这个假设是否合理，这取决于我们观察的登录细节等，但此时让我们在此基础上继续推进.

由9.1.3节我们知道，它们的和$S=X+Y$仍然服从正态分布. 根据“邮寄筒”原理可以得到它的期望和方差，我们知道S的均值为2.500，方差为$2.15^2=4.50$. 我们关心的概率就可以通过下面的代码得到

```
1 - pnorm(1088,1000,sqrt(450))
```

其值大约为0.000 02. 这确实是一个很小的数，所以我们确实应该高度怀疑登录者.

请再次注意，正态分布模型(或任何其他连续模型)只能是近似的，尤其是在分布的尾部，在本例情况下，是右侧尾部. 我们不应该机械地理解 0.000 02 这个数字. 很明显，S 只有在很少情况下大于 1088，所以此时需要进一步调查.

当然，这是非常粗略的分析，而真正的入侵检测系统要复杂得多，但你可以看到其中的主要思想.

9.6　示例：班级注册人数

某大学在对某门课程进行多年的实践后发现，该课程的网上预注册大致服从均值为 28.8、标准差为 3.1 的正态分布. 假设这个课程中，预注册的上限是 25，并且已经达到了上限. 求出该课程实际需求至少为 30 的概率.

请注意这是一个条件概率！计算如下. 设 N 为实际需求量. 那么关键是我们求的 $N \geqslant 25$ 的概率，

203

$$
\begin{aligned}
P(N \geqslant 30 \mid N \geqslant 25) &= \frac{P(N \geqslant 30 \text{ 且 } N \geqslant 25)}{P(N \geqslant 25)} \quad (\text{由式}(1.8)) \\
&= \frac{P(N \geqslant 30)}{P(N \geqslant 25)} \\
&= \frac{1-\Phi[(30-28.8)/3.1]}{1-\Phi[(25-28.8)/3.1]} \\
&= 0.39
\end{aligned}
$$

听起来在开学前把课堂转移到一个更大的房间是明智的.

由于我们是用连续型随机变量来近似描述离散型随机变量，因此在这里使用 9.7.2 节所述的连续性修正可能更准确.

9.7　中心极限定理

大体上讲，中心极限定理(CLT)是指一个由许多分量之和构成的随机变量将近似服从正态分布. 举个例子，人的体重是近似服从正态分布的，因为人体是由许多成分组成的. SAT 的原始测试成绩也是如此[㊀]，因为总分是由个体分数求和得到的，是建立在个体问题上的.

CLT 有很多版本. 一个基本的要求是求和的随机变量是独立且同分布的[㊁]：

定理 18　假设 X_1，X_2，…是独立的随机变量，均服从同一分布，其均值为 m 且方差为 v^2. 所形成新的随机变量 $T=X_1+\cdots+X_n$. 对于任意大的 n，T 的分布是近似服从正态分布的，其均值为 nm，方差为 nv^2.

204

n 越大，近似效果越好，但通常 $n=25$ 就足够了.

9.7.1　示例：累积截断误差

假设在计算一定范围内数的平方根时计算机舍入误差服从$(-0.5, 0.5)$上的均匀分

㊀ 这个是指在考试机构进行缩放之前的原始分数.

㊁ 9.11.1 节给出了更精确的数学公式.

布，我们将计算 n 个这样平方根的和，比如 n 为 50 个. 让我们找出和大于 2.0 的近似概率.（假设求和运算的误差与平方根运算的误差相比可以忽略不计.）

设 U_1，…，U_{50} 表示和中每个项的误差. 因为我们在计算和，所以误差也会加起来，因此我们的总误差为

$$T=U_1+\cdots+U_{50} \tag{9.16}$$

根据中心极限定理，由于 T 是和，它近似服从正态分布，其均值为 $50EU$、方差为 $50\mathrm{Var}(U)$，而 U 是服从 U_i 分布的随机变量. 根据 6.7.1.1 节，我们知道

$$EU=(-0.5+0.5)/2=0, \quad \mathrm{Var}(U)=\frac{1}{12}[0.5-(-0.5)]^2=\frac{1}{12} \tag{9.17}$$

因此，T 的近似分布是 $N(0, 50/12)$. 然后我们可以用 R 来求我们想要的概率：

```
> 1 - pnorm(2,mean=0,sd=sqrt(50/12))
[1] 0.1635934
```

9.7.2 示例：抛硬币

二项分布的随机变量虽然是离散的，但也是近似服从正态分布的. 原因如下：

假设 T 是服从 n 次实验的二项分布. 正如我们在 5.4.2 节中所做的，把 T 写成指标随机变量的和，

$$T=B_1+\cdots+B_n \tag{9.18}$$

其中 B_i 为 1 表示成功，为 0 表示失败. 因为我们有一个独立同分布的随机变量之和，所以 CLT 适用. 因此，如果是 n 很大的二项分布，那么我们将使用 CLT. 根据二项分布的均值和方差我们有 T 的均值和方差分别为 np 和 $np(1-p)$. 205

例如，让我们找出一枚硬币在 30 次投掷中有超过 18 个正面的概率. 确切的答案是

```
> 1 - pbinom(18,30,0.5)
[1] 0.1002442
```

让我们看看 CLT 近似值有多接近. 如果出现正面的次数 X 服从 $n=30$ 和 $p=0.5$ 的二项分布. T 的平均值和方差分别为 $np=15$ 和 $np(1-p)=7.5$.

但是我们把这个问题当作 $P(X>18)$ 还是 $P(X\geqslant 19)$？如果 X 是一个连续型随机变量，我们就不会担心 $>$ 与 $\geqslant$ 的区别. 即使是用连续分布来逼近它，这里 X 也是离散的. 所以让我们两个都试试：

```
> 1 - pnorm(18,15,sqrt(7.5))
[1] 0.1366608
> 1 - pnorm(19,15,sqrt(7.5))
[1] 0.07206352
```

毫不奇怪，一个概率太大，另一个概率太小. 为什么会有这么大的误差？主要原因是，这里的 n 太小，但另一个原因是，我们用一个连续的分布来近似离散随机变量的分布，这会带来额外的误差. 但上面的数字让我们“折中差异”：

```
> 1 - pnorm(18.5,15,sqrt(7.5))
[1] 0.1006213
```

啊，很好. 这就是所谓的连续性修正.

9.7.3 示例：博物馆演示

许多科学博物馆都有如下 CLT 的视觉演示.

滑槽里有很多胶球，滑槽下面有一排三角形的销子. 每个胶球都从一排排的针中掉下来，以 0.5 的概率左右弹跳，最终被收集到 $r+1$ 个箱子的一个中，从左到右编号依次为 0 到 r[⊖].

206

如果一个胶球向右弹跳 i 次，则它将在第 i 个箱子中结束，让 X 表示胶球结束的箱子编号. X 是向右弹跳（“成功”）的次数. 因此 X 服从二项分布，其中 $n=r$ 且 $p=0.5$.

每个箱子的宽度只能装一个胶球，所以一个箱子里的胶球会堆积起来. 因为有很多胶球，所以第 i 箱中的堆积的高度与 $P(X=i)$ 近似成正比. 由于后者将由 CLT 近似给出，所以胶球堆积的高度看起来像著名的钟形曲线!

9.7.4　对奥秘的一点洞察

回到 9.1.3 节中提出的问题——两个独立的服从正态随机变量的和 $S=X+Y$ 它自身也服从正态分布，此理论背后的直觉是什么?

假设 X 和 Y 是近似服从正态分布，由 CLT 可知，即 $X=X_1+\cdots+X_n$ 和 $Y=Y_1+\cdots+Y_n$. 现在重新组合：

$$S=(X_1+Y_1)+\cdots+(X_n+Y_n) \tag{9.19}$$

由此我们可以看到 S 也是 i. i. d. 项的和，所以由 CLT 可知 S 也将近似服从正态分布.

9.8　$\overline{X}$ 近似服从正态分布

中心极限定理告诉我们，下式的分子近似服从正态分布

$$\overline{X}=\frac{X_1+X_2+X_3+\cdots+X_n}{n} \tag{9.20}$$

这有重大意义.

207

9.8.1　X 的近似分布

这意味着分子的仿射变换也是近似服从正态分布的（9.1.1 节）. 此外，回顾式（7.5），综合起来，我们有：

统计量

$$Z=\frac{\overline{X}-\mu}{\sigma/\sqrt{n}} \tag{9.21}$$

近似服从 $N(0,1)$ 分布，其中 σ^2 是总体方差. 不管 X 在总体中的分布是否为正态分布，这个理论都是正确的.

请记住，我们既不知道 μ，也不知道 σ. 随机抽样的全部目的是估计它们. 然而，它们的值确实存在，因此分数 Z 确实存在. 由 CLT 可知，Z 近似服从 $N(0,1)$ 分布.

一定要理解为什么这里的“N”是近似的，而不是 0 或 1.

因此，即使总体分布呈现为偏态的、多峰的等情况，样本均值仍将近似服从正态分布. 这一结论将成为统计学的核心. 人们不会无缘无故地把这个定理称为中心极限定理!

读者应该确保完全理解相应的设置. 我们的样本数据 X_1，…，X_n 是随机变量，所以

⊖　在网上有很多很好的动画，例如，维基百科中的“Bean machine 条目.”

$\overline{X}$ 也是一个随机变量. 以笔记本为例：每行将记录一个容量为 n 的随机样本，此时将有 $n+1$ 列，分别标记为 X_1，…，X_n 和 $\overline{X}$.

假设样本总体服从指数分布，然后第 1 列的直方图将呈指数形式，第 2 列、第 3 列等也会如此，但是第 $n+1$ 列的直方图看起来仍像正态分布！

9.8.2　X 的精度改进评估

回到 7.7 节，我们使用切比雪夫不等式来评估 $\overline{X}$ 作为 μ 估计量的准确性. 我们发现：

> 在所有可能的样本中，至少有 8/9 的样本中落在总体 X 的均值 μ 的 3 个标准误差内，即 $3s/\sqrt{n}$.

208

但现在，根据 CLT，我们有

$$P(|\overline{X}-\mu|<3\sigma/\sqrt{n})=P(|Z|<3)\approx 1-2\Phi(-3)=1-2\cdot 0.0027=0.9946 \quad (9.22)$$

这里 Z 如式(9.21)所示，$\Phi()$是 $N(0,1)$的累积分布函数. 数值是通过调用 `pnorm(-3)` 获得的[㊀].

当然 0.9946 比 8/9=0.8889 更乐观.

事实上，我们几乎可以确定，我们的估计值在 μ 的 3 个标准误差内.

9.9　建模的重要性

毋庸置疑，现实世界中没有完全服从正态分布的随机变量. 此外我们在 6.2 节中的评论提到，除了现实世界中的随机变量没有一个是连续分布的以外，在实际应用中没有实际的随机变量在两端是无界的. 这与正态分布形成对比，正态分布是连续的，并且取值从 $-\infty$ 到 $+\infty$.

然而，自然界中的许多事物确实是近似服从正态分布的，所以正态分布在统计学中起着关键作用. 大多数经典的统计方法都假设从一个具有近似分布的总体中抽样. 此外，CLT 告诉我们，在许多情况下用于统计估计的量是近似服从正态分布的，即使它们所计算的数据不是服从正态分布的.

回想一下前面的伽马分布(或者 6.7.4.1 节的爱尔朗分布)是作为独立随机变量的和而产生的. 因此，中心极限定理表明：对于充分大的 r(整数)，伽马分布应近似为正态分布. 我们在图 6.4 中看到，即使 $r=10$ 它的形状也相当接近正态分布.

209

9.10　卡方分布族

9.10.1　概率密度及其性质

设 Z_1，Z_2，…，Z_k 是独立服从 $N(0,1)$的随机变量. 那么

$$Y=Z_1^2+\cdots+Z_k^2 \quad (9.23)$$

被称为自由度为 k 的卡方分布. 我们将此分布记为 χ_k^2. 卡方分布是一个单参数分布族，在

㊀ 读者会注意，在上面的计算中我们使用了 σ，而切比雪夫分析使用了样本标准差 s. 后者只是对前者的估计，但是可以证明概率计算仍然是有效的.

经典的统计显著性检验中经常出现.

我们可以推出卡方分布的均值如下. 首先,

$$EY=E(Z_1^2+\cdots+Z_k^2)=kE(Z_1^2) \tag{9.24}$$

好吧, $E(Z_1^2)$看起来有点像方差, 建议使用式(4.4). 我们有:

$$E(Z_1^2)=\mathrm{Var}(Z_1)+[E(Z_1)]^2=\mathrm{Var}(Z_1)=1 \tag{9.25}$$

那么式(9.23)中的 EY 是 k, 也可以证明 $\mathrm{Var}(Y)=2k$.

6.7.4 节中给出的卡方分布实际上是伽马分布族的特例, 其中 $r=k/2$, $\lambda=0.5$.

R 中的 dchisq()函数、pchisq()函数、qchisq()函数和 rchisq()函数给出了卡方分布族的概率密度函数、累积分布函数、分位数函数和随机数生成器. 每种情况下的第二个参数都是自由度. 除了 rchisq()函数之外, 其他所有情况下第一个参数都是相应的数学函数的参数, rchisq()函数的第一个参数为要生成的随机变量的个数.

例如, 要获取服从自由度为 3 的卡方分布随机变量的 $f_X(5.2)$值, 我们进行以下调用:

```
> dchisq(5.2,3)
[1] 0.06756878
```

210

9.10.2　示例: 插针位置错误

假设一台机器在一个平的圆盘状物体的中间放置一个针. 位置可能容易出错. 设 X 和 Y 分别表示水平方向和垂直方向上的位置误差, 设 W 为从实际中心到插针位置的距离. 假设 X 和 Y 是独立的, 且服从均值为 0、方差为 0.04 的正态分布. 求 $P(W>0.6)$.

因为距离是平方和的平方根, 所以听起来与卡方分布可能相关. 所以, 我们先把这个问题转化为一个平方距离的问题:

$$P(W>0.6)=P(W^2>0.36) \tag{9.26}$$

但是 $W^2=X^2+Y^2$, 所以

$$P(W>0.6)=P(X^2+Y^2>0.36) \tag{9.27}$$

这不完全是一个卡方分布, 因为分布涉及的是独立且服从 $N(0, 1)$分布的随机变量平方和. 但是由于仿射变换下正态分布是封闭的(9.1.1 节), 我们知道 $X/0.2$ 和 $Y/0.2$ 确实服从 $N(0, 1)$分布. 所以可以写成

$$P(W>0.6)=P[(X/0.2)^2+(Y/0.2)^2>0.36/0.2^2] \tag{9.28}$$

现在计算等式的右侧:

```
> 1 - pchisq(0.36/0.04,2)
[1] 0.01110900
```

9.10.3　建模的重要性

这种分布族并不像二项分布族或正态分布族那样经常直接出现在应用程序中.

但是卡方分布族在统计应用中的应用相当广泛. 正如我们在统计学章节中所看到的, 许多统计方法都涉及服从正态分布随机变量的平方之和[㊀].

211

9.10.4　与伽马分布族的关系

可以证明, 自由度为 d 的卡方分布是伽马分布, 其中 $r=d/2$, $\lambda=0.5$.

㊀　自由度这一词的寓意将在这些章节中进行解释.

9.11　数学补充

9.11.1　分布的收敛性和 CLT 的精确陈述

定理 18 在数学上对于 CLT 的陈述不够精准. 这里我们会修正它.

定义 19　对于随机变量序列 L_1, L_2, L_3, …, 如果

$$\lim_{n\to\infty} P(L_n \leqslant t) = P(M \leqslant t), \quad \text{对于所有 } t \tag{9.29}$$

则此随机变量序列在分布上收敛到随机变量 M 的分布. 换句话说, L_i 的累积分布函数收敛于 M 的累积分布函数.

CLT 的正式描述是:

定理 20　假设 X_1, X_2, …均为独立随机变量, 且均服从均值为 m、方差为 v^2 的分布. 那么

$$Z = \frac{X_1 + \cdots + X_n - nm}{v\sqrt{n}} \tag{9.30}$$

分布收敛到一个服从 $N(0, 1)$分布的随机变量.

顺便说一下, 这些随机变量不需要定义在相同的概率空间上. 如前所述, 定理的假设只是说, L_n 的累积分布函数(点方向)收敛于 M 的累积分布函数.

同样地, 定理的结论并没有提及密度. 它没有说明 L_n 的概率密度(即使它是一个连续的随机变量)收敛到 $N(0, 1)$分布的概率密度, 尽管有各种各样的局部极限定理. 212

9.12　计算补充

9.12.1　示例: 生成正态分布随机数

正常的随机数生成器, 如 rnorm()是如何工作的呢? 虽然原则上可以使用 6.9.2 节的方法, 但由于缺少 $\Phi^{-1}()$的解析表达式, 因此这种方法是行不通的. 但是, 我们可以利用正态分布族和指数分布族之间的关系, 如下所示.

设 Z_1 和 Z_2 为两个独立的服从 $N(0, 1)$分布的随机变量, 定义随机变量 $W = Z_1^2 + Z_2^2$. 根据定义, W 服从自由度为 2 的卡方分布, 根据 9.10 节我们知道 W 是 $r=1$ 和 $\lambda=0.5$ 的伽马分布.

反过来, 根据 6.7.4 节可知道, 该分布实际上只是服从参数为 λ 的指数分布. 这是非常偶然的, 因为在本例中可以使用 6.9.2 节的内容. 实际上, 在那一节中我们看到了如何生成服从指数分布的随机变量.

还有很多. 考虑在 X－Y 平面上绘制点(Z_1, Z_2), 且点(Z_1, Z_2)与 X 轴形成的角度 θ 为:

$$\theta = \tan^{-1}\left(\frac{Z_2}{Z_1}\right) \tag{9.31}$$

由于情况的对称性, θ 在$(0, 2\pi)$上服从均匀分布. 同样,

$$Z_1=\sqrt{W}\cos(\theta),\quad Z_2=\sqrt{W}\sin(\theta) \tag{9.32}$$

综上所述，我们可以通过代码生成一对独立的服从 $N(0, 1)$分布的随机变量

```
genn01 <- function() {
   theta <- runif(1,0,2*pi)
   w <- rexp(1,0.5)
   sw <- sqrt(w)
   c(sw*cos(theta),sw*sin(theta))
}
```

注意，我们“调用一次获得两个”，比如说我们需要 1000 个服从正态分布的随机变量，我们需要调用上面的函数 500 次. 或者，使用向量

213

```
genn01 <- function(n) {
   theta <- runif(n,0,2*pi)
   w <- rexp(n,0.5)
   sw <- sqrt(w)
   c(sw*cos(theta),sw*sin(theta))
}
```

这里生成了 $2n$ 个服从 $N(0, 1)$分布的变量，所以如果我们需要 500 个随机变量，我们只需调用函数时取 $n=250$.

顺便说一下，这种方法被称为 Box-Müller 变换. 这里的 Box 与第 8 章开头引文中的 Box 是同一个人.

9.13　练习

数学问题

1. 继续 9.5 节中的吉尔示例，假设没有人入侵，即所有登录的都是吉尔本人. 假设我们设置了网络入侵监视器，以便在吉尔每次登录并访问 535 个或更多磁盘扇区时通知我们. 在所有这些通知中，吉尔访问了至少 545 个扇区的比例是多少？
2. 考虑某一条河，L(以英尺为单位)表示它相对于平均水位的高度. 只要 $L>8$ 时就会有洪水，据报道，有 2.5%的日子有洪水. 假设水位 L 服从正态分布，上面的信息表示 L 的均值为 0. 假设 L 的标准差 σ 增加了 10%. 洪水日的百分比会增加多少？
3. 假设每 1000 行代码的 bug 数服从均值为 5.2 的泊松分布. 求在 20 段代码中有超过 106 个 bug 的概率，其中每段代码有 1000 行. 假设不同的部分在 bug 方面是独立的.
4. 求 $E(Z^4)$，其中 Z 服从 $N(0, 1)$分布. 提示：利用 9.10 节中的内容.

214

5. 可以证明，如果总体为方差为 σ^2 的正态分布，则样本方差 s^2/σ^2(标准版本分母中还有 $n-1$)服从自由度为 $n-1$ 的卡方分布.
   (a) 求 s^2 的 MSE.
   (b) 根据 MSE 求出最优分母(它不一定是我们讨论过的 n 和 $n-1$ 两个值).

计算和数据问题

6. 考虑 9.6 节的背景，利用模拟求 $E(N\mid N\geqslant 25)$.
7. 使用模拟来评估 9.7.1 节中 CLT 近似值的准确度.

215 ~ 216

8. 假设灯泡寿命建模服从正态分布，其均值和标准偏差分别为 500 小时和 50 小时. 给出一个求 d 的无循环 R 表达式，使得灯泡中 30%的寿命超过 d.

第 10 章　统计推断导论

统计推断包括从样本到总体的谨慎推断. 例如，在选举期间，调查机构可能会对选民进行抽样调查，然后报告说，“候选人 Jones 的支持率为 56.2%，误差为 3.5%.” 我们很快会详细讨论这意味着什么，但现在的重点是，3.5%的数字认识到 0.562 只是一个样本估计，而不是总体值，它试图指出估计值的准确程度. 本章将深入讨论这些问题.

10.1　正态分布的作用

回溯到 100 多年前，经典统计学在很大程度上依赖于总体服从正态分布的假设. 比如说，我们正在研究公司的年收入 R，假设就是 f_R 具有我们熟悉的钟形形状. 不过，我们知道，这种假设不可能完全正确. 如果 R 服从正态分布，则其值将从 $-\infty$ 到 $+\infty$. 收入不能为负(尽管利润可以)，且公司的收入也不能为 10^{50} 美元.

这些方法至今仍在广泛使用，但不管怎样，它们对非正态总体的效果很好. 这可由中心极限定理得到. 难怪人们叫它中心定理!

具体地说，关键是 9.8 节中介绍的内容. 为了方便起见，我们在这里重复一下这个要点：

(标准化)$\overline{X}$ 的近似分布：

统计量

$$Z=\frac{\overline{X}-\mu}{\sigma/\sqrt{n}} \tag{10.1}$$

近似服从 $N(0,\ 1)$分布，其中 σ^2 是总体方差.

因此，尽管 1000 个样本的 R 值所对应的直方图可能非常倾斜，但是如果我们取 500 个样本，每个样本容量为 1000，然后绘制 500 个样本 R 的均值直方图，那么它的图像将看起来近似于钟形!

所以，让我们应用这个开始工作吧.

10.2　均值的置信区间

我们现在准备利用我们建立的基础框架. 即一切取决于对样本均值是一个随机变量的理解，且它服从已知的近似分布(即正态分布).

10.2.1　基本方法

因此，假设我们有一个来自总体均值为 μ，方差为 σ^2 随机样本(但它不一定是服从正态分布). 回想一下，式(10.1)近似的服从 $N(0,\ 1)$分布. 我们对 $N(0,\ 1)$分布中间 95%的区域感兴趣. 由于对称性，该分布此区域外侧的2.5%面积在左尾部，另外的2.5%面积在右尾部. 通过调用R的 `qnorm(-0.025)`，或通过查阅书中 $N(0, 1)$分布的cdf表，我们发现临界点分别在-1.96和1.96. 换句话说，如果某个随机变量 T 服从 $N(0, 1)$分布，则

218

$P(-1.96<T<1.96)=0.95$.

因此，

$$0.95 \approx P\left(-1.96<\frac{\overline{X}-\mu}{\sigma/\sqrt{n}}<1.96\right) \tag{10.2}$$

(注意等式中的近似符号)对不等式进行代数运算

$$0.95 \approx P\left(\overline{X}-1.96\frac{\sigma}{\sqrt{n}}<\mu<\overline{X}+1.96\frac{\sigma}{\sqrt{n}}\right) \tag{10.3}$$

现在请记住，我们不仅不知道 μ，而且还不知道 σ. 但是我们可以根据式(7.14)来估计它们的值. 可以证明[1]，如果我们用 s 代替 σ，那么式(10.3)仍是有效的，即[2]

$$0.95 \approx P\left(\overline{X}-1.96\frac{s}{\sqrt{n}}<\mu<\overline{X}+1.96\frac{s}{\sqrt{n}}\right) \tag{10.4}$$

换句话说，我们有95%的把握说区间

$$\left(\overline{X}-1.96\frac{s}{\sqrt{n}},\ \overline{X}+1.96\frac{s}{\sqrt{n}}\right) \tag{10.5}$$

中含 μ. 这就是 μ 的95%置信区间.

注意7.7节给出了它与标准误差的联系. 从标准误差的角度重新表述上述内容，我们有：

μ 的95%置信区间约为 $\overline{X}$ 加上或减去 $\overline{X}$ 的1.96倍标准差.

更妙的是，上面的推导表明：

219

近似正态分布估计的置信区间

假设我们用估计量 $\hat{\theta}$ 估计一个参数族中的某个参数 θ. 如果 $\hat{\theta}$ 近似服从正态分布[3]，那么 θ 的95%置信区间约为

$$\hat{\theta} \pm 1.96\,\mathrm{s.e.}(\hat{\theta}) \tag{10.6}$$

由标准误差所形成的置信区间将会在本章和随后的章节中反复出现. 这是因为许多估计量，不仅仅是 $\overline{X}$，可以被证明是近似服从正态分布的. 例如，大多数极大似然估计量都有这个性质，所以很容易从中得到它们的置信区间.

10.3　示例：Pima糖尿病研究

让我们来看一下7.8节中的Pima数据，我们开始比较女性糖尿病患者和女性非糖尿

---

[1] 这使用了更深奥的概率论(包括Slutsky定理)，粗略地说，Slutsky定理表明如果 K_n 分布收敛到 K，并且 L_n 序列收敛到常数 c，那么 K_n/L_n 分布收敛于 K/c. 这里 L_n 为 s 且 c 为 σ.

[2] 请记住，所有这些都是近似值. 随着 n 的增加，近似值变得更准确. 但是对于任何一个特定的 n，近似值用 σ 比用 s 好.

[3] 从技术上讲，这意味着近似正态的性质来自中心极限定理.

病患者的数据. 回忆一下我们的符号：μ_1 和 σ_1^2 分别表示糖尿病患者体重指数 BMI 的总体均值和方差；μ_0 和 σ_0^2 分别表示非糖尿病患者的均值和方差.

我们感兴趣的是估算差值 $\theta=\mu_1-\mu_0$. 这里的 $\hat{\theta}$ 为 $\overline{U}-\overline{V}$，我们发现其值是 35.14－30.30＝4.84，标准误差为 0.56. 显然糖尿病患者的 BMI 值更高，但另一方面，我们知道这些值会受到抽样误差的影响. 总体中糖尿病患者的 BMI 是否显著高于其他人群?

（注意“显著”这个词的实质. 我们并不是简单地问 μ_1 是否大于 μ_0. 比如说如果差别是 0.000 000 1，那么这两个均值基本上是相同的. 这个问题将是本章后面的一个重点. ）

因此，我们形成一个置信区间，

$$4.84\pm1.96(0.56)=(3.74, 5.94) \tag{10.7}$$

现在我们有一个范围，即估计区间，而不仅仅是点估计值 4.84. 通过以区间形式呈现结果，我们意识到我们只处理了样本估计. 我们给出了一个误差范围(区间的半径)1.96(0.56)＝0.28. 220

这个区间相当宽，但它确实表明糖尿病患者的平均 BMI 值要高得多.

10.4 示例：湿度数据

考虑 8.4.4 节中的湿度数据. 回想一下，我们在那里拟合了一个贝塔模型，通过 MLE 估计参数 α 和 β. 让我们找出 α 的置信区间.

α 的估计值为 6.439，标准误差为 0.334. 所以，置信区间为

$$6.439\pm1.96(0.334)=(5.784, 7.094) \tag{10.8}$$

10.5 置信区间的含义

统计学与纯数学的关键区别在于，在统计学中最重要的是能够解释. 统计学教授对此往往很挑剔. 那么置信区间究竟意味着什么呢?

10.5.1 戴维斯市的一项体重调查

考虑估算戴维斯市所有成年人平均体重(用 μ 表示)的问题. 假设我们随机抽取 1000 人，记录他们的体重，其中 W_i 是样本中第 i 个人的体重.

请记住，我们不知道总体平均值 μ 的真实值是多少——这就是我们为什么要收集样本数据，目的就是估计 μ！我们将用样本均值 $\overline{W}$ 作为估计量，但我们不知道这个估计量有多准确. 这就是我们形成置信区间的原因，用以度量 $\overline{W}$ 作为 μ 的估计量的准确性.

假设根据式(10.5)我们的区间为(142.6，158.8). 我们会说，我们有 95%的信心相信戴维斯市所有成年人的平均体重 μ 落在这个区间内. 这是什么意思? 221

假设我们要做很多次这个实验，并把结果记录在笔记本上：我们随机抽取 1000 人，然后在笔记本的第一行记录区间($\overline{W}-1.96s/\sqrt{n}$，$\overline{W}+1.96s/\sqrt{n}$). 然后再随机抽取 1000 人作为另外一个样本，在笔记本的第二行记录下我们得到的区间. 这是另一组 1000 人(尽管可能有一些会重叠)，所以我们会得到一个不同的 $\overline{W}$，从而得到一个不同的区间. 即它们将有不同的中心和不同的半径. 然后我们重复实验第三次、第四次、第五次等.

同样，笔记本的每一行将包含不同随机样本(1000 人)的信息. 每个区间将有两列，一

列是下限，另一列是上限. 此外，虽然在这里不是很重要，但请注意，这里也有 1000 人的体重即从 W_1 到 W_{1000} 列，以及 $\overline{W}$ 列和 s 列.

现在重点是：这些区间大约是 95%的可能性包含 μ(戴维斯成年人总体平均体重). 总体的 μ 对我们来说是未知的——这也是我们为什么首先要对 1000 人进行抽样的原因——但是它确实存在，而且它将以 95%的可能性落在包含在这些区间中. 这就是我们所说的以 95%的可能性"确定" μ 落在我们形成的特定区间中的意思.

作为笔记本想法的一个变形，想想如果你和 99 个朋友各自做这个实验会发生什么. 你们每个人都会从总体中抽出 1000 人，然后形成一个置信区间. 因为你们每个人都会得到不同的样本，所以你们每个人都会得到不同的置信区间. 我们所说的置信水平为 95%的意思是：在你和 99 个朋友所形成的 100 个置信区间中，大约 95 个区间将包含真实的人口平均体重. 当然，你希望自己能成为 95 个幸运儿之一！但是记住，你永远不会知道谁的区间是正确的，谁的区间是不正确的.

请记住，实际上我们只抽取了 1000 人的样本. 笔记本的方法仅仅是为了让我们理解，当我们说我们有 95%的信心意味着什么，即我们有 95%的信心确定真实的 μ 落在我们形成的置信区间.

222

10.17.1 节中有更多关于置信区间的解释.

10.6　比例的置信区间

因此，我们知道如何找到均值的置信区间. 那如何确定比例呢？

例如，在一次选举民意调查中，我们可能对计划投票给候选人 A 的总体比例 p 感兴趣. 我们取样本中的相应比例 $\hat{p}$ 作为 p 的估计值. 如何确定置信区间呢？

好吧，记住，我们在式(4.36)中发现，比例是个平均值. 或者，在样本层面上，这里 X_i 是 1 和 0(1 表示支持候选人 A，0 表示不支持). 现在，所有 0 和 1 的平均值是多少？样本均值 $\overline{X}$ 中的分子是 X_i 的和，它就是 1 的个数，然后除以样本容量，从而得到样本比例. 换句话说，

$$\hat{p}=\overline{X} \tag{10.9}$$

此外，考虑 s^2. 看一下 7.5.2 节. 既然 X_i 都是取 0 和 1，那么 $X_i^2=X_i$. 也就是说由 7.5.2 节有

$$s^2=\hat{p}-\hat{p}^2=\hat{p}(1-\hat{p}) \tag{10.10}$$

所以，$\hat{p}$ 的标准误差为

$$\frac{s}{\sqrt{n}}=\sqrt{\frac{\hat{p}(1-\hat{p})}{n}} \tag{10.11}$$

然后，我们利用式(10.5)得到置信区间，

$$\hat{p}\pm 1.96\sqrt{\frac{\hat{p}(1-\hat{p})}{n}} \tag{10.12}$$

在两个比例之间存在差异 $\hat{p}_1-\hat{p}_2$ 的情况下，结合上面内容以及式(7.22)，标准误差为

$$\sqrt{\frac{\hat{p}_1(1-\hat{p}_1)}{n_1}+\frac{\hat{p}_2(1-\hat{p}_2)}{n_2}} \tag{10.13}$$

223

10.6.1 示例：森林覆盖的机器分类

遥感是根据空中观测到的变量(通常是卫星观测到的)进行机器分类. 我们在这里考虑的应用涉及的是确定给定位置的森林覆盖类型. 有 7 种不同的类型[4]. 数据集位于加州大学 Irvine 机器学习存储库中[12].

直接观测覆盖类型要么太贵，要么可能会遇到土地使用许可问题. 因此，我们希望从其他变量中猜测它的类型，这样我们可以更容易地获得.

变量中有一个变量表示的是中午山坡上的树荫量，我们称之为 HS12. 我们的目标是让 μ_1 和 μ_2 分别表示总体中覆盖类型为 1 和 2 的 HS12 均值. 如果 $\mu_1-\mu_2$ 很大，那么 HS12 将是一个很好的预测覆盖类型是 1 还是 2 的指标.

因此，我们希望从我们的数据中估算出 $\mu_1-\mu_2$，我们知道这些数据的覆盖类型. 有超过 58 万次的观测数据. 我们将使用 R 的 `tapply()` 函数(7.12.1.3 节)：

```
> tapply(cvr[,8],cvr[,55],mean)
       1        2        3        4        5
223.4302 225.3266 215.8265 216.9971 219.0358
       6        7
209.8277 221.7460
```

因此，$\hat{\mu}_1=223.43$ 且 $\hat{\mu}_2=225.33$. 我们将需要样本容量和 s^2 的值，

```
> tapply(cvr[,8],cvr[,55],var)
       1        2        3        4        5
329.7829 342.6033 778.7232 437.5353 620.6744
       6        7
596.2166 400.0025
> tapply(cvr[,8],cvr[,55],length)
     1      2      3      4      5      6      7
211840 283301  35754   2747   9493  17367  20510
```

如式(7.22)，$\hat{\mu}_1-\hat{\mu}_2$ 的标准误差为

$$\sqrt{\frac{329.78}{211\,840}+\frac{342.60}{283\,301}}=0.05 \tag{10.14}$$

所以对于这两个总体 HS12 均值差的置信区间是

224

$$223.43-225.33\pm1.96(0.05)=(-2.00,\ -1.80) \tag{10.15}$$

假设 HS12 值在 200 范围内(见样本均值)，我们从置信区间可以看出，两个总体均值之间的差很小. 至少 HS12 本身似乎并没有帮助我们有效地预测覆盖类型是 1 还是 2.

这很好地说明了一个重要的原则，详见 10.15 节.

作为置信区间的另一个例子，让我们为覆盖类型为 1 和 2 的总体比例差值计算一个置信区间. 为了获得样本估计值，我们运行

```
> ni <- tapply(cvr[,8],cvr[,55],length)
> ni/sum(ni)
          1           2           3           4
0.364605206 0.487599223 0.061537455 0.004727957
          5           6           7
0.016338733 0.029890949 0.035300476
```

因此

$$\hat{p}1-\hat{p}_2=0.365-0.488=-0.123 \tag{10.16}$$

根据式(10.13)，这个量的标准误差为

$$\sqrt{0.365\cdot(1-0.365)/211\,840+0.488\cdot(1-0.488)/283\,301}=0.001 \tag{10.17}$$

从而给出置信区间为

$$-0.123\pm1.96\cdot0.001=(-0.121,\ -0.125) \tag{10.18}$$

225 不用说，在如此大的样本量下，我们的估计可能相当准确. 假设数据是感兴趣的森林总体的随机样本，那么似乎有更多的第 2 类地点.

10.7 学生 t 分布

与给出错误问题一个精确的答案相比，给出正确问题一个笼统的近似答案要好很多.

——John Tukey，贝尔实验室与普林斯顿大学，统计学的开拓者.

分析人士会使用学生 t 分布进行推断. 这就是该统计量分布的名称

$$T=\frac{\overline{X}-\mu}{\tilde{s}/\sqrt{n-1}} \tag{10.19}$$

式中 s^2 是样本方差，其中我们除以 $n-1$ 而不是 n.

请注意，我们假设 X_i 本身服从正态分布——不仅仅是 $\overline{X}$ 服从正态分布. 换言之，比如说，我们研究的是人类的体重，那么我们假设体重遵循一个精确的钟形曲线. T 的精确分布被称为自由度为 $n-1$ 的学生 t 分布. 因此，这些分布形成一个单参数族，即自由度为分布的参数.

学生 t 分布族的一般定义是统计量比值 $U/\sqrt{V/k}$ 的分布，其中

- U 服从 $N(0,1)$分布
- V 服从自由度为 k 的卡方分布
- U 和 V 是独立的

可以看出，在式(10.19)中，如果抽样总体服从正态分布，那么$(\overline{X}-\mu)/\sigma$ 与 $\tilde{s}^2/\sigma^2$ 分别满足上面 U 和 V 的条件，其中 $k=n-1$.（如果我们要为两个均值的差形成一个置信区间，那么自由度的计算就会变得更复杂，但在这里并不重要.）

此分布已制成表格. 例如，R 中 `dt()`、`pt()` 等函数起着与正态分布中 `dnorm()`、`pnorm()` 等函数一样的作用. 调用 `qt(0.975,9)`，其返回值为 2.26. 这使得我们能够从容量为 10 的样本中获得 μ 的置信区间，准确地说是 95%的置信水平，而不是像我们在这里

226 所得到的处于**大约**为 95%的置信水平，如下所示.

我们从式(10.2)开始，将 1.96 替换为 2.26，并将$(\overline{X}-\mu)/(\sigma/\sqrt{n})$替换为 T，然后将≈替换为=. 通过同样的代数运算，我们求得 μ 的置信区间如下：

$$\left(\overline{X}-2.26\frac{\tilde{s}}{\sqrt{10}},\ \overline{X}+2.26\frac{\tilde{s}}{\sqrt{10}}\right) \tag{10.20}$$

当然，对于一般的 n，用 $t_{0.975,n-1}$ 代替 2.26，就可得到自由度为 $n-1$ 的 t 分布的 0.975 分位数. 我们在本书中不使用 t 分布，因为：

- T 分布依赖于总体要精确地服从正态分布，事实从来都并非如此. 在戴维斯的示例中，人们的体重大致呈正态分布，但绝对不是精确的正态分布. 要服从精确的正态分布，那么有些人的体重就得有 10 亿磅，或者体重为负数，因为任何正态分布都是从 $-\infty$ 到 $+\infty$ 上取值的.
- 对于较大的 n，t 分布 $N(0, 1)$分布之间的差异可以忽略不计. 但是这在上面的 $n=10$ 的情况下是不正确的，我们的置信区间乘以标准误差为 2.26，而不是我们之前看到的 1.96. 但是当 $n=50$ 时，2.26 已经缩小到 2.01，当 $n=100$ 时，它为1.98.

换言之，对于较小的 n，基于 t 分布的推断其准确性的主张通常是没有根据的，而对于较大的 n，t 分布和 $N(0, 1)$分布之间的差别可以忽略不计. 所以我们不妨使用后者，就像我们在本章中所做的那样.

10.8　显著性检验简介

一方面，被称为显著性检验的一类方法构成了统计学的核心内容. 打开任何科学、医学、心理学、经济学等方面的杂志，你会发现几乎每一篇文章都有显著性检验.

另一方面，2016 年美国统计协会(ASA)发表了有史以来第一份政策声明[41]，声称显著性检验被广泛滥用和曲解. 但它指出：

227

让我们说清楚. ASA 声明中没有新的内容. 几十年来，统计学家和其他研究人员一直在为这些问题敲响警钟，但收效甚微.

于是在 2019 年，一篇文章发表在《自然》杂志上，该杂志是世界上最负盛名的两个科学期刊之一，这篇文章回应了 ASA 的声明，并将其向前推进了一步[1].

好吧，那么显著性检验，这个核心的统计方法，实际上是做什么的呢? 并且为什么这个非常庄严的科学机构与科学杂志都“敲响了警钟”?

为了回答这个问题，让我们看一个简单的例子，判断硬币是否公平，即硬币出现正面的概率是否为 0.5.

10.9　公认的均匀硬币

(这只是为了好玩，但它与更严肃的例子模式相同.)假设你有一枚硬币将在超级碗橄榄球赛上被投掷，看谁先开球. 你想评估硬币的“公平性㊀”. 让 p 为硬币出现正面的概率. 一枚普通的硬币 $p=0.5$.

你可以掷硬币很多次，比如说 100 次，然后形成一个 p 的置信区间. 这个区间的宽度会告诉你误差的范围，也就是说，它会告诉你 100 次掷硬币是否足以达到你想要的精度，而这个区间的位置会告诉你这枚硬币是否足够“公平”.

㊀ 我们假设这里的规则稍有不同. 相反，双方事先约定，如果硬币正面朝上，A 队将得到奖励，否则将是 B 队得到奖励.

例如，如果你的置信区间为(0.49，0.54)，你可能会觉得这枚硬币是相当公平的. 请注意，事实上即使你的区间是(0.502，0.506)，你仍会认为硬币是公平的. 因为与区间是否包含 0.5 无关，我们关心的是整个区间是否合理的接近 0.5.

然而，这个过程并不是传统的方法. 大多数统计数据的使用者会使用投掷数据对零假设检验

228

$$H_0:\ p=0.5 \tag{10.21}$$

与之相对的备择假设

$$H_A:\ p\neq 0.5 \tag{10.22}$$

具体原因将在后面解释，此过程被称为显著性检验.

10.10 基本原理

下面是显著性检验的工作原理.

该方法考虑 H_0 是“无罪假定”，这意味着我们假设 H_0 是真的，除非数据提供有力的相反证据.

实施的基本计划是：

我们投掷硬币 n 次. 除非正面出现的次数是极端“可疑的”，即远小于 $n/2$ 或远大于 $n/2$，否则认为硬币是公平的. 如前所述，设 $\hat{p}$ 表示样本比例，在这种情况下，比值

$$\frac{\hat{p}-p}{\sqrt{\frac{1}{n}\cdot p(1-p)}} \tag{10.23}$$

近似服从 $N(0,1)$分布. 但请记住，我们现在假设 H_0 是正确的，除非我们找到有力的相反证据. 所以，我们把 $p=0.5$ 带入式(10.23)，得到

$$Z=\frac{\hat{p}-0.5}{\sqrt{\frac{1}{n}\cdot 0.5(1-0.5)}} \tag{10.24}$$

229

Z 近似服从 $N(0,1)$分布(同样，假设 H_0 为真).

现在回想一下式(10.5)的推导，-1.96 和 1.96 是 $N(0,1)$分布的上和下 2.5%分位点. 因此，在 H_0 下，

$$P(Z<-1.96 \text{ 或 } Z>1.96)\approx 0.05 \tag{10.25}$$

这里有一个要点：在这个例子中，在我们收集数据之后，通过抛硬币 n 次，我们从数据中计算出 $\hat{p}$，然后根据式(10.24)计算出 Z. 如果 Z 小于-1.96 或大于 1.96，那么我们的理由如下：

> 如果 H_0 是真的，Z 远离 0 的可能性只能有 5%. 所以，要么我必须相信这是一个罕见的事件，要么我们放弃假设，即 H_0 是真的. 我选择放弃这个假设.

例如，假设 $n=100$，我们的样本中有 62 个正面. 我们得到 $Z=2.4$，此时它在“罕见的”范围内. 于是我们拒绝了 H_0，并向世界宣布这是一枚不公平的硬币. 我们说，“p 值与

0.5 显著不同.”

正如分析师通常将 95%作为它们的置信区间，标准做法是使用 5%作为我们的“怀疑标准”，这被称为显著性水平，通常用 α 表示. 一个常见的说法是“我们以 5%的水平拒绝了原假设 H_0.”

“显著”这个词是有误导性的. 不应该把它和重要混淆. 只是说在 H_0 为真的条件下，我们不认为 Z 的观察值为 2.4 是一个罕见的事件，相反，我们决定放弃我们认为 H_0 是真这一假设.

另一方面，假设我们的样本中有 47 个正面. 于是 $Z=-0.60$. 同样，以 5%作为我们的显著性水平，这个 Z 值不会被认为是可疑的，因为它在$(-1.96, 1.96)$的范围内，这在 H_0 为真的条件下经常发生. 然后我们会说“我们在显著水平为 5%的条件下接受 H_0”，或者“我们发现 p 与 0.5 没有显著的差异”.

注意，区间$(-1.96, 1.96)$内 Z 的值对应正面出现的个数落在$(50-1.96 \cdot 0.5 \cdot \sqrt{100}, 50+1.96 \cdot 0.5 \cdot \sqrt{100})$内，即大约 40 个到 60 个. 换言之，我们可以描述我们的拒绝规则如下：“如果我们在 100 次投掷中得到正面的次数少于 40 个或多于 60 个，那么我们拒绝原假设”.

230

10.11　广义的正态检验

在 10.2.1 节的末尾，我们提出了一种构造近似服从正态分布估计量置信区间的方法. 现在对于显著性检验我们也做同样的构造.

假设 $\hat{\theta}$ 是某个总体 θ 值的近似正态分布估计量. 然后检验 H_0：$\theta=c$，构造检验统计量

$$Z=\frac{\hat{\theta}-c}{\text{s.e.}(\hat{\theta})} \tag{10.26}$$

式中 $\text{s.e.}(\hat{\theta})$是 $\hat{\theta}$ 的标准误差，如前所述：

如果$|Z| \geqslant 1.96$，则在显著性水平为 $\alpha=0.05$ 的条件下拒绝 H_0：$\theta=c$.

10.12　“p 值”的概念

回想一下 10.8 节中的硬币例子，在该示例中我们得到了 62 个正面，即 $Z=2.4$. 因为 2.4 远远大于 1.96，超出了我们的拒绝临界点，从某种意义上说我们不仅拒绝了 H_0，实际上我们是强烈拒绝了它.

为了量化这个概念，我们计算了一些被称为观测显著性水平的量，通常称其为 p 值.

我们会问，

我们以 5%的水平拒绝了 H_0. 很明显，我们甚至会在一些更小的水平下拒绝它. 最小的水平是多少？称之为检验的 p 值.

可以通过 $N(0, 1)$分布表进行检验，或者调用 R 中的 `pnorm(2.40)`，我们发现 $N(0, 1)$分布在 2.40 的右边面积为 0.008，通过对称性可知，在-2.40 左边有一个相等的面积. 因此总面积是 0.016. 换句话说，即使在更严格的显著性水平 0.016 下(即 1.6%水平下)替

231 换 0.05. 我们也能够拒绝 H_0. 因此，$Z=2.40$ 比 $Z=1.96$ 更“显著”. 在研究界，习惯上说，“p 值为 0.016”[⊖]. 其中 p 值越小，结果越“显著”.

在计算机输出或研究报告中，我们经常看到用星号表示的小 p 值. 一般来说，p 小于 0.05 有一个星号，p 小于 0.01 有两个星号，0.001 有三个星号，以此类推. 星号越多，数据应该越有意义. 见 15.5.1 节的 R 回归输出.

10.13 什么是随机与非随机

重要的是要记住 H_0 不是一个事件或任何其他类型的随机实体. 我们例子中硬币出现正面的概率要么为 $p=0.5$，要么没有. 如果我们重复这个实验，我们会得到不同的 X 值，即 100 次投掷中正面的数目，但是 p 不变，还是同样一枚硬币！所以举个例子，说“H_0 是真实的概率”是错误的，也是毫无意义的.

10.14 示例：森林覆盖率数据

让我们检验一下总体均值相等的假设，

$$H_0: \mu_1=\mu_2 \tag{10.27}$$

在 10.6.1 节森林覆盖数据中. 根据 10.11 节的内容 $\theta=\mu_1-\mu_2$、$\hat{\theta}=\hat{\mu}_1-\hat{\mu}_2$ 且 $c=0$. 在 10.6.1 节中，样本容量约为 580 000. 如下所示. 对于如此大的样本来说，显著性检验基本上是无用的，为了便于说明，让我们看看在较小的样本容量下可能会发生了什么. 我们将抽取一个容量为 1000 的子样本，并假设这就是我们的实际样本.

232

```
> cvr1000 <- cvr[sample(1:nrow(cvr),1000),]
> muhats <- tapply(cvr1000[,8],cvr1000[,55],mean)
> muhats
       1        2        3        4        5
222.6823 225.5040 216.2264 205.5000 213.3684
       6        7
208.9524 226.7838
> diff <- muhats[1] - muhats[2]
> diff
        1
-2.821648
> vars <- tapply(cvr1000[,8],cvr1000[,55],var)
> ns <- tapply(cvr1000[,8],cvr1000[,55],length)
> se <- sqrt(vars[1]/ns[1] + vars[2]/ns[2])
> se
       1
1.332658
> z <- diff / se
> z
        1
-2.117309
> 2 * pnorm(z)
         1
0.03423363
```

⊖ p 值中的“p”当然表示概率，这意味着一个服从 $N(0,1)$分布的随机变量，它可能会偏离 0，或者偏离得更远，就像我们在这里观察到的 Z 一样. 在这个例子中，不要把它与我们示例中的量 p(即正面出现的概率)弄混淆.

因此，我们将拒绝总体均值相等的假设，其 p 值约为 0.03. 现在让我们看看更大的样本量会发生什么：我们之前已经确定了 $\mu_1-\mu_2$ 的置信区间，

$$223.43-225.33\pm1.96(0.05)=(-2.00, -1.80) \tag{10.28}$$

0.05 值是 $\overline{\mu}_1-\overline{\mu}_2$ 的标准误差. 让我们尝试一个显著性检验，对于原假设来说，

$$Z=\frac{(223.43-225.33)-0}{0.05}=-38.0 \tag{10.29}$$

这个数字“离表很远”，所以它左边的区域面积是无穷小. 一般来说，HS12 值的差异至少可以说是“非常显著的”. 或者令人振奋的是，“极其显著的”，一个为学术期刊准备论文的研究人员会为此欣喜若狂.

233

然而，看看上面的置信区间，我们发现，与一般大小的 HS12 相比，HS12 在 1 型和 2 型之间的差异很小. 因此 HS12 不能帮助我们猜测在给定位置存在哪种覆盖类型. 从这个意义上说，这一差异根本就不“显著”. 这就是为什么美国统计协会发布了它的历史性立场的报告，即警告说 p 值被过度使用，并且经常被曲解.

10.15 显著性检验问题

Ronald 爵士(Fisher)迷惑了我们，迷住了我们，并把我们引上了堕落的道路.

——Paul Meehl，心理学和科学哲学教授，句子的主人公指的是统计学的主要创始人之一费舍尔(Fisher).

显著性检验是一种由来已久的方法，每天都有成千上万的人使用. 但尽管显著性检验在数学上是正确的，但许多人认为它往好的说是非信息性的，往坏的说是严重误导.

10.15.1 显著性检验的历史

当 20 世纪 20 年代 Ronald Fisher 爵士提出显著性检验的概念，尤其是 α 取值 5%时，许多著名的统计学家出于充分的理由反对这个观点，我们将在下面看到. 但费舍尔的影响力是如此之大，以至于他占了上风，因此显著性检验成为统计学的核心操作.

因此，显著性检验已经在这一领域根深蒂固了，尽管到目前为止它被广泛认为存在潜在的问题. 大多数现代统计学家都明白这一点，但许多人仍然继续从事这项工作[㊀]. 例如，在美国最畅销的基础统计教科书[17]中有一整章专门讨论这一问题.

这本书的作者之一，加州大学伯克利分校的 David Freedman 教授受委托作为评审员为统计学这本书撰写指南[24]. 关于显著性检验存在的潜在问题的讨论与我们下一节的讨论类似. 大多数统计学家都认同这些观点，并导致了上述 ASA 声明.

234

10.15.2 基本问题

首先，先检验 H_0 是值得怀疑的，因为我们几乎总是事先知道 H_0 是假的.

以硬币为例. 没有一种硬币是绝对均衡的——例如，美分的正面是亚伯拉罕·林肯

㊀ 许多人被迫这样做，例如，为了遵守政府的药检标准. 在这种情况下，我自己的方法是引用检验结果，然后指出问题，并给出置信区间.

(Abraham Lincoln)的半身像，因此这一侧更重些——然而，这就是问题所在我们显著性检验提出的问题是：

$$H_0: p=0.500\,000\,000\,000\,000\,000\,000\,000\,000\,0\cdots \tag{10.30}$$

在收集任何数据之前，我们就知道我们正在检验的假设是错误的，因此我们检验它是无稽之谈.

但是更糟糕的是“显著”这个词，假设我们的硬币实际上有 $p=0.502$. 从任何人的角度来看，这都是一枚公平的硬币！但是看看式(10.24)，随着样本容量 n 的增加它会发生什么. 如果我们有足够大的样本，那么式(10.24)中的分母最终将足够小，且 $\hat{p}$ 将非常接近0.502，此时 Z 将大于1.96，因此我们将宣布 $\hat{p}$ 与0.5“显著”不同. 但事实并非如此！是的，0.502不同于0.5，但是在我们决定是否在超级碗橄榄球赛中使用这枚硬币的意义上讲它没有任何意义.

政府对新药的检验也是如此. 我们可能在比较一种新药和一种老药. 假设新药只比老药好0.4%(即0.004). 我们能说新药是“显著”更好吗？这可能是不对的，尤其是如果这种新药有更严重的副作用，而且成本更高(给定的这种新药).

注意，在上面的分析中，我们考虑了随着样本量的增加式(10.24)会发生的变化，我们发现随着样本量的增加最终所有的事情都变得“显著”——即使没有实际的差异. 这在统计学的计算机应用时尤其是一个问题，因为它们经常使用非常大的数据集.

这就是我们在上面的森林覆盖例子中看到的. p 值基本上为0，但总体均值的差异非常小，就我们预测覆盖类型的目标而言，这是可以忽略的.

235

在所有这些例子中，使用标准的显著性检验可以导致我们对非常小的差异进行猛烈的攻击，即使这些差异对我们来说是非常微不足道的，但是检验会宣布它们是“显著的”.

相反，如果我们的样本很小，我们可能会忽略一个实际意义重大的差异，即这些差异对我们来说很重要，此时我们会宣布 p 与0.5没有显著差异. 在新药的例子中，这意味着它将被宣布为“没有显著好于”老药，即使新药更好，但是我们的样本量不足以显示这点.

综上所述，显著性检验的基本问题是：

- H_0 的定义是不恰当的. 我们真正感兴趣的是 p 是否接近0.5，而不是它是否正好是0.5(我们知道无论如何都不是这样).
- 使用显著这个词是非常不恰当的(或者说，会被严重误解).

10.15.3　替代方法

我在寻找一位独臂的经济学家，这样他就永远不会发表声明，然后说：“另一方面”.

——杜鲁门总统.

即使把所有的经济学家放在一起，他们也得不出一个结论.

——萧伯纳，爱尔兰作家.

请注意，这并不是说我们不应该做出决定. 我们必须决定，例如，判定一种新的高血压药物是否安全，或者在一些情况下，判定这枚硬币对于实际目的是否足够“公平”，比如说决定哪支球队在超级碗橄榄球赛中获得开球. 这才应该是一个明智的决定.

事实上，显著性检验真正问题在于，它将决策权从我们手中夺走了. 它机械地为我们做决定，不允许我们对那些对我们很重要的问题插嘴，比如药品情况中可能出现的副作用.

形成一个置信区间是使信息更丰富的方法. 例如，在硬币的示例中：236

- 区间的宽度向我们表明，对于 $\hat{p}$ 的合理性和准确性，n 是否足够大.
- 区间的位置告诉我们对于我们的目的而言硬币是否足够公平.

注意，在做出决定时，我们并不是简单地检查 0.5 是否在区间内. 这将使置信区间降低为显著性检验，而这正是我们试图避免的. 例如，如果置信区间是(0.502，0.505)，我们可能很满意，即使 0.5 不在区间内，对我们的目的而言，硬币是相对公平的.

另一方面，假设新药和老药比较的置信区间太宽，并且正负区域大致相等. 区间告诉我们的是样本容量不够大，因此不足以说明什么.

在电影中，你可以看到谋杀案审判的故事，在这些案件中，被告必须被“毫无疑问地证明有罪”，但在大多数非刑事审判中，证明的标准要轻得多，证据占优势. 这是根据统计数据做出决策时必须使用的标准. 这些数据无法从数学意义上“证明”任何事情. 相反，它应该仅仅作为证据. 置信区间的宽度告诉我们证据可能的准确性. 然后，我们必须权衡这些证据与我们所掌握的有关研究对象的其他信息，然后根据所有证据的优势做出最终的决定.

是的，陪审团必须做出决定. 但是他们的结论不是基于某些公式. 同样的，数据分析人员也不应将你的决策建立在盲目地应用一种方法上，这种显著性检验有可能与我们手头的问题没有多大关系.

10.16 “p-hacking”问题

p-hacking(相当新近的)一词指的是下面滥用统计数据的行为[㊀]. 237

10.16.1 思维实验

假设我们有 250 美分，我们希望确定是否有不平衡的，即正面出现的概率 p 是否不同于 0.5.(如前所述，我们根据先验知道，即没有一枚硬币的概率 p 完全等于 0.5，但是为了思维实验的目的，让我们暂时把它放在一边.)

我们把每枚硬币投掷 100 次来进行研究，并对每枚硬币检验假设 H_0：$p=0.5$，其中 p 是硬币出现正面的概率. 根据 10.8 节的分析，如果我们得到的正面少于 40 个或多于 60 个，我们就判定这个硬币是不均衡的. 问题是，即使所有的硬币都是完美均衡的，我们最终还是会产生出现正面次数小于 40 或大于 60 的硬币，这只是偶然的情况. 然后我们将错误地宣布这枚硬币是不平衡的.

对于任何一分钱，我们只有 5% 的机会错误地拒绝 H_0，但总的来说，我们有一个问题：在 250 枚硬币中，我们至少有一个错误拒绝的概率是 $1-0.95^{250}=0.999\,997\,3$. 所以几乎可以肯定，我们至少有一个结论是错误的.

或者，再举一个不严谨的例子来说明这一点，比如我们正在调查一个人的幽默感是否有任何遗传因素. 真的有幽默基因吗？这时有很多很多的基因需要考虑. 检验每个基因与幽

㊀ 这里的“滥用”一词不一定意味着意图. 可能是由于忽视了这个问题而引起的.

默感的关系就像检验每一分钱是否均衡一样：即使没有幽默基因，最后仅是偶然，我们也会偶然发现一个基因似乎与幽默有关.

当然，置信区间的问题也是一样的. 如果我们计算 250 美分中每一个硬币的置信区间，很有可能至少有一个区间是严重误导的.

没有办法避免这个问题. 最重要的是要认识到事实上确实存在这种问题，并且意识到这个问题，比方说，如果有人宣布他们发现了一个幽默基因，它是基于对数千个基因的进行检验的结果，那么这个发现可能是假的.

10.16.2 多重推断方法

有一些推断技术称多重推断、同时推断或多重比较方法，可以用来处理 p-hacking 中的统计推断. 参见示例[21]. 最简单的 Bonferroni 方法就是使用以下简单的方法. 如果我们希望以总置信水平为 95%计算 5 个置信区间，那么我们必须将每个独立区间的置信水平设置为 99%. 才能使它更宽时，更安全. 以下是 Bonferroni 方法有效的原因：

238

定理 21 考虑事件 A_i，$i=1, 2, \cdots, k$. 那么

$$P(A_1 \text{ 或 } A_2 \text{ 或 } \cdots \text{ 或 } A_k) \leqslant \sum_{i=1}^{k} P(A_i) \tag{10.31}$$

在我们的例子中，为了达到至少 95%的总体置信水平，我们将 5 个置信区间都设置在置信水平为 99%的基础上，我们有 $k=5$，其中 A_i 为第 i 区间不包含想要的总体统计量. 在式(10.31)中，左边是至少一个置信区间不包含想要的统计量的概率，右边是 $5\times 0.01=0.05$. 因此，我们将失败率限制在 0.05，正如所期望的那样. 式(10.31)很容易得出. 当 $k=2$ 时，乘以式(1.5)，由 $P(A \text{ 且 } B)\geqslant 0$ 立即成立. 然后用数学归纳法.

10.17 统计学原理

10.17.1 关于置信区间的更多信息

一些统计学教师会给学生们一个奇怪的警告："你不能说 μ 在区间内的概率是 95%，你只能说有 95%的概率置信区间内含有 μ." 这当然没有道理. 下面两种陈述是等价的：

- "μ 在区间内"
- "区间包含 μ"

"在区间内"和"区间包含"之间看似不合理的区别从何而来？在早期的统计中，一些老师会担心这样的陈述"μ 在区间内的概率是 95%"，因为这样的陈述会让人觉得 μ 是一个随机变量. 诚然，这是一种合理的恐惧，因为 μ 不是一个随机变量，如果没有适当的警告，一些学习统计学的人可能会错误地思考. 随机生成的是区间(包括中心和半径)，而不是 μ. 式(10.5)中的 $\overline{X}$ 和 s 随样本的不同而不同，因此这个区间确实是随机对象，而 μ 不是.

239

因此，教师们提醒学生不要认为 μ 是一个随机变量是合理的. 但后来，一些被误导的老师肯定认为说"μ 在区间内"是不正确的，并且其他人也跟着做了. 遗憾的是，这些一直延续到今天.

这种愚蠢的说法另外一个变体是，不能说“μ 在区间内的概率是 95%”，因为 μ 要么在区间内，要么不在区间内，所以“概率”要么是 1 或要么是 0！这同样是一个模糊不清的想法.

例如，假设我走进隔壁的房间扔了一枚硬币，让它落在地板上. 然后我回到你的身边，告诉你硬币就在隔壁房间的地板上. 我知道结果，但你不知道. 硬币正面朝上的概率是多少？对我来说是 1 或 0，是的，但在任何实际意义上对你来说是 50%.

在“笔记本”的意义上也是如此. 如果我反复做这个实验——去隔壁房间，扔硬币，然后回到你身边，再去隔壁房间，扔硬币，回到你身边，等等，扔一次硬币，在笔记本上记录一行，那么从长远来看，笔记本上 50%的结果是正面朝上.

置信区间也是如此. 假设我们进行了很多次抽样，每一次抽样结果都记录在笔记本的一行上，其中有一列标记为“区间包含 μ”. 不幸的是，我们自己无法看到该列，但它确实存在，从长远来看，该列中 95%的条目都是“是”.

最后，有些人会认为说“有 95%的可能性”和“我们有 95%的信心”不同，这也很愚蠢. 如果不是“95%的自信”那么“95%的概率”还能意味着什么？

考虑一下掷两个骰子的实验. 我们得到的总点数与 2 或 12 不同的概率是 34/36，也就是 94%. 当我们掷骰子时，说“我们得到总数为 3 到 11 之间数的概率是 94%”和说“我们有 94%的信心得到的总数在 3 到 11 之间”两者有什么区别呢？从笔记本的角度解释这两种说法都支持. 在这里概率和信心这两个词不应该被给予太多的重视. 请记住本书开头的那句话：

我很早就体会到了“知道某事物的名称”和“了解某事物”之间的区别

——理查德·费曼，诺贝尔物理学奖获得者.　240

置信区间的贝叶斯视角

回想一下 8.7 节介绍的贝叶斯原理. 那个世界中有没有什么类似置信区间的东西呢？答案是“有”，但是它的形式不同，当然名字也不同.

贝叶斯学派可以计算后验分布中心 95%的范围来代替置信区间，它被称为可信区间.

10.18　练习

数学问题

1. 假设在式(10.5)中，我们使用 1.80 而不是 1.96. 那么置信水平是多少？
2. 如第 8 章所述，假设我们正在估算一个概率密度函数. 请说明如何在方块的中心形成密度函数高度的置信区间. 把你的公式应用到那一章的 BMI 数据上.
3. 可以证明，如果总体服从方差为 σ^2 的正态分布，那么样本方差的变化比例(标准版，分母为 $n-1$)s^2/σ^2 服从自由度为 $n-1$ 的卡方分布. 利用这个事实推导出 σ^2 的 95%的置信区间. 为了方便起见，把它设为一个有上界的单侧区间，即我们说“我们有 95%信心 $\sigma^2 \leqslant c$”.

计算和数据问题

4. 在 10.14 节森林覆盖率的数据中，找到全部 7 个 HS12 均值的近似置信区间，且总体置信水平为 95%. 请使用 Bonferroni 方法.

5. 在森林覆盖率数据中，考虑类型 1 和类型 2. 求出超过 240 的值的比例差的置信区间，其置信水平约为 95%.
6. 下载 R 的内置数据集 `UCBAdmissions`，该数据引起了加州大学伯克利分校的研究生入学争议.（见 14.5.1 节关于使用 R 的“`table`”类）加州大学伯克利分校的原告声称，该校一直歧视女性申请人. 求出男女入学率差异的 95%置信区间. 然后找出六个院系中男女性别差异的 Bonferroni 区间. 有条件的结果和无条件的结果相互矛盾，这就是一个著名的辛普森悖论例子. 请评论. 241
7. 在 8.9.2.2 节体脂示例中，求 β 的大约 95%的置信区间.
8. 假设我们从总体中抽取一个样本容量为 10 的简单随机样本，其总体服从均值为 1.0 的指数分布. 我们使用式(10.5)建立一个置信区间，其近似置信水平为 0.95. 对于小样本，实际水平可能不同. 请使用模拟来找到它的真实水平.
9. 假设我们从一个总体中随机抽取一个样本容量为 10 的样本，其中总体为参数 $\lambda=1$ 的指数分布. 我们使用式(10.5)形成一个置信区间，其置信水平约为 0.95. 对于小样本，实际水平可能不同. 请使用模拟来找到它的真实水平. 注意：你可能需要使用 R 的 `mean()` 函数，以及 `sd()` 或 `var()` 函数. 请注意，后两个“除以的是 $n-1$”，需要你调整一下. 242

第三部分
多 元 分 析

第11章 多元分布

概率论和统计学的大多数应用都涉及变量之间的相互作用. 例如，当你在亚马逊网站上购买一本书时，程序可能会推送给你与其一起购买的其他书. 亚马逊依赖的正是这样一个事实，即某些或某组图书的销售是相互关联的.

因此，我们需要描述两个或多个变量如何一起变化的分布概念. 本章将介绍这个概念，多元分布构成了统计学的核心，尤其是在条件分布中.

11.1 离散型多元分布

回想一下，对于单个离散型随机变量 X，X 的分布被定义为 X 的所有取值以及这些值的概率所构成的列表. 对于 2 个(或多个)离散型随机变量 U 和 V 也是如此.

11.1.1 示例：袋子里的弹珠

243~245

假设我们有一个袋子，里面有 2 颗黄色的、3 颗蓝色的和 4 颗绿色的弹珠. 我们从袋子里不放回地随机抽取 4 颗弹珠. 令 Y 和 B 分别表示我们抽到的黄色和蓝色弹珠的数量. 那么定义 Y 和 B 的 2 维 pmf 为

$$p_{Y,B}(i,\ j)=P(Y=i\ 且\ B=j)=\frac{\binom{2}{i}\binom{3}{j}\binom{4}{4-i-j}}{\binom{9}{4}} \tag{11.1}$$

以下为 $P(Y=i,\ B=j)$所有取值的列表：

$i\downarrow,\ j\rightarrow$	0	1	2	3
0	0.008	0.095	0.143	0.032
1	0.063	0.286	0.190	0.016
2	0.048	0.095	0.024	0.000

因此，这个表就是二元随机变量$(Y,\ B)$的分布.

11.2 连续型多元分布

正如一元随机变量的概率密度函数是连续的一样，多元随机变量的联合概率密度函数也是连续的.

11.2.1 动机和定义

扩展我们先前对一元随机变量 cdf 的定义，我们将随机变量 X 和 Y(离散型或连续型)的二维 cdf 定义为

$$F_{X,Y}(u, v)=P(X\leqslant u \text{ 且 } Y\leqslant v) \tag{11.2}$$

如果 X 和 Y 是离散的，我们将通过它们的二元 pmf 的和来计算 cdf. 你可能已经猜到了，对于连续型随机变量的计算是一个二重积分. 被积函数是二元概率密度：

$$f_{X,Y}(u, v)=\frac{\partial^2}{\partial u \partial v}F_{X,Y}(u, v) \tag{11.3}$$

高维密度的定义是相似的[⊖].

246

与一元随机变量情形一样，二元变量的概率密度表示的是在 $X-Y$ 平面上哪些区域出现的频率高，哪些区域出现的频率低.

11.2.2 利用多元概率密度函数求概率和期望值

同样通过分析，对于 $X-Y$ 平面上的任何区域 A，有

$$P[(X, Y)\in A]=\iint_A f_{X,Y}(u, v)\mathrm{d}u\mathrm{d}v \tag{11.4}$$

因此，正如一元随机变量 X 的概率是通过在所讨论的区域上对 f_X 积分得到的一样，对于二元随机变量 X 和 Y 的概率，是在所讨论区域对 $f_{X,Y}$ 求二重积分得到的.

同样，对于任何函数 $g(X, Y)$，

$$E[g(X, Y)]=\int_{-\infty}^{\infty}\int_{-\infty}^{\infty}g(u, v)f_{X,Y}(u, v)\mathrm{d}u\mathrm{d}v \tag{11.5}$$

必须记住，在 $U-V$ 平面的某些区域上 $f_{X,Y}(u, v)$ 可能为 0. 注意，这里没有式(11.4)中的集合 A.

求边缘概率密度也类似于离散型的情况，例如，

$$f_X(s)=\int_t f_{X,Y}(s, t)\mathrm{d}t \tag{11.6}$$

其他性质和计算也相似. 例如，概率密度的二重积分等于 1，等等.

11.2.3 示例：列车交会

列车线 A 与列车线 B 在某个换乘点交会，时刻表上写着两条线上的列车将在下午 3:00 到达. 然而它们总会迟到，两列火车迟到时间分别由 X 和 Y 表示(以小时为单位). 其二元概率密度函数为

247

$$f_{X,Y}(s, t)=2-s-t, \quad 0<s, t<1 \tag{11.7}$$

两个朋友约定在换乘站见面，一个乘坐 A 线列车，另一个乘坐 B 线列车. 令 W 表示 B 线到达的人等待他朋友的时间(以分钟为单位). 求 $P(W>6)$.

首先，把这个问题转换为一个涉及 X 和 Y 的问题，因为它们是随机变量，且我们有它们的概率密度函数，然后利用式(11.4)：

$$P(W>0.1)=P(Y+0.1<X) \tag{11.8}$$

$$=\int_{0.1}^{1}\int_{0}^{s-0.1}(2-s-t)\mathrm{d}t\mathrm{d}s \tag{11.9}$$

⊖ 正如我们在 6.4.2 节中所指出的，有些随机变量既不是离散型的也不是连续型的，有些连续型随机变量对，它们的 cdf 没有导数. 我们不会在这里进一步研究这类情况.

11.3 协方差的度量

11.3.1 协方差

定义 22 随机变量 X 和 Y 之间的协方差定义为

$$\mathrm{Cov}(X, Y)=E[(X-EX)(Y-EY)] \tag{11.10}$$

假设通常 X 大于它的均值 EX 时，Y 也大于它的均值 EY，小于均值时亦然. 那么 $(X-EX)(Y-EY)$ 通常也是正值. 换句话说，如果 X 和 Y 是正相关的(我们稍后会正式定义这个术语，但现在保持直观理解)，那么它们的协方差是正的. 类似地，如果 Y 大于其均值，而 X 小于其均值，则它们之间的协方差和相关性将是负的. 当然，所有这些都是粗略的，因为这还取决于 X 比均值大(或小)的程度和频率，等等.

248 这里有很多“邮寄筒”.

两个量都是线性的：

$$\mathrm{Cov}(aX+bY, cU+dV)=ac\mathrm{Cov}(X, U)+ad\mathrm{Cov}(X, V)+bc\mathrm{Cov}(Y, U)+bd\mathrm{Cov}(Y, V) \tag{11.11}$$

其中 a、b、c 和 d 为任意常数.

对加常数项不敏感：

$$\mathrm{Cov}(X, Y+q)=\mathrm{Cov}(X, Y) \tag{11.12}$$

其中 q 为任意常数等.

随机变量 X 与其自身的协方差：

$$\mathrm{Cov}(X, X)=\mathrm{Var}(X) \tag{11.13}$$

其中 X 为任何具有有限方差的随机变量.

协方差的简化计算：

$$\mathrm{Cov}(X, Y)=E(XY)-EX\cdot EY \tag{11.14}$$

它的证明可以帮助你回顾一些重要内容，如(a) $E(U+V)=EU+EV$、(b) $E(cU)=cEU$ 和 $E(c)=c$(对于任何常数 c)以及(c) EX 和 EY 在式(11.14)中是常数.

$$\begin{aligned}\mathrm{Cov}(X, Y)&=E[(X-EX)(Y-EY)]\\&=E[XY-EX\cdot Y-EY\cdot X+EX\cdot EY]\\&=E(XY)+E[-EX\cdot Y]+E[-EY\cdot X]+E[EX\cdot EY]\\&=E(XY)-EX\cdot EY \qquad (E[cU]=cEU, Ec=c)\end{aligned}$$

和的方差：

$$\mathrm{Var}(X+Y)=\mathrm{Var}(X)+\mathrm{Var}(Y)+2\mathrm{Cov}(X, Y) \tag{11.15}$$

该式来自式(11.14)，对应的关系为 $\mathrm{Var}(X)=E(X^2)-(EX)^2$ 和与 Y 相对应的关系. 只需

249 代换并进行代数运算.

通过归纳，式(11.15)可以推广到两个以上的随机变量：

$$\mathrm{Var}(W_1+\cdots+W_r)=\sum_{i=1}^{r}\mathrm{Var}(W_i)+2\sum_{1\leqslant j<i\leqslant r}\mathrm{Cov}(W_i, W_j) \tag{11.16}$$

11.3.2 示例：委员会示例

让我们求4.4.3节委员会示例中的 $\mathrm{Var}(M)$. 在式(4.51)中，我们把 M 写成指示随机变量的和：

$$M=G_1+G_2+G_3+G_4 \tag{11.17}$$

且对于所有的 i，有

$$P(G_i=1)=\frac{2}{3} \tag{11.18}$$

应该回顾一下为什么这个值对于所有的 i 都是相同的，因为下面将再次使用这个结果. 同时请回顾4.4节.

同理，我们知道 (G_i, G_j) 对所有 $i<j$ 具有相同的二元分布，所以 $\mathrm{Cov}(G_i, G_j)$ 也是如此.

将式(11.16)带入式(11.17)，我们有

$$\mathrm{Var}(M)=4\mathrm{Var}(G_1)+12\mathrm{Cov}(G_1, G_2) \tag{11.19}$$

从式(4.37)中发现第一项很容易得到：

$$\mathrm{Var}(G_1)=\frac{2}{3}\cdot\left(1-\frac{2}{3}\right)=\frac{2}{9} \tag{11.20}$$

那么，$\mathrm{Cov}(G_1, G_2)$ 呢？方程(11.14)在这里很方便：

$$\mathrm{Cov}(G_1, G_2)=E(G_1G_2)-E(G_1)E(G_2) \tag{11.21}$$

式(11.21)的第一项是

$$\begin{aligned}E(G_1G_2)&=P(G_1=1 \text{ 且 } G_2=1)\\&=P(\text{第一次和第二次都抽中男性})\\&=\frac{6}{9}\cdot\frac{5}{8}\\&=\frac{5}{12}\end{aligned}$$

同样从4.4节可以得到式(11.21)的第二项

$$\left(\frac{2}{3}\right)^2=\frac{4}{9} \tag{11.22}$$

剩下的就是把这些代入式(11.19)中，留给读者自己计算.

250

11.4 相关性

协方差是度量 X 和 Y 同时变化多大或多小的程度度量方法，但很难确定给定的协方差值是否“大”. 例如，如果我们以英尺为单位测量长度，然后更改为以英寸为单位，那么式(11.11)表明协方差将增加到 $12^2=144$. 所以，根据变量的标准差来调整协方差是有意义的. 因此，两个随机变量 X 和 Y 之间相关系数的定义为

$$\rho(X, Y)=\frac{\mathrm{Cov}(X, Y)}{\sqrt{\mathrm{Var}(X)}\sqrt{\mathrm{Var}(Y)}} \tag{11.23}$$

相关系数是无单位的，也就是说，不涉及像英尺、磅等单位. 可以证明：

- $-1 \leqslant \rho(X, Y) \leqslant 1$.
- $|\rho(X, Y)|=1$ 当且仅当 X 和 Y 彼此之间恰好是线性函数，即 $Y=cX+d$，其中 c 和 d 为某些常数.

因此协方差不仅给出了一个无量纲的量(即无单位的量)，而且还给出了一个范围在 251 $[-1, 1]$中的量. 这有助于我们识别什么是“大”相关、什么是“小”相关.

11.4.1　样本估计

在统计背景下，例如第 7 章，协方差和相关系数是总体的统计量. 我们如何使用样本值来估计它们呢?

像前面一样，我们使用样本分析法. 在定义(11.10)中，把“$E()$”视为“取总体的平均值”. 与在样本中的分析一样，我们取样本平均值. 因此，对于数据(X_1, Y_1)，…，(X_n, Y_n)，定义样本协方差和 $\rho(X, Y)$的样本估计为

$$\widehat{\text{Cov}}(X, Y)=\frac{1}{n}\sum_{i=1}^{n}(X_i-\overline{X})(Y_i-\overline{Y}) \tag{11.24}$$

相关系数则是协方差除以样本标准差：

$$\rho(\widehat{X, Y})=\frac{\widehat{\text{Cov}}(X, Y)}{s_X s_Y} \tag{11.25}$$

11.5　独立随机变量集

回顾 3.3 节：

定义 23　如果对于任何集合 I 和 J，事件$\{X$ 在 I 中$\}$与事件$\{Y$ 在 J 中$\}$是独立的，则随机变量 X 和 Y 是独立的，即 $P(X$ 在 I 中且 Y 在 J 中$)=P(X$ 在 I 中$)P(Y$ 在 J 中$)$.

从直观上看，独立仅仅意味着对 X 值的了解并不能告诉我们 Y 值的任何信息，反之亦然. 通过假设随机向量 $X=(X_1, \cdots, X_k)$中的 X_i 是独立的，可以获得很好的数学可处理性. 在许多应用中，这是一个合理的假设.

11.5.1　邮寄筒

在接下来的几节中，我们将讨论独立随机变量的一些常用性质. 为了简单起见，考虑 252 情况 $k=2$ 时，即 X 和 Y 是独立的(标量)随机变量.

11.5.1.1　期望值因子

如果 X 和 Y 是独立的，那么

$$E(XY)=E(X)E(Y) \tag{11.26}$$

11.5.1.2　协方差为 0

如果 X 和 Y 是独立的，我们有

$$\text{Cov}(X, Y)=0 \tag{11.27}$$

因此，相关系数也为零，即 $\rho(X, Y)=0$. 从式(11.26)和式(11.14)可得.

然而，反过来是错的. 一个反例是在单位圆盘上服从均匀分布的一对随机变量(X, Y)，其中$\{(s, t): s^2+t^2\leqslant 1\}$. 因为$X$和$Y$的分布关于$(0, 0)$对称，显然$0=E(XY)=EX=EY$，所以由式(11.14)可知$\mathrm{Cov}(X, Y)=0$.

但是X和Y显然不是独立的. 例如，如果我们知道$X>0.8$，那么$Y^2<1-0.8^2$，因此$|Y|<0.6$. 如果X和Y是独立的，那么对X的了解就不应该告诉我们关于Y的任何信息，但这里并不是这样的，因此它们不是独立的. 如果我们知道X和Y服从二元正态分布(12.1 节)，那么协方差为零确实意味着它们是独立的.

11.5.1.3　方差相加

如果X和Y是独立的，那么我们有

$$\mathrm{Var}(X+Y)=\mathrm{Var}(X)+\mathrm{Var}(Y) \tag{11.28}$$

从式(11.15)和式(11.26)可得此结果.

253

11.6　矩阵形式

(注意，在附录 B 中有矩阵代数的回顾.)

在处理多元分布时，一些非常凌乱的方程可以通过矩阵代数进行简化. 我们将在这里介绍一下. 在本节中，考虑一个随机向量$\boldsymbol{W}=(W_1, \cdots, W_k)'$，其中“′”表示矩阵的转置，而不带“′”的向量表示行向量.

11.6.1　邮寄筒：均值向量

在统计学中，我们经常需要求随机向量线性组合的协方差矩阵.

定义 24　将$\boldsymbol{W}$的期望值被定义为向量

$$E\boldsymbol{W}=(EW_1, \cdots, EW_k)' \tag{11.29}$$

分量的线性意味着向量的线性：

对于任何标量常数c和d，以及任何随机向量$\boldsymbol{V}$和$\boldsymbol{W}$，我们有

$$E(c\boldsymbol{V}+d\boldsymbol{W})=cE\boldsymbol{V}+dE\boldsymbol{W} \tag{11.30}$$

这里的乘法和相等都是向量意义上的.

同样，乘以常数矩阵因子：

如果$\boldsymbol{A}$是一个k列的非随机矩阵，那么$\boldsymbol{AW}$是一个新的随机向量，即

$$E(\boldsymbol{AW})=\boldsymbol{A}E\boldsymbol{W} \tag{11.31}$$

11.6.2　协方差矩阵

从我们之前讨论过的随机变量到现在的随机向量，我们发现其期望值和以前一样. 那方差呢？适当的扩展如下.

254

定义 25　$\boldsymbol{W}=(W_1, \cdots, W_k)'$的协方差矩阵$\mathrm{Cov}(\boldsymbol{W})$是一个$k\times k$矩阵，其中第$(i, j)$项为$\mathrm{Cov}(W_i, W_j)$.

注意，式(11.13)意味着矩阵的对角线元素是W_i的方差，并且协方差矩阵是对称的.

如你所见，在统计世界中，Cov()表示法是“重载的”(overloaded)，如果它有两个参

数，则它表示两个变量之间的普通协方差. 如果它只有一个参数，则它就是由变量中所有分量对应的协方差组成的协方差矩阵. 当人们指矩阵形式时，他们总说“协方差矩阵”，而不仅仅是“协方差”.

协方差矩阵只是对普通协方差进行简化运算的一种方法. 下面是它的一些重要性质.

11.6.3 邮寄筒：协方差矩阵

假设 c 是常数标量. 那么 $c\boldsymbol{W}$ 像 $\boldsymbol{W}$ 一样，是一个 k 维的随机向量，且

$$\mathrm{Cov}(c\boldsymbol{W})=c^2\mathrm{Cov}(\boldsymbol{W}) \tag{11.32}$$

假设 $\boldsymbol{V}$ 和 $\boldsymbol{W}$ 是独立的随机向量，这意味着 $\boldsymbol{V}$ 中的每个分量都独立于 $\boldsymbol{W}$ 的每个分量.（但这并不意味着 $\boldsymbol{V}$ 中的每个分量彼此独立，$\boldsymbol{W}$ 也是如此.）那么

$$\mathrm{Cov}(\boldsymbol{V}+\boldsymbol{W})=\mathrm{Cov}(\boldsymbol{V})+\mathrm{Cov}(\boldsymbol{W}) \tag{11.33}$$

当然，对于任意一个(非随机)独立的随机向量的和该式也成立.

与式(4.4)类似，对于任意随机向量 $\boldsymbol{Q}$，

255

$$\mathrm{Cov}(\boldsymbol{Q})=E(\boldsymbol{QQ}')-E\boldsymbol{Q}(E\boldsymbol{Q})' \tag{11.34}$$

假设 $\boldsymbol{A}$ 是一个 $r\times k$ 非随机矩阵. 那么 $\boldsymbol{AW}$ 是一个 r 维随机向量，它的第 i 个元素是 $\boldsymbol{W}$ 元素的线性组合. 因此我们有

$$\mathrm{Cov}(\boldsymbol{AW})=\boldsymbol{A}\,\mathrm{Cov}(\boldsymbol{W})\boldsymbol{A}' \tag{11.35}$$

一个重要的特殊情况是 $\boldsymbol{A}$ 只包含一行. 在这种情况下，$\boldsymbol{AW}$ 是长度为 1 的向量——标量！它的协方差矩阵(大小为 1×1)也就是这个标量的方差. 换句话说，假设我们有一个随机向量 $\boldsymbol{U}=(U_1, \cdots, U_k)'$，且我们对 $\boldsymbol{U}$ 中元素的线性组合的方差感兴趣，即

$$Y=c_1U_1+\cdots+c_kU_k \tag{11.36}$$

其中常数向量 $\boldsymbol{c}=(c_1, \cdots, c_k)$. 那么

$$\mathrm{Var}(Y)=\boldsymbol{c}'\mathrm{Cov}(\boldsymbol{U})\boldsymbol{c} \tag{11.37}$$

具体细节如下：从矩阵的角度可知式(11.36)可以表示为 $\boldsymbol{AU}$，其中 $\boldsymbol{A}$ 是由 $\boldsymbol{c}'$ 组成的一个行矩阵. 因此式(11.35)给出了式(11.36)的右侧，那左侧呢？

在本文中，$\boldsymbol{Y}$ 是一个元素的向量(Y_1). 因此，它的协方差矩阵为 1×1，根据定义 25，它的唯一元素是 $\mathrm{Cov}(Y_1, Y_1)$. 此时 $\mathrm{Cov}(\boldsymbol{Y}, \boldsymbol{Y})=\mathrm{Var}(\boldsymbol{Y})$.

11.7 协方差矩阵的样本估计

对于一组向量形式的随机样本 $\boldsymbol{X}_1, \cdots, \boldsymbol{X}_n$，

256

$$\widehat{\mathrm{Cov}}(\boldsymbol{X})=\sum_{i=1}^{n}\boldsymbol{X}_i\boldsymbol{X}_i'-\overline{\boldsymbol{X}}\overline{\boldsymbol{X}}' \tag{11.38}$$

其中

$$\overline{\boldsymbol{X}}=\sum_{i=1}^{n}\boldsymbol{X}_i \tag{11.39}$$

例如，假设我们有人们身高、体重和年龄的数据. 那么 $\boldsymbol{X}_1$ 是样本中第一个人的身高、体重和年龄，$\boldsymbol{X}_2$ 是第二个人的身高、体重和年龄，依此类推.

11.7.1 示例：Pima 数据

回顾7.8节中的Pima糖尿病数据. 为简单起见，我们只关注葡萄糖、血压和胰岛素. 它们的总体协方差矩阵为3×3矩阵，我们可以使用R的cov()函数来估计：

```
> p1 <- pima[,c(2,3,5)]
> cov(p1)
            Gluc        BP      Insul
Gluc  1022.24831  94.43096  1220.9358
BP      94.43096 374.64727   198.3784
Insul 1220.93580 198.37841 13281.1801
```

或者，我们可以估计相关矩阵

```
> cor(p1)
           Gluc         BP      Insul
Gluc  1.0000000 0.15258959 0.33135711
BP    0.1525896 1.00000000 0.08893338
Insul 0.3313571 0.08893338 1.00000000
```

11.8 数学补充

11.8.1 卷积

定义26 假设 g 和 h 分别是连续且独立的随机变量 X 和 Y 的概率密度函数. g 和 h 的卷积表示为 $g*h$，是另一个概率密度函数，我们将其定义为随机变量 $Z=X+Y$ 的卷积. 换句话说，卷积是对所有密度函数的二元运算.

257

如果 X 和 Y 是非负的，那么卷积简化为

$$f_Z(t)=\int_0^t g(s)h(t-s)\mathrm{d}s \tag{11.40}$$

你可以通过考虑离散的情况来获得直觉. 假设 U 和 V 是非负整数值随机变量，并设 $W=U+V$. 我们计算 p_W：

$$\begin{aligned}
p_W(k)&=P(W=k) && \text{(根据定义)} \quad (11.41)\\
&=P(U+V=k) && \text{(替换)} \quad (11.42)\\
&=\sum_{i=0}^{k} P(U=i \text{ 且 } V=k-i) && \quad (11.43)\\
&=\sum_{i=0}^{k} P(U=i)P(V=k-i) && \quad (11.44)\\
&=\sum_{i=0}^{k} p_U(i)p_V(k-i) && \quad (11.45)
\end{aligned}$$

回顾6.5节中关于连续型随机变量的密度和pmf之间的类比，然后看看式(11.40)与式(11.41)到式(11.45)之间的类比：

- 式(11.41)中的 k 类似于式(11.40)中的 t.
- 式(11.45)中从0到 k 求和类似于式(11.40)中从0到 t 的积分.
- 式(11.45)中的 $k-i$ 类似于式(11.40)中的 $t-s$.
- 以此类推.

1.8.1.1 示例：备用电池

假设我们有一台便携式机器，它有两个电池. 主电池的寿命 X 均值为 2.0 小时，备用电池的寿命 Y 均值为 1 小时. 一旦第一个电池没电了，就用第二个电池替换. 电池的寿命服从指数分布，且相互独立. 让我们计算 W 的概率密度，也就是系统运行的时间(即两个电池的寿命之和).

258

回想一下，如果两个电池具有的平均寿命相同，W 将服从伽马分布. 但是这里不属于这种情况，我们可以注意到 W 的分布是两个指数密度函数的卷积，因为是两个非负独立的随机变量的和. 利用式(11.40)，我们有

$$f_W(t)=\int_0^t f_X(s)f_Y(t-s)\mathrm{d}s=\int_0^t 0.5\mathrm{e}^{-0.5s}\mathrm{e}^{-(t-s)}\mathrm{d}s=\mathrm{e}^{-0.5t}-\mathrm{e}^{-t},\quad 0<t<\infty \tag{11.46}$$

11.8.2 变换方法

我们经常使用函数变换的思想. 例如，你可能在数学或者工程学课程上见过拉普拉斯变换. 但是我们在这里看到的变换与此不同，这里只是改变了变量.

这个技巧在这里将用来证明：如果 X 和 Y 是独立的，那么对于服从泊松分布的随机变量，它们的和仍服从泊松分布.

11.8.2.1 生成函数

这里我们将讨论其中一种变换——生成函数. 对于任何非负整数值随机变量 V，其生成函数为

$$g_V(s)=E(s^V)=\sum_{i=0}^{\infty}s^i p_V(i),\quad 0\leqslant s\leqslant 1 \tag{11.47}$$

259

例如，假设 N 服从参数为 p 的几何分布，使得 $p_N(i)=(1-p)^{i-1}p$，$i=1,2,\cdots$，那么

$$g_N(s)=\sum_{i=1}^{\infty}s^i\cdot(1-p)^{i-1}p \tag{11.48}$$

$$=\frac{p}{1-p}\sum_{i=1}^{\infty}s^i\cdot(1-p)^i \tag{11.49}$$

$$=\frac{p}{1-p}\frac{(1-p)s}{1-(1-p)s)} \tag{11.50}$$

$$=\frac{ps}{1-(1-p)s} \tag{11.51}$$

为什么把 s 限制在区间[0，1]? 答案是如果 $s>1$，那么式(11.47)中的级数可能不收敛. 当 $0\leqslant s\leqslant 1$ 时，此级数收敛. 请注意，如果 $s=1$，那么所有概率的和为 1.0. 如果非负 s 小于 1，那么 s^i 也将小于 1，所以我们仍然有收敛性.

顾名思义，生成函数的一个用途是生成有关随机变量的概率值. 换句话说，如果你有生成函数，但不知道概率，那么你可以从函数中求得概率. 原因如下：为了表达更清晰，式(11.47)可写为

$$g_V(s)=P(V=0)+sP(V=1)+s^2P(V=2)+\cdots \tag{11.52}$$

把 $s=0$ 代入这个方程，我们有

$$g_V(0)=P(V=0) \tag{11.53}$$

因此，我们可以从生成函数中得到 $P(V=0)$. 现在对式(11.47)关于 s 求导[㊀]，我们有

$$g'_V(s)=\frac{\mathrm{d}}{\mathrm{d}s}[P(V=0)+sP(V=1)+s^2P(V=2)+\cdots]$$
$$=P(V=1)+2sP(V=2)+\cdots \tag{11.54}$$

因此，我们可以从 $g'_V(0)$中得到 $P(V=1)$，并且可以以类似的方式从高阶导数中计算出其他概率.

260

请注意：

$$g'_V(s)=\frac{\mathrm{d}}{\mathrm{d}s}E(s^V)=E(Vs^{V-1}) \tag{11.55}$$

因此

$$g'_V(1)=EV \tag{11.56}$$

换言之，我们也可以使用生成函数来求均值. 另外，如果 X 和 Y 是独立的，那么 $g_{X+Y}=g_X g_Y$.（练习 11.）

11.8.2.2 独立的泊松随机变量之和仍为泊松分布

假设数据包从两个独立的链路进入网络节点，其计数为 N_1 和 N_2，服从均值为 μ_1 和 μ_2 的泊松分布. 让我们用变换的方法求出 $N=N_1+N_2$ 的分布.

我们首先需要求出泊松分布的生成函数，假设服从泊松分布的随机变量 M 其均值为 λ：

$$g_M(s)=\sum_{i=0}^{\infty}s^i\frac{\mathrm{e}^{-\lambda}\lambda^i}{i!}=\mathrm{e}^{-\lambda+\lambda_s}\sum_{i=0}^{\infty}\frac{\mathrm{e}^{-\lambda_s}(\lambda_s)^i}{i!} \tag{11.57}$$

那么其和的 pmf 服从均值为 λ_s 的泊松分布，因此其和为 1.0. 换句话说

$$g_M(s)=\mathrm{e}^{-\lambda+\lambda_s} \tag{11.58}$$

所以我们有

$$g_N(s)=g_{N_1}(s)g_{N_2}(s)=\mathrm{e}^{-\upsilon+\upsilon s} \tag{11.59}$$

其中 $\upsilon=\mu_1+\mu_2$.

但是式(11.59)中的最后一个表达式也是泊松分布的生成函数！由于分布和变换之间存在一对一的对应关系，我们可以得出结论：N 服从参数为 υ 的泊松分布. 我们当然知道 N 有均值 υ，但不知道 N 服从泊松分布.

261

所以两个独立的服从泊松分布的随机变量之和仍服从泊松分布. 通过数学归纳可知，k 个独立的服从泊松分布的随机变量的和也服从泊松分布.

11.9 练习

数学问题

1. 设 X 和 Y 表示同时掷两个骰子时得到的点数. 求 $\rho(X, S)$，其中 $S=X+Y$.

㊀ 在这里和后面，为了数学上的严谨，我们需要证明改变求和与微分的顺序是正确的.

2. 在 11.1.1 节的弹珠示例中，求 $\mathrm{Cov}(Y, B)$.
3. 考虑 7.3.1 节玩具总体的示例，假设我们不放回地随机抽取 2 个样本. 求 $\mathrm{Cov}(X_1, X_2)$.
4. 假设 (X, Y) 的概率密度函数为

$$f_{X,Y}(s, t)=8st, \quad 0<t<s<1 \tag{11.60}$$

求 $P(X+Y>1)$、$f_Y(t)$ 和 $\rho(X, Y)$.
5. 假设 X 和 Y 是独立的，其概率密度在(0, 1)内为 $2t$，其他地方为 0. 求 $f_{X+Y}(t)$.
6. 利用式(11.58)，验证由生成函数计算的 $P(M=0)$、$P(M=1)$ 和 EM 的值是否正确.
7. 在 5.4.1.2 节的停车场示例中，求 $\mathrm{Cov}(D, N)$.
提示：你需要计算像式(5.14)这样的表达式，并进行一些代数运算.
8. 假设随机变量 X 服从负二项分布，其中 $r=3$，$p=0.4$. 求该分布的偏度 $E[((X-\mu)/\sigma)^3]$，其中 μ 和 σ 分别是均值和标准差.
提示：回想一下负二项随机变量可以写成独立几何随机变量之和. 你需要复习 5.4.1 节.

262

9. 假设随机变量 X 是分类的变量，取值为 1，2，…，c，其中 i 表示第 i 类，例如，X 可能表示从世界上随机选择的一家公司的国际电话代码，如美国的 1 和中国香港地区的 852. 设 $p_i=P(X=i)$，$i=1$，…，c. 假设我们有一个来自这个分布的随机样本 X_1，…，X_n，其中 N_j 表示 X_i 中等于 j 的个数. 我们用 $\hat{p}_j=N_j/n$ 来估计 p_j.
用 p_j 和 n 来表示 $\hat{p}=(\hat{p}_1, \cdots, \hat{p}_c)$ 的协方差矩阵第 (i, j) 元素为

$$\sum\nolimits_{ij}=\begin{cases}-np_ip_j, & i\neq j\\ np_i(1-p_i), & i=j\end{cases} \tag{11.61}$$

提示：定义一组与 5.4.2 节中服从伯努利分布的随机变量相似的量 W_1，…，W_n，每个向量的长度为 c，如下所示. 假设 $X_i=j$，那么 W_i 在分量 j 中定义为 1，在其他地方定义为 0. 换句话说，对于每个固定的 j，第 j 类的标量 W_{1j}，…，W_{nj} 都是指示变量. 现在将式(11.30)和式(11.33)用于

$$T=\sum_{i=1}^{n}W_i \tag{11.62}$$

且我们可以利用 W_{ij} 是指示变量这一事实.
10. 利用练习题 9 的结果去求式(8.24)中的

$$\mathrm{Var}(\hat{F}_X(t_1)-\hat{F}_X(t_2)) \tag{11.63}$$

你的表达式中应该包含 $F_X(t_i)$，$i=1$，2.
11. 假设 X 和 Y 是非负的取整数值的随机变量. 证明 $g_{X+Y}=g_Xg_Y$.
12. 使用式(11.41)中的卷积计算，给出 11.8.2.2 节结果的另一种推导.

计算和数据问题

13. 在 7.8 节的 BMI 数据中，求总体中 BMI 和血压之间的相关系数的样本估计值.
14. 考虑 7.8 节的 Pima 数据. 会发现数据集中包含大量的异常值/错误(7.12.2 节). 在这里，我们分别查看了数据列，但是也有一些方法可以查看整体数据，例如马氏距离，定义如下：

263

对于均值为 μ 且协方差矩阵为 $\boldsymbol{\Sigma}$ 的随机向量 $\boldsymbol{W}$. 距离为

$$d=(\boldsymbol{W}-\mu)'\boldsymbol{\Sigma}^{-1}(\boldsymbol{W}-\mu) \tag{11.64}$$

（从技术上讲，我们应该使用$\sqrt{d}$，但我们通常忽略这一点.）请注意，这是一个随机变量，因为$\boldsymbol{W}$是随机的.

现在假设我们有一个来自总体的简单随机样本W_1，…，W_n. 对于每个数据点，我们可以求得

$$d_i=(W_i-\hat{\mu})'\hat{\boldsymbol{\Sigma}}^{-1}(W_i-\hat{\mu}) \tag{11.65}$$

如果数据点的距离值高得可疑，则会考虑该数据点是否存在可能的错误等.

将这种思想应用到Pima数据中，并看看距离较大的点是否有无效的0值.

15. 从CRAN上的`freqparcoord`包中获取数据集`prgeng`. 求男性年龄和收入之间的样本相关性，然后对女性进行同样的研究. 然后回答：你认为这种差异是否反映在总体中？如果是，为什么？（不幸的是，$\hat{\rho}$的标准误差没有现成的公式.）

264

第 12 章　多元正态分布

直观地讲，就像一元正态分布的钟形结构一样，多元正态分布的概率密度函数也呈多维钟形结构.

12.1　概率密度

让我们先看看有两个随机变量的情况. 如果 X 和 Y 概率密度如式(12.1)所示，那么 X 和 Y 的联合分布被称为二元正态分布.

$$f_{X,Y}(s, t)=\frac{1}{2\pi\sigma_1\sigma_2\sqrt{1-\rho^2}}\mathrm{e}^{-\frac{1}{2(1-\rho^2)}\left[\frac{(s-\mu_1)^2}{\sigma_1^2}+\frac{(t-\mu_2)^2}{\sigma_2^2}-\frac{2\rho(s-\mu_1)(t-\mu_2)}{\sigma_1\sigma_2}\right]},\quad -\infty<s, t<\infty \tag{12.1}$$

上面的密度表达式看起来很可怕，事实上确实如此. 不过别担心，因为我们不会直接处理这个问题. 这个概念很重要，如下所示.

265

首先，注意这里的参数 μ_1、μ_2、σ_1 和 σ_2 分别是 X 和 Y 的平均值和标准差，而 ρ 是 X 和 Y 的相关系数. 因此，在这个分布中我们有 5 个参数.

更一般的情况下，多元正态分布是参数化的，其参数由均值 $\boldsymbol{\mu}$ 和协方差矩阵 $\boldsymbol{\Sigma}$ 组成. 具体地说，假设随机变量 $\boldsymbol{X}=(X_1, \cdots, X_k)'$ 服从 k 元正态分布，那么它的密度是：

$$f_{\boldsymbol{X}}(\boldsymbol{t})=c\,\mathrm{e}^{-0.5(\boldsymbol{t}-\boldsymbol{\mu})'\boldsymbol{\Sigma}^{-1}(\boldsymbol{t}-\boldsymbol{\mu})} \tag{12.2}$$

其中 c 是一个常数，它需要使概率密度函数的积分为 1.0. 因此，c 的值为

$$c=\frac{1}{(2\pi)^{k/2}\sqrt{\det(\boldsymbol{\Sigma})}} \tag{12.3}$$

但是我们永远不会用这个地方.

这里$'$表示矩阵转置，-1 表示矩阵求逆，det()表示矩阵求行列式. 注意 $\boldsymbol{t}$ 是一个 $k\times1$ 阶向量.

因为矩阵是对称的，所以此分布的协方差矩阵中有 $k(k+1)/2$ 个不同的参数，而平均值向量中还有 k 个参数，所以在此 k 元正态分布中一共有 $k(k+3)/2$ 个参数.

12.2　几何解释

现在，让我们来看看由 R 代码生成的一些图片，这些图片是从以前 R 的图库中修改而来的，不过现在很不幸的是这些图片已经失效了. 后文中两个图片都是二元正态分布的概率密度图，其中 $E(X_1)=E(X_2)=0$，$\mathrm{Var}(X_1)=10$，$\mathrm{Var}(X_2)=15$，X_1 和 X_2 之间的相关系数 ρ 的值是变化的. 图 12.1 是 $\rho=0.2$ 的情况.

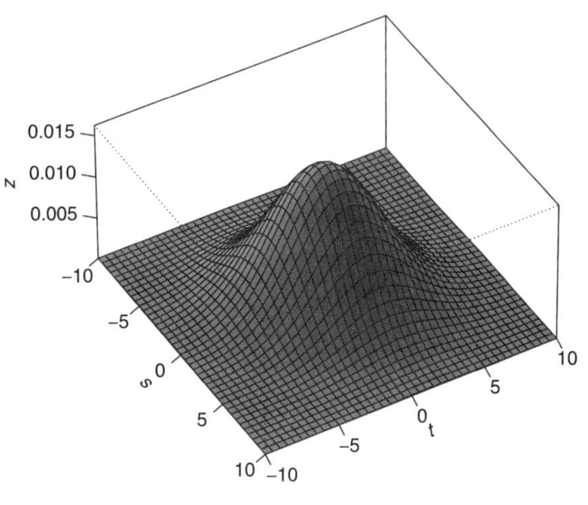

图 12.1　二元正态分布的概率密度，$\rho=0.2$

概率密度函数表面是钟形的，即便现在是二维的而不是一维的. 同样，曲面上任何一点(s, t)处的高度指的是二维随机变量(X_1, X_2)落到(s, t)处的可能性. 例如，假设 X_1 表示身高，X_2 表示体重. 如果(70，150)(即身高 70 英寸，体重 150 磅)处曲面是比较高的，则意味着有很多人的身高和体重都接近这组数值. 如果曲面在那里相对较低，那么表示很少有人的身高和体重接近这组数值.

266
~
267

此时，把图 12.1 与图 12.2 相比较，其中图 12.2 的 $\rho=0.8$. 我们同样看到一个钟形结构，但是此时钟形是"更窄的". 事实上，你可以看到当 X_1(即 s)变大时，$X_2(t)$也趋向于变大，变小的情况类似. 相比之下，曲面在点(5，5)附近远高于点(5，−5)附近，这表明随机向量(X_1, X_2)在点(5，5)附近的概率远高于在点(5，−5)附近.

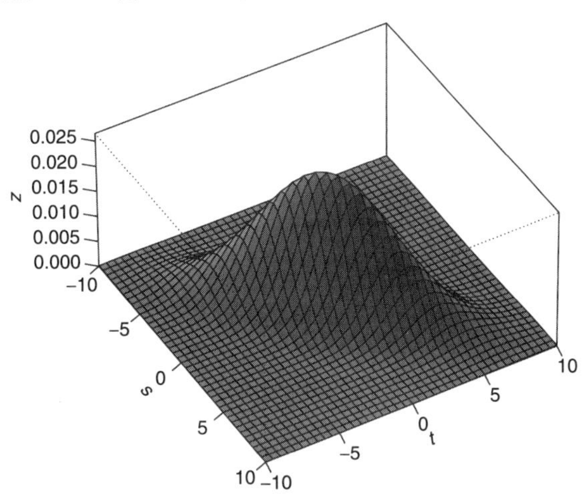

图 12.2　二元正态分布的概率密度，$\rho=0.8$

所有这些反映了这两个随机变量之间是高度相关的(相关系数为 0.8). 如果我们继续将

ρ 增加到 1.0，我们会看到钟形会变得越来越窄，X_1 和 X_2 越来越接近线性关系，可以通过下式证明出

268

$$X_1-\mu_1=\frac{\sigma_1}{\sigma_2}(X_2-\mu_2) \tag{12.4}$$

在这种情况下，会有

$$X_1=\sqrt{\frac{10}{15}}X_2=0.82X_2 \tag{12.5}$$

12.3 R 函数

在 mvtnorm 库中，R 提供了很多计算分布概率的函数，其中包括正态分布. 特别有趣的是 R 中的 pmvnorm() 函数，它用于计算多元正态分布的随机向量落在“矩形”区域的概率. 我们将在此函数中使用下列参数：

- mean：均值向量
- sigma：协方差矩阵
- lower，upper：感兴趣的多维“矩形”区域的边界

因为多元正态分布的特征是由均值向量和协方差矩阵刻画，所以上面的前两个参数不应该让你吃惊. 但另外两个是什么呢？

该函数可以通过我们给出的参数 lower 和 upper 值求出随机变量落入我们指定的多维矩形区域的概率. 例如，假设我们有一个三元正态分布随机向量 $(U, V, W)'$，我们想计算

$$P(1.2<U<5 \text{ 且 } -2.2<V<3 \text{ 且 } 1<W<10) \tag{12.6}$$

那么参数 lower 为(1.2，−2.2，1)，upper 为(5，3，10).

请注意，这些值通常是通过 R 的 c() 函数指定，但默认值是循环使用 - Inf 和 inf，即 R 的内置常数 $-\infty$ 和 $+\infty$.

一种重要的特殊情况是我们指定上界 upper，但是下界 lower 是默认值，因此这种概率形式的计算为

269

$$P(W_1\leqslant c_1, \cdots, W_r\leqslant c_r) \tag{12.7}$$

库中的 rmvnorm() 函数，用于生成服从多元正态分布的随机数. 调用方法为

```
rmvnorm(n,mean,sigma)
```

从指定的均值和协方差的多元正态分布中生成 n 个随机向量.

12.4 特殊情况：新变量是一个随机向量的单一线性组合

假设向量 $\boldsymbol{U}=(U_1, \cdots, U_k)$ 具服从 k 元正态分布，我们构造一个标量

$$Y=c_1U_1+\cdots+c_kU_k \tag{12.8}$$

那么 Y 服从一元正态分布，其(精确)方差由式(11.37)给出. 它的平均值由式(11.31)得到. 然后，我们可以对一元正态分布使用 R 函数，例如 pnorm().

12.5 多元正态分布的性质

定理 27 设 $\boldsymbol{X}=(X_1, \cdots, X_k)'$服从均值向量为 $\boldsymbol{\mu}$，协方差矩阵为 $\boldsymbol{\Sigma}$ 的多元正态分布. 那么

(a) f_X 的轮廓是 k 维的椭球体. 例如，在 $k=2$ 的情况下，我们可以将 X 的密度函数可视化为一个三维曲面，钟形曲面上具有相同高度的点(如地形图)围成的闭环是椭圆形的. X_1 和 X_2 之间的相关性越大(绝对值意义上的)，椭圆越长. 当相关性的绝对值等于 1 时，椭圆退化为一条直线.

270

(b) 设 $\boldsymbol{A}$ 为有 k 列的常数(即非随机)矩阵. 那么随机变量 $\boldsymbol{Y}=\boldsymbol{AX}$ 也是一个多元正态分布[⊖].

由式(11.31)和式(11.35)可知，这个新的正态分布的参数为 $E(\boldsymbol{Y})=\boldsymbol{A\mu}$，$\mathrm{Cov}(\boldsymbol{Y})=\boldsymbol{A\Sigma A}'$.

(c) 如果 $U_1, \cdots, U_m$ 中的每一个都是服从一元正态分布的，且它们是相互独立的，那么它们的联合形式$(U_1, \cdots, U_m)$服从多元正态分布(不过，一般来说，具有正态分布的 U_i 的联合分布并不意味着服从多元正态分布.)

(d) 设 $\boldsymbol{W}$ 是多元正态分布. 在给定部分分量的条件下，$\boldsymbol{W}$ 的其余分量也服从多元正态分布.

(b) 部分有一些重要的含义：

(i) 低维的边缘分布也是多元正态分布. 例如，如果 $k=3$，那么$(X_1, X_3)'$服从二元正态分布. 在根据上面的(b)中性质，可以通过设置 $\boldsymbol{A}$ 为

$$\boldsymbol{A}=\begin{bmatrix}1 & 0 & 0\\ 0 & 0 & 1\end{bmatrix} \tag{12.9}$$

来看.

(ii) X 的标量线性组合是正态分布. 换句话说，对于常量 $a_1, \cdots, a_k$，设 $\boldsymbol{a}=(a_1, \cdots, a_k)'$，那么量 $Y=a_1X_1+\cdots+a_kX_k$ 是一个均值为 $\boldsymbol{a}'\boldsymbol{\mu}$，方差为 $\boldsymbol{a}'\boldsymbol{\Sigma a}$ 一元正态分布.

(iii) 向量的线性组合仍然是多元正态分布. 同样以 $k=3$ 为例，考虑$(U, V)'=(X_1-X_3, X_2-X_3)$. 然后设

$$A=\begin{bmatrix}1 & 0 & -1\\ 0 & 1 & -1\end{bmatrix} \tag{12.10}$$

(iv) 对于所有分量都是常量 r 的向量 c，当且仅当 $\boldsymbol{c}'\boldsymbol{X}$ 是一元正态分布时，具有分量 r 的随机变量 $\boldsymbol{X}$ 服从多元正态分布.

271

12.6 多元中心极限定理

中心极限定理(CLT)在多元情况下也成立. 即独立同分布(iid)的随机变量之和近似服从多元正态分布. 定理如下：

定理 28 设 $\boldsymbol{X}_1, \boldsymbol{X}_2\cdots$是相互独立的随机向量，均服从相同的分布，其均值向量为 $\boldsymbol{\mu}$，协方差矩阵为 $\boldsymbol{\Sigma}$. 由其形成新随机向量 $\boldsymbol{T}=\boldsymbol{X}_1+\cdots+\boldsymbol{X}_n$. 当 n 充分大时，$\boldsymbol{T}$ 近似服从均值为 $n\boldsymbol{\mu}$、协方差矩阵为 $n\boldsymbol{\Sigma}$ 的多元正态分布.

⊖ 请注意，这是 9.1.1 节仿射变换内容的推广.

举个例子，由于人的身体由许多不同的部分组成，CLT(一个非独立、非同一版本的CLT)直观地解释了为什么身高和体重近似服从二元正态分布. 身高的直方图看起来近似钟形，而且体重的直方图也是如此. 沿“Z”轴绘制频率，而“X”和“Y”轴分别对应身高和体重，那么此时三维直方图将近似于三维钟形图.

从上述性质(iv)可以很容易地证明多元CLT. 假设我们有一组iid的随机向量的和：

$$\boldsymbol{S}=\boldsymbol{X}_1+\cdots+\boldsymbol{X}_n \tag{12.11}$$

那么

$$\boldsymbol{c}'\boldsymbol{S}=\boldsymbol{c}'\boldsymbol{X}_1+\cdots+\boldsymbol{c}'\boldsymbol{X}_n \tag{12.12}$$

现在，等式右边是独立同分布的标量和(不是向量)，所以一元的CLT是适用的！因此，我们知道对于所有的$\boldsymbol{c}$，等式右侧近似服从正态分布，这意味对于所有的$\boldsymbol{c}$，$\boldsymbol{c}'\boldsymbol{S}$也是近似服从正态分布的，然后根据上面的(iv)可知，$\boldsymbol{S}$近似服从多元正态分布的.

272

12.7　练习

数学问题

1. 在11.5.1.2节中，相关系数等于0并不意味着独立性. 不过，有人提到，如果所涉及的两个随机变量服从二元正态分布，那么这一结果确实成立. 利用事实当且仅当$f_{X,Y}=f_X\cdot f_Y$时，X和Y是独立的来证明此理论是正确的.
2. 考虑第11章的问题9. 假设我们掷骰子600次. 让N_j表示骰子点数是j的次数. 引用多元中心极限定理，求出$P(N_1>100, N_2<100)$的近似值. 提示：使用第11章第9个问题的“虚拟向量”方法.
3. 假设一个长度为p的随机变量$\boldsymbol{W}$服从多元正态分布，其均值为$\boldsymbol{\mu}$，协方差矩阵为$\boldsymbol{\Sigma}$. 只要这个分布不退化，即$\boldsymbol{W}$的任何一个分量不是其他分量的线性组合，那么$\boldsymbol{\Sigma}^{-1}$就存在. 考虑随机变量

$$Z=(\boldsymbol{W}-\boldsymbol{\mu})'\boldsymbol{\Sigma}^{-1}(\boldsymbol{W}-\boldsymbol{\mu}) \tag{12.13}$$

证明Z服从自由度为p的卡方分布. 提示：对$\boldsymbol{\Sigma}$使用PCA分解.

计算与数据问题

4. 考虑7.8节的Pima数据. 探索二元正态分布对这对随机变量的拟合程度. 从数据中估计$\boldsymbol{\mu}$和$\boldsymbol{\Sigma}$，然后使用`pmvnorm()`函数(12.3节)来估计$P(\text{BMI}<c, b.p.<d)$的值，c和d可以取各种值. 将这些估计的概率与相应的样本比例进行比较.
5. 为了进一步说明增强相关性的效果，从均值为$(0, 0)'$且协方差矩阵为

$$\begin{bmatrix} 1 & \rho \\ \rho & 1 \end{bmatrix} \tag{12.14}$$

的二元正态分布中生成一对随机变量$(X_1, X_2)'$. 根据不同的ρ值，通过模拟来估计$P(|X_1-X_2|<0.1)$.

273
~
274

第 13 章　混合分布

Faithful 是 R 的一个内置数据集，它是关于美国黄石国家公园的老实泉数据. 让我们来画出两次喷发之间的等待时间：

```
> plot(density(faithful$waiting))
```

结果如图 13.1 所示. 密度呈双峰型，即有两个峰. 事实上，它的密度函数看起来像是两个正态分布的“结合”. 我们本章将探讨这个概念——混合分布.

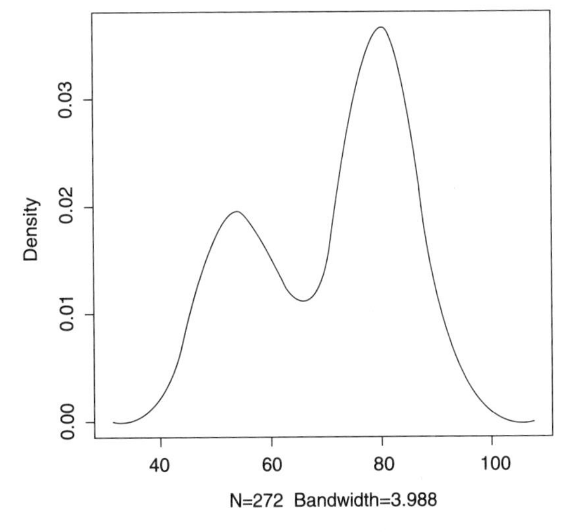

图 13.1　老实泉喷发等待时间

混合分布无处不在，因为数据里总有可以解释的子总体. 如果 H 是表示人的身高，G 表示性别，我们可以发现 H 的分布是双峰的. $H|G=$男性的条件概率密度和 $H|G=$女性的条件概率密度都可能是钟形的，但 H 的无条件概率密度可能是双峰的[⊖].

混合分布概念的很多实用性源于它的应用，特别是在于发现对数据感兴趣方面的应用. 例如，在老实泉数据中，双峰形状很有趣. 难道它是由于地下深处有两种物理过程在起作用？

与以往一样，我们的分析大多基于期望和方差. 但在分析混合分布时，这可能有点难办. 例如，在上面的身高示例中，假设男性人口的平均身高为 70.2 英寸，方差为 5.8，而女性平均身高为 68.8 英寸，方差 5.4. 那么身高的无条件均值和方差是多少？

你可能会猜测身高的平均值是$(70.2+68.8)/2=69.5$，方差是$(5.8+5.4)/2=5.6$. 第一个猜测可能是正确的，但第二个是错误的. 为此，我们首先需要开发一些概率基础结构，称之为迭代期望. 然后我们将它应用于混合分布(当然它还有许多其他应用).

275 ~ 276

13.1　迭代期望

这部分标题很抽象，但内容相当有用的.

13.1.1　条件分布

预测方法(包括最近媒体上大肆宣扬的机器学习方法)的核心是非常基本的条件概率.

⊖ 当然请注意，除了性别之外，我们还可以定义其他子总体，或者将它们组合起来定义.

例如，在医学背景下，根据病人的检查结果，我们希望知道病人患某种疾病的概率. 类似的概念也出现在市场营销中(例如根据用户的点击历史和统计数据分析这个用户会点击这个图标的可能性.)、金融(例如在给定债券近期价格的基础上，估计债券价格可能会上涨多少.)等学科中.

一般来说，条件概率之后的下一步要讨论的是条件分布. 正如我们可以定义二元 pmf 一样，我们也可以定义条件 pmf. 假设我们有随机变量 U 和 V. 以 $P(U=i \mid V=5)$ 为例，当我们改变 i 时，就形成了在给定 $V=5$ 的条件下 U 的条件 pmf.

然后我们可以讨论这些 pmf 中的期望值. 例如，在我们的公共汽车客流量示例(1.1节)中，我们讨论

$$E(L_2 \mid B_1=0) \tag{13.1}$$

就笔记本而言，回忆一下在时间 1 和时间 2 期间观察公共汽车客流量的重复实验. 式(13.1)是在 B_1 列为 0 的所有行中，求 L_2 列值的长期平均值.(顺便说一句，要确保理解为什么式(13.1)的结果是 0.6.)

13.1.2　定理

实际上，关键点是

V 的总体平均值是在给定 U 的条件下，对 V 的条件平均进行加权平均. 权重是 U 的 pmf.

再次注意，$E(V \mid U=c)$ 是“笔记本”中所有 $U=c$ 的行中，V 的长期平均.

正式版本如下：

277

假设我们有随机变量 U 和 V，其中 U 是离散的且 V 有期望值. 那么

$$E(V)=\sum_c P(U=c)E(V \mid U=c) \tag{13.2}$$

其中 c 在 U 的支撑中.

所以，正如式(3.19)中 $E(X)$ 是加权平均值，其权重是相应的概率，我们从这里可以看到无条件平均值是条件平均值的加权平均值.

尽管式(13.2)的形式很吓人，但是它还是有很好的直觉意义. 例如，假设我们想确定一所大学的所有学生平均身高. 每个系都测量自己专业学生的身高，然后报告他们的平均身高. 于是由式(13.2)可知要想得到整个学校学生的总体平均身高，我们应该取所有系内平均数的加权平均数，而权重是每个系的学生人数占全校学生人数的比例. 很明显，我们不希望采用未加权的平均数，因为这将把人数很少的系与人数很多的系视为一样的来计算.

以下是推导过程.

$$EV=\sum_d dP(V=d) \tag{13.3}$$

$$=\sum_d d\sum_c P(U=c \text{ 且 } V=d) \tag{13.4}$$

$$=\sum_d d\sum_c P(U=c)P(V=d \mid U=c) \tag{13.5}$$

$$=\sum_d \sum_c dP(U=c)P(V=d \mid U=c) \tag{13.6}$$

$$= \sum_c \sum_d d P(U=c) P(V=d \mid U=c) \tag{13.7}$$

$$= \sum_c P(U=c) \sum_d d P(V=d \mid U=c) \tag{13.8}$$

$$= \sum_c P(U=c) E(V \mid U=c) \tag{13.9}$$

278

还有一个连续型的版本：

$$E(W) = \int_{-\infty}^{\infty} f_V(t) E(W \mid V=t) \mathrm{d}t \tag{13.10}$$

13.1.3 示例：有奖掷硬币

一个游戏需要掷硬币 k 次. 每次你得到一个正面，就会得到一个奖励投掷，且不计入 k 次中(但是如果你在奖励投掷中也得到正面，那么就不再给你继续奖励投掷的机会了.)让 X 表示你在所有投掷中得到正面的次数，不论它是否是在奖励投掷中得到的. 让我们来计算 X 的期望值.

我们应该小心，不要草率下结论. 这种情况“听起来”像是服从二项分布，但是 X 基于可变的实验次数，所以不符合二项分布的定义. 但是如果让 Y 表示通过非奖励投掷所得到的正面数. 那么 Y 是以 k 和 0.5 为参数的二项分布. 为了找到 X 的期望值，我们将以 Y 为条件.

通过迭代期望的原理很容易得到 EX：

$$EX = \sum_{i=1}^{k} P(Y=i) E(X \mid Y=i) \tag{13.11}$$

$$= \sum_{i=1}^{k} P(Y=i)(i+0.5i) \tag{13.12}$$

$$= 1.5 \sum_{i=1}^{k} P(Y=i) i \tag{13.13}$$

$$= 1.5 EY \tag{13.14}$$

$$= 1.5 \cdot k/2 \tag{13.15}$$

$$= 0.75k \tag{13.16}$$

为了理解第二个等式，请注意如果 $Y=i$，那么 X 就已经包括了这 i 个正面，即 i 个非奖励投掷得到的正面，因为会有 i 次奖励投掷，所以奖励投掷所获得的正面数期望值为 $0.5i$.

读者应该思考如何在没有迭代期望的情况下解决这个问题. 事实上，这会变得相当复杂.

279

13.1.4 条件期望为随机变量

这里我们将得到式(13.2)更著名的版本. 它看起来更抽象，但是非常有用，我们下面讨论的混合分布时就会用到.

考虑式(13.2)的内容. 定义一个如下的新随机变量. 首先，定义 $g(c)=E(V \mid U=c)$. $g()$ 是一个常见的“代数/微积分风格”的函数，所以我们可以用式(3.34). 在这种情况下，式(13.2)表示为

$$EV=E[g(U)] \tag{13.17}$$

最后，定义一个新的随机变量，表示为$E(V|U)$，因为

$$E(V|U)=g(U) \tag{13.18}$$

让我们把它具体化. 假设我们掷硬币，定义M为1表示正面，M为2表示反面. 然后我们掷M个骰子，得到总共X个点数. 那么

$$g(1)=3.5, \quad g(2)=7 \tag{13.19}$$

然后，随机变量$E(X|M)$是3.5和7的概率分别为0.5和0.5.

所以，我们有

$$EV=E[E(V|U)] \tag{13.20}$$

这个版本和之前的版本之间的区别更多的是符号的变化而不是本质内容的变化，但是它使事情变得更容易，我们会在后面看到.

13.1.5 方差会怎么样

方程(13.20)可用于表示式(13.2)的方差版本：

$$\mathrm{Var}(V)=E[\mathrm{Var}(V|U)]+\mathrm{Var}[E(V|U)] \tag{13.21}$$

这似乎有违直觉. 第一项似乎是式(13.20)的一个似是而非的类比，但是第二项为什么是这样呢？回想一下式(13.2)后面的讨论. 那所大学的身高的总方差应该包括系内部方差的平均，当然也应该考虑到不同系之间方差，所以有了第二项.

280

13.2 混合分布的进一步研究

我们有一个感兴趣的随机变量X，它的分布依赖于我们处于哪一子类. 让M表示子类的ID号. 此时考虑的情况是，M是离散的，即子类的数量是有限的.

考虑一个对成年人研究的示例，H和G分别表示身高和性别. 我们要密切关注的是我们寻找的是无条件分布还是有条件分布！例如，$P(H>73)$指的是身高高于73英寸以上的人占总体的比例，而$P(H>73|G=男性)$是男性中身高高于73英寸以上的比例.

我们说H的分布是两种分布的混合，此时是两种性别分布的混合，即$f_{H|G=男性}$和$f_{H|G=女性}$. 然后，假设两个分类的规模相同，即$P(男性)=0.5$，

$$f_H(t)=0.5f_{H|G=男性}(t)+0.5f_{H|G=女性}(t) \tag{13.22}$$

我们说这里的混合分布有两个部分，因为有两个类别. 一般来说，将r个分类的比例分别记为$p_1, \cdots, p_r$(上面的是0.5和0.5)，以及相应的条件密度是$f_1, \cdots, f_r$.

回到我们的一般符号，让X表示一个具有混合分布的随机变量，其子类ID表示为M. 注意X可以是向量值，例如(高度，体重).

13.2.1 均值和方差的推导

X的均值和方差以下标i表示为

281

$$\mu_i=E(X|M=i) \tag{13.23}$$

和

$$\sigma_i^2=\mathrm{Var}(X|M=i) \tag{13.24}$$

通常我们需要知道 X 的(无条件)均值和方差，即 μ_i 和 σ_i^2 表示. 这是一个很好的机会来使用我们上面提到的迭代均值和方差公式. 首先，均值利用式(13.20)可得：

$$EX=E[E(X|M)] \tag{13.25}$$

我们如何计算右边？关键是 $E(X|M)$是一个离散型随机变量，其值为 μ_1，…，μ_r，概率为 p_1，…，p_r. 因此，这个随机变量的期望值是式(3.19)的简单应用：

$$E[E(X|M)]=\sum_{i=1}^{r} p_i\mu_i \tag{13.26}$$

所以我们现在得到了 X 的(无条件)均值

$$EX=\sum_{i=1}^{r} p_i\mu_i=\mu \tag{13.27}$$

计算 X 的方差几乎也是同样容易的，只是需要更加地小心. 从式(13.21)开始，

$$\mathrm{Var}(X)=E[\mathrm{Var}(X|M)]+\mathrm{Var}[E(X|M)] \tag{13.28}$$

让我们先来看看右边的第二项. 同样，记住 $E(X|M)$是一个离散型随机变量，取值为 μ_1，…，μ_r，概率为 p_1，…，p_r. 第二项要求随机变量 $E(X|M)$的方差从式(4.1)开始是

$$\sum_{i=1}^{r} p_i(\mu_i-\mu)^2 \tag{13.29}$$

现在考虑右侧的第一项，我们有

$$\mathrm{Var}(X|M)=\sigma_M^2 \tag{13.30}$$

282

所以我们取方差为 σ_1^2，…，σ_r^2，概率为 p_1，…，p_r 的随机变量的期望值(第一项中的外部运算). 因此

$$E[\mathrm{Var}(X|M)]=\sum_{i=1}^{r} p_i\sigma_i^2 \tag{13.31}$$

所以，我们完成了！

$$\mathrm{Var}(X)=\sum_{i=1}^{r} p_i\sigma_i^2+\sum_{i=1}^{r} p_i(\mu_i-\mu)^2 \tag{13.32}$$

其解释是总体的方差等于每一类方差的加权平均，加上一项用于说明每一类均值偏离的方差.

13.2.2　参数估计

我们如何使用样本数据来估计混合分布的参数？例如 $r=3$，$p_{X|m=i}$ 是以均值为 q_i 的泊松分布. 总共有 6 个参数. 我们如何从数据 X_1，…，X_n 中估计它们？

当然，有一些常用的方法，如 MLE 和 MM. 我们可能会尝试这样做，但是由于对收敛性的担心，我们会使用更常用、更复杂的方法，期望最大化算法(EM). 虽然它也不能保证一定收敛，但是通常情况下是可以的.

不幸的是，EM 背后的理论太复杂，在本书中不易解释. 但我们会用到.

13.2.2.1　示例：估计

mixtools 是 R 中对应 EM 算法的一个包. 让我们看看如何拟合混合正态分布模型：

```
> library(mixtools)
> mixout <- normalmixEM(faithful$waiting,lambda=0.5,
   mu=c(55,80),sigma=10,k=2)
> str(mixout)
```

283

```
List of 9
 $ x          : num [1:272] 79 54 74 62 85 55 88
    85 51 85 ...
 $ lambda     : num [1:2] 0.361 0.639
 $ mu         : num [1:2] 54.6 80.1
 $ sigma      : num [1:2] 5.87 5.87
 $ loglik     : num -1034
...
```

这里 λ 是 p_i 的向量. 在调用中，我们通过猜测将初始值设置为(0.5，0.5)(使用 R 循环)，EM 的最终估计为(0.361，0.639). 我们对 μ_i 的最初猜测为(55，80)(通过目测无条件估计密度图获得)，EM 的最终猜测为(54.6，80.1). 这与我们最初的猜测非常接近，所以我们很幸运有峰值可以直观识别，从而有助于收敛. 我们也看到了上述对 σ_i 的 EM 估计.

不用说，还有很多事情要做. 这里给出的 2 个正态分布的混合是一个好的模型吗？可以利用 Kolmogorov Smirnov 作为回答这个问题的一种手段(8.6 节).

13.3　聚类

聚类的目标是试图在数据中找到重要的部分. 请注意，我们事先并不了解这些组，只是尝试找到一些组. 用机器学习的术语来讲，这是无监督的分类.

显然，这与混合分布的思想有关，事实上，许多方法形式上或粗略地假设数据是由多元正态分布混合产生的. 由于聚类主要用于两个变量的情况，因此假设服从二元正态分布.

有大量关于聚类的文献和书籍，如文献[23]. 也有许多 R 包可以用. 请参阅 CRAN 任务视图的部分列表——多变量部分[⊖].

让我们来讨论最古老最简单的方法，K-Means. 它确实没有假设，但据推测其密度函数 $f_{X \mid M}()$ 大致是丘状的.

284　当然，算法是迭代的. 用户需要设置簇的数量 k，并对簇的中心进行初始猜测. 如下所示：

```
set k and initial guesses for the k centers
do
   for i = 1,...,n
      find the cluster center j that case
         i is closest to
      assign case i to cluster j
   for each cluster m = 1,...,k
      find the new center of this cluster
until convergence
```

在每一次迭代中，簇的中心被重新定义为当前这类簇的所有数据点坐标(x, y)的平均值. 收敛点最终被认为是簇的中心.

所有这些都假设用户事先知道簇的数量. 在这种简单的算法中，用户必须使用几个不同的 k 值进行实验. 基于特征向量的更复杂的算法，它的输出是在估计中心的同时估计簇的数量.

R 中的 kmeans() 函数实现 K-Means 算法.

⊖ https://cran.r-project.org/web/views/Multivariate.html

13.4 练习

数学问题

1. 假设我们在袋子里有一些硬币，80%是硬币以概率0.5为正面，而剩下20%的硬币以概率0.55为正面. 我们从袋子里随机地选取一枚硬币，然后掷5次. 利用式(13.21)求出我们获得正面的方差.
2. 在13.1.3节奖励投掷的示例中，计算 $Var(X)$.
3. 在1.1节公共汽车客流量问题中，计算 $Var(L_2)$.（建议：在 L_1 条件下）
4. 设 N 服从参数 p 的几何分布，计算 $E(N|N\leqslant k)$，$k=1, 2, 3, \cdots$.

计算和数据问题

5. 结合13.2.2.1节末尾处的建议，用Kolmogorov-Smirnov计算经验cdf和拟合混合cdf之间的最大偏差. 285
6. 13.2.2.1节中评估拟合度的另一种方法是看方差是否匹配得足够好. 估计 $Var(X)$ 的方法有两种：
   - 从数据中求出 s^2.
   - 用式(13.21)在2个正态分布下估计 $Var(X)$.

   要走得更远并不容易——这两个方差估计值有多接近才能算很好的拟合？——但这可以作为一种非正式的评估. 286

第 14 章　多维描述与降维

模型应该力求简单，但不能过于简单.

——阿尔伯特·爱因斯坦

如果我有更多的时间，我将会写一封更短的信.

——出自很多名人，例如马克·吐温[⊖]

考虑一个包含 n 个样本的数据集，每个样本都有 p 个变量. 例如，我们可能有一个容量 $n=100$ 的样本集，其中数据中变量个数 $p=3$，即身高、体重和年龄.

在这个大数据时代，n 和 p 可能都相当大，比如数百万个样本和数千个变量. 本章主要讨论处理较大 p 的问题，我们将直接或间接地研究对 p 进行降维的问题.

- 理解数据：我们希望数据更紧凑，变量较少. 这有助于对数据的“理解”：谁与谁相关？有没有有趣的数据子集，等等？
- 避免过度拟合：正如你稍后将会看到的，较大的样本量(即 n 很大)，允许拟合更复杂的模型(即 p 较大). 当我们拟合的模型比样本容量 n 所能处理的模型更复杂时，就会出现问题，称之为过度拟合.

287

还有第三个目标：

- 管理计算量：亚马逊拥有数百万用户和数百万件商品. 那么想想它的评分矩阵，它显示每个用户对每件商品的评分. 这个矩阵有数百万行和数百万列. 尽管矩阵大部分是空的——大多数用户没有对大多数商品进行评分——但它非常庞大，可能包含数兆字节的数据. 为了管理计算，数据的简化是关键.

当然，在实现这些目标的过程中，我们会丢失一些信息. 但是收获大于损失！

在本章中，我们将讨论两种主要的降维方法，一种用于连续型变量(主成分分析)，另一种用于分类变量(对数线性模型).

注意，这两种方法在本质上都是描述性的/探索性的，而不涉及推断(置信区间和显著性检验). 我们的第一种方法没有常用的推理技术，尽管第二种方法并非如此，但本章它也将作为一种描述性/探索性的工具.

首先，让我们仔细地了解一下过拟合.

⊖ 第一个已知的说这句话的人可能是 17 世纪数学家布莱斯·帕斯卡(Blaise Pascal)，他说：“Je n'ai fait celle-ci plus longue que parce que je n'ai pas eu le loisir de la faire plus courte，”大概的意思是“我把这个加长了，因为我没有时间把它缩短.”

14.1　什么是过拟合

14.1.1　“急需数据”

假设我们有男性和女性身高的样本，X_1，…，X_n 和 Y_1，…，Y_n. 为简单起见，假设每种性别身高的方差相同，即 σ^2. 这两个总体的均值由 μ_1 和 μ_2 表示.

假设我们想猜测一个新人的身高，我们知道他是一个男人，但我们对他一无所知. 我们没有看到他.

288

14.1.2　已知分布

假设我们知道 X 的分布，也就是男性身高的总体分布. 对于一个除了性别以外我们什么都不知道的人来说，什么是我们的最佳猜测(用常数 g 表示)？

当然，我们可以利用均方误差，

$$E[(g-X)^2] \tag{14.1}$$

作为我们猜测是否准确的标准. 实际上从 4.24 节中我们已经知道了什么是最佳的 g，最佳的 g 是 μ_1. 对于这个看不见的男人的身高，我们最好的猜测是总体中所有男人的平均身高，非常直观.

14.1.3　估计的均值

当然，我们不知道 μ_1，但我们可以做一件最好的选择，即利用我们的样本进行估计. 很自然的选择估计量为

$$T_1=\overline{X} \tag{14.2}$$

样本中男性的平均身高.

但是如果 n 真的很小，比如 $n=5$ 呢？那太小了. 为了得到更大的样本，我们不妨考虑把女性的身高加入我们的估计值中. 那么 μ_1 估计量为

$$T_2=\frac{\overline{X}+\overline{Y}}{2} \tag{14.3}$$

乍一看，T_1 是更好的估计量. 毕竟，女性身高往往较矮，因此将两种数据汇集起来会导致偏差. 另一方面，我们在 4.24 节中发现，对于任何估计量，

$$\text{MSE}=\text{估计量的方差}+\text{估计量的偏差}^2 \tag{14.4}$$

289

换言之，如果它能使我们在方差上得到细微的减少，有些偏差是可以容忍的. 毕竟，女性不是比男性矮那么多，所以这种偏差可能不会太严重. 同时，式(7.5)告诉我们，合并估计应该具有较低的方差，因为它是基于 $2n$ 个观测值，而不是 n 个观测值.

在继续之前，首先注意 T_2 是基于比 T_1 更简单的模型，因为 T_2 忽略了性别. 因此，我们称 T_1 为基于更复杂的模型.

哪个更好？答案需要一个估计优度的标准，我们将其视为均方误差，MSE. 所以，问题变成，哪个估计有更小的 MSE，是 T_1 还是 T_2？换句话说：

$E[(T_1-\mu_1)^2]$和 $E[(T_2-\mu_1)^2]$哪个更小些？

14.1.4　偏差/方差权衡：具体说明

让我们求出这两个估计量的偏差.

- T_1

从式(7.4)可得，

$$ET_1=\mu_1 \tag{14.5}$$

所以 T_1 的偏差为 0.

- T_2

$$E(T_2)=E(0.5\overline{X}+0.5\overline{Y})\quad（定义） \tag{14.6}$$

$$=0.5\overline{EX}+0.5\overline{EY}\quad（E()的线性） \tag{14.7}$$

$$=0.5\mu_1+0.5\mu_2\quad[由式(7.4)] \tag{14.8}$$

所以，

290

$$T_2 的偏差=(0.5\mu_1+0.5\mu_2)-\mu_1=0.5(\mu_2-\mu_1)$$

另一方面，T_2 的方差小于 T_1 的方差：

- T_1

回顾式(7.5)，我们有

$$\mathrm{Var}(T_1)=\frac{\sigma^2}{n} \tag{14.9}$$

- T_2

$$\mathrm{Var}(T_2)=\mathrm{Var}(0.5\overline{X}+0.5\overline{Y}) \tag{14.10}$$

$$=0.5^2\mathrm{Var}(\overline{X})+0.5^2\mathrm{Var}(\overline{Y}) \tag{14.11}$$

$$=2\cdot 0.25\cdot\frac{\sigma^2}{n}\quad[由式(7.5)] \tag{14.12}$$

$$=\frac{\sigma^2}{2n} \tag{14.13}$$

这些发现极具启发性. 一开始你可能会认为 T_1 “当然” 比 T_2 更好. 但对于小样本量而言，T_1 的较小偏差(实际上是0)不足以抵消其较大的方差. 虽然 T_2 是有偏的，但是它是基于两倍的样本量，因此方差只有一半. 那么，在什么情况下 T_1 会比 T_2 更好呢？

$$\mathrm{MSE}(T_1)=\frac{\sigma^2}{n}+0^2=\frac{\sigma^2}{n} \tag{14.14}$$

$$\mathrm{MSE}(T_2)=\frac{\sigma^2}{2n}+\left(\frac{\mu_1+\mu_2}{2}-\mu_1\right)^2=\frac{\sigma^2}{2n}+\left(\frac{\mu_2-\mu_1}{2}\right)^2 \tag{14.15}$$

如果式(14.4)比式(14.5)更小，那么 T_1 与 T_2 相比是更好的预测，也就是

$$\left(\frac{\mu_2-\mu_1}{2}\right)^2>\frac{\sigma^2}{2n} \tag{14.16}$$

当然，我们不知道 μ_1 和 σ^2 的值. 上述分析表明，在某些情况下，尽管存在偏差，但最好还是将数据集中起来.

291

14.1.5 影响

你可以看到，只有在以下几种情况下，T_1 更好：

- 只有当 n 足够大，或者
- 男女之间的平均身高差异太大，或者
- 每个总体内没有太大的差异，例如，大多数男性的身高都非常相似

由于第三项较小的总体方差很少出现，所以我们主要把注意力集中在前两项上. 这里最大的启示是：

一个较复杂的模型比一个较简单的模型更精确，只要：

- 我们有足够的数据支持它，或者
- 复杂的模型与简单的模型完全不同

在上面的身高/性别示例中，如果 n 太小，我们“急需数据”，从而利用女性数据来增加男性数据. 尽管女身高性往往比男性矮，但这种增加带来的偏差被我们方差的减少所抵消. 但是如果 n 足够大，两种模型的方差都很小，当我们面对更复杂的模型时，通过减少偏差获得的优势将远远超过对方差的增加的补偿.

这是统计学/机器学习中一个非常基本的概念. 也是第 15 章预测分析的关键.

这是一个非常简单的例子，但是你可以看到，在复杂的环境中，拟合太复杂的模型可能会导致非常高的均方误差. 实质上，一切都变成了噪声.（有些人巧妙地创造了噪声挖掘这个术语，这是一个关于数据挖掘的术语）这就是著名的过拟合问题.

292

请注意，当然式(14.16)包含几个未知的总体量. 我们在这里推导它仅仅是为了建立一个原则，即一个较复杂的模型在某些情况下可能表现得更差.

然而，通过估计未知量(例如，用 $\overline{X}$ 代替 μ_1)，将式(14.16)变成一个实用的决策工具是可能的. 这就产生了可能的置信区间问题，而置信区间的推导并没有包含这个额外的决策步骤. 这种被称为自适应的估计量超出了本书的范围.

14.2 主成分分析

在众多的降维方法中，最常用的方法是主成分分析(PCA). 它既可用于降维，也可用于数据理解.

14.2.1 直觉

回想图 12.2. 我们将这两个变量称为 X_1 和 X_2，图中的相应轴称为 t_1 轴(向右轻倾斜)和 t_2 轴(向左上方倾斜). 该图是使用模拟数据生成的，X_1 和 X_2 之间的相关性为 0.8. 毫不奇怪，由于这种高度相关性，“二维钟形”集中在一条直线周围，特别是

$$t_1+t_2=1 \tag{14.17}$$

所以下式很有可能

$$U_1=X_1+X_2\approx 1 \tag{14.18}$$

即

$$X_2\approx 1-X_1 \tag{14.19}$$

293 换句话说，在很大程度上，这里只有一个变量 X_1(或其他选择，例如 X_2)，而不是两个.

实际上，这些数据的主要变化是沿着这条线

$$t_1+t_2=1 \tag{14.20}$$

剩下的变化沿着垂直线

$$t_1-t_2=0 \tag{14.21}$$

回想一下 12.5 节，三维钟形中的水平集是椭圆. 椭圆的长轴和短轴分别为式(14.20)和式(14.21). 随机变量 $U_1=X_1-X_2$ 和 $U_2=X_1+X_2$ 测量我们在这两条轴线上的位置. 此外，X_1+X_2 和 X_1-X_2 不相关(问题 1).

考虑到这一点，现在假设我们有 p 个变量，X_1，X_2，…，X_p，而不仅仅是两个. 我们不能在更高的维度中可视化，但如 12.5 节所述，水平集将是 p 维椭球体. 它们现在有 p 个轴而不仅仅是两个轴，我们可以从 X_i 定义 p 个新变量 Y_1，Y_2，…，Y_p，使得：

- Y_j 是 X_i 的线性组合.
- Y_i 是不相关的.

Y_j 被称为数据的主要成分[⊖].

这给了我们什么提示？Y_j 与 X_i 具有相同的信息(因为我们只做了轴的旋转)，但是使用它们的好处来自按方差排序. 我们重新标记指数，取 Y_1 为原始 Y_j 中方差最大的一个，以此类推

$$\mathrm{Var}(Y_1)>\mathrm{Var}(Y_2)>\cdots>\mathrm{Var}(Y_p) \tag{14.22}$$

在上面的二维例子中，回想一下数据的大部分变化是沿着直线式(14.20)变化的，而 294 在垂直方向式(14.21)的剩余变化要小得多. 因此，我们发现我们的数据基本上是一维的.

同样地，对于 p 个变量，检验式(14.22)可能表明只有少数 Y_j，比如其中 k 个，存在实质性的差异. 然后我们会认为这些数据本质上是 k 维的，并在随后的分析中使用这 k 维变量.

如果是这样的话，我们基本上或者可能完全放弃了使用 X_i. 我们未来对这些数据的分析，可能大部分是基于这些新变量 Y_1，…，Y_k.

假设我们的数据中有 n 个样本，比如含有身高、体重、年龄和收入的数据，表示为 X_1、X_2、X_3 和 X_4. 我们将所有这些信息储存在一个 $n\times 4$ 的矩阵 $\boldsymbol{Q}$ 中，第一列是高度，第二列是体重，以此类推. 假设我们决定使用前两个主成分 Y_1 和 Y_2. 所以，Y_1 可能是，比如说，0.23 倍身高+1.16 倍体重+0.12 倍年龄−2.01 倍收入. 然后我们的新数据存储在一个 $n\times 2$ 的矩阵 $\boldsymbol{R}$ 中. 例如，我们数据中的第 5 个人的值，即身高等，在 $\boldsymbol{Q}$ 的第 5 行，而新变量的值在 $\boldsymbol{R}$ 的第 5 行.

注意 Y_j 不相关的重要性. 请记住，我们在这里试图找到在某种意义上最小的变量子集. 因此，我们不需要冗余，所以 Y_j 不相关的性质是一个非常受欢迎的特性.

14.2.2　主成分分析的性质

与上面的身高/体重/年龄/收入示例一样，但现在从一般来说，让 $\boldsymbol{Q}$ 表示原始数据矩

⊖ 回想一下，每个 Y_j 都是 X_i 的线性组合. 习惯上不仅把 Y_j 称为主分量，而且还把此术语应用到那些系数向量.

阵，$\boldsymbol{R}$ 表示新数据矩阵. $\boldsymbol{Q}$ 的第 i 列是关于 X_i 的数据，$\boldsymbol{R}$ 的 j 列是关于 Y_j 的数据. 假设我们使用 p 个主成分中的 k 个，所以 $\boldsymbol{Q}$ 是 $n\times p$，而 $\boldsymbol{R}$ 是 $n\times k$. 设 $\boldsymbol{U}$ 表示 $\boldsymbol{A}$ 的特征向量矩阵，$\boldsymbol{Q}$ 的协方差矩阵[⊖]，那么：

(a) $\boldsymbol{R}=\boldsymbol{Q}\boldsymbol{U}$.

(b) $\boldsymbol{U}$ 的列是正交的.

(c) Cov($\boldsymbol{R}$)的对角线元素(即主成分的方差)是 $\boldsymbol{A}$ 的特征值，而非对角线元素都是 0，即主成分是不相关的.

295

14.2.3 示例：土耳其语教学评估

R 中 PCA 方法最常用的函数是 prcomp(). 与许多 R 函数一样，它有许多可选参数. 我们在这里均采用默认值.

在我们的示例中，让我们使用来自 UC Irvine 机器学习数据存储库的土耳其语教学评估数据[12]. 它包括 5820 名学生对大学教师的评价. 学生的评估包括了 28 个问题的答案，每个问题的评分是 1～5，再加上一些其他变量，我们在这里不考虑这些变量.

```
> turk <- read.csv('turkiye-student-evaluation.csv',
   header=TRUE)
> tpca <- prcomp(turk[,-(1:5)])
```

让我们研究一下输出结果. 首先，让我们看看新变量的标准差，以及数据总方差的相应累积比例：

```
> tpca$sdev
 [1] 6.1294752 1.4366581 0.8169210 0.7663429
 [5] 0.6881709 0.6528149 0.5776757 0.5460676
 [9] 0.5270327 0.4827412 0.4776421 0.4714887
[13] 0.4449105 0.4364215 0.4327540 0.4236855
[17] 0.4182859 0.4053242 0.3937768 0.3895587
[21] 0.3707312 0.3674430 0.3618074 0.3527829
[25] 0.3379096 0.3312691 0.2979928 0.2888057
> tmp <- cumsum(tpca$sdev^2)
> tmp / tmp[28]
 [1] 0.8219815 0.8671382 0.8817389 0.8945877
 [5] 0.9049489 0.9142727 0.9215737 0.9280977
 [9] 0.9341747 0.9392732 0.9442646 0.9491282
[13] 0.9534589 0.9576259 0.9617232 0.9656506
[17] 0.9694785 0.9730729 0.9764653 0.9797855
[21] 0.9827925 0.9857464 0.9886104 0.9913333
[25] 0.9938314 0.9962324 0.9981752 1.0000000
```

结果是惊人的，第一个主成分(PC)已经占据了所有 28 个问题总方差的 82%. 其中前五个主成分占了超过 90%. 这表明，调查评估的设计者本可以编写一个更简洁的调查工具，其效用几乎相同.

构成主成分的线性组合中的系数，即上面的矩阵 $\boldsymbol{U}$，可以从 prcomp() 函数返回的对象的旋转矩阵的列中给出. 在这里，让我们检查 $\boldsymbol{U}$ 的列是否为正交的，比如说前两列：

296

```
> t(tpca$rotation[,1]) %*% tpca$rotation[,2]
              [,1]
[1,] -2.012279e-16
```

⊖ 从 11.38 式开始，这个矩阵是 $Q'Q-\overline{Q}\,\overline{Q}'$，其中 $\overline{Q}$ 是 $p\times 1$ 向量，它是 Q 的列平均.

如果为 0(舍入误差约为-2×10^{-16})，则是正交.

让我们确认非对角线上的元素均为 0.

```
> r <- tpca$x
> cvr <- cov(r)
> max(abs(cvr[row(cvr) != col(cvr)]))
[1] 2.982173e-13
```

14.3 对数线性模型

假设我们有一个关于人的身体特征的数据集，包括头发、眼睛颜色和性别等变量. 这些是类别变量，暗示了它们所代表的类别. 虽然我们可以用主成分分析来描述它们(首先形成指示变量，例如眼睛是棕色、黑色、蓝色等)，但主成分分析在这里可能效果不好. 另一种方法是对数线性模型，它用于模拟一组分类变量之间不同类型的交互作用，从完全独立到不同程度的部分独立.

以我们在本章开头所设定的两个目标而言，这种方法更常用于理解，而且在避免过度拟合方面也会非常有帮助.

这是一个方法论非常丰富的领域，很多书都有关于这个领域的内容[9]. 本书中我们只介绍这个话题.

14.3.1 示例：头发颜色、眼睛颜色和性别

297 作为一个继发性例子，请考虑 R 中的内置数据集 HairEyeColor.

读者只需在 R 提示符下输入 HairEyeColor 即可查看数据集. 它被存储在 R 的表类型中. 利用? HairEyeColor 可以提供在线帮助. 数据中的变量有：头发颜色，用 $X^{(1)}$ 表示；眼睛颜色，用 $X^{(2)}$ 表示；性别，用 $X^{(3)}$ 表示.

让 $X_r^{(s)}$ 表示样本中第 r 个人的 $X^{(s)}$，$r=1, 2, \cdots, n$. 我们的数据是

$$N_{ijk}=\text{使得 } X_r^{(1)}=i,\ X_r^{(2)}=j \text{ 且 } X_r^{(3)}=k \text{ 的 } r \tag{14.23}$$

数据概述：

```
> HairEyeColor
, , Sex = Male

       Eye
Hair    Brown Blue Hazel Green
  Black    32   11    10     3
  Brown    53   50    25    15
  Red      10   10     7     7
  Blond     3   30     5     8

, , Sex = Female

       Eye
Hair    Brown Blue Hazel Green
  Black    36    9     5     2
  Brown    66   34    29    14
  Red      16    7     7     7
  Blond     4   64     5     8
```

注意，这是一个三维数组，行为头发颜色、列为眼睛颜色、性别有两类. 例如，上面

的数据显示，有 25 个男性为棕色头发和淡褐色眼睛，即 $N_{231}=25$. 让我们检查一下：

```
> HairEyeColor[2,3,1]
[1] 25
```

这里我们有一个三维列联表. 每个 N_{ijk} 值是表中的一个单元. 如果我们有 k 个分类变量，这个表就是 k 维的.

298

14.3.2　数据的维数

在本章的开头，我们从变量个数的角度讨论了降维. 但是在这种情况下，更好的定义是参数的数量. 其中后者是单元概率. p_{ijk} 表示随机选择的样本落入单元 ijk 的总体概率，即，

$$p_{ijk}=P(X^{(1)}=i \text{ 且 } X^{(2)}=j \text{ 且 } X^{(3)}=k)=E(N_{ijk})/n \tag{14.24}$$

其中有 $4\times4\times2=32$ 个单元. 实际上，只有 31 个，因为剩下的一个等于 1.0 减去其他单元的和. 这里的降维将涉及数据的更简单模型，我们将在后面看到.

14.3.3　参数估计

如前所述，p_{ijk} 是总体参数. 我们如何从样本数据 N_{ijk} 来估计它们呢?

回顾第 8 章中两种著名的参数估计方法，即矩估计法(MM)和最大似然估计法(MLE). 在对数据没有进一步假设的情况下，MM 和 MLE 只得到“自然”估计量，

$$\hat{p}_{ijk}=N_{ijk}/n \tag{14.25}$$

但如果我们加上一些假设时，情况就会改变. 我们可以假设，比如说，头发颜色、眼睛颜色和性别是独立的，也就是说

$$\begin{aligned} &P(X^{(1)}=i \text{ 且 } X^{(2)}=j \text{ 且 } X^{(3)}=k) \\ &=P(X^{(1)}=i)\cdot P(X^{(2)}=j)\cdot P(X^{(3)}=k) \end{aligned} \tag{14.26}$$

在这种假设下，参数的数目要少得多. $P(X^{(1)}=i)$有 4 种，$P(X^{(2)}=j)$有 4 种，$P(X^{(3)}=k)$有 2 种. 但是正如在无假设的情况下，我们有 31 个参数，而不是 32，上面的数字 4、4 和 2，实际上是 3、3 和 1. 换句话说，如果我们假设变量之间是独立的，那么我们只有 7 个参数，而不是 31 个参数. 这就是降维!

299

虽然这 7 个参数可以用 MM 或 MLE 来估计，但是已经建立起来的是使用 MLE 来估计.

部分独立的模型(介于 31 个参数和 7 个参数之间)也是可能的. 例如，头发颜色、眼睛颜色和性别可能不是完全独立的，但头发颜色和眼睛颜色在每个性别中可能是独立的. 换句话说，在给定性别的条件下，头发的颜色和眼睛的颜色是条件独立的. 因此，分析员的一项任务是确定几个可能的模型中哪一个最适合数据.

其中，R 的 `loglin()` 函数适用于对数线性模型(之所以称之为对数线性模型，是因为模型拟合的是统计量 $\log(p_{ijk})$). 14.5.2 节将对此进行介绍.

14.4　数学补充

14.4.1　PCA 的统计推导

我们可以通过(B.15)推导出 PCA，但是更多的统计方法才能更具有启发性，如下

所示.

让 $\boldsymbol{A}$ 表示数据 $\boldsymbol{X}$ 的样本协方差矩阵(11.7 节). 和以前一样，设 X_1，…，X_p 为原始数据中的变量，比如身高、体重和年龄. 在我们的数据中，将数据中第 i 个数据点 X_j 的值写为 B_{ij}.

让 U 表示 X_i 的线性组合，即

$$\boldsymbol{U}=d_1X_1+\cdots+d_pX_p=d'(X_1,\ \cdots,\ X_p)' \tag{14.27}$$

根据式(11.37)，我们有

$$\mathrm{Var}(U)=\boldsymbol{d}'\boldsymbol{A}\boldsymbol{d} \tag{14.28}$$

回想一下，第一主成分的方差最大，所以我们希望 $\mathrm{Var}(\boldsymbol{U})$最大. 当然，这种变换没有限制. 所以我们要求 $\boldsymbol{d}=(d_1,\ \cdots,\ d_p)'$的长度为 1，

300

$$\boldsymbol{d}'\boldsymbol{d}=1 \tag{14.29}$$

因此，我们要问，在式(14.29)的条件下，d 取什么值能将式(14.28)最大化?

数学中，在 $g(t)=0$ 的约束下我们使用拉格朗日数乘法最大化函数 $f(t)$. 这里要引入一个新的“人工”变量 λ，并对于 t 和 λ 最大化[⊖]

$$f(t)+\lambda g(t) \tag{14.30}$$

这里我们设 $f(d)$为式(14.28)，且 $g(d)$为 $\boldsymbol{d}'\boldsymbol{d}-1$，即我们最大化

$$\boldsymbol{d}'\boldsymbol{A}\boldsymbol{d}+\lambda(\boldsymbol{d}'\boldsymbol{d}-1) \tag{14.31}$$

根据(B.20)，我们有

$$\frac{\partial}{\partial \boldsymbol{d}}\boldsymbol{d}'\boldsymbol{A}\boldsymbol{d}=2\boldsymbol{A}'\boldsymbol{d}=2\boldsymbol{A}\boldsymbol{d} \tag{14.32}$$

(事实上 $\boldsymbol{A}$ 是一个对称矩阵). 同样，

$$\frac{\partial}{\partial \boldsymbol{d}}\boldsymbol{d}'\boldsymbol{d}=2\boldsymbol{d} \tag{14.33}$$

因此，对式(14.31)求 d 的导数，我们有

$$0=2\boldsymbol{A}\boldsymbol{d}+\lambda 2\boldsymbol{d} \tag{14.34}$$

所以

$$\boldsymbol{A}\boldsymbol{d}=-\lambda\boldsymbol{d} \tag{14.35}$$

换句话说，第一主成分 $\boldsymbol{d}$ 的系数为 $\boldsymbol{A}$ 的特征值! 事实上，我们可以证明，所有主成分的系数向量必须是 $\boldsymbol{A}$ 的特征向量.

301

14.5　计算补充

14.5.1　R 表

假设我们有两个变量，第一个变量有 1 级和 2 级，第二个变量有 1 级、2 级和 3 级. 假设我们的数据结构 d 为

⊖　对后者最大化只是一种形式，一种强制机制是 $g(t)=0$.

```
> d
  V1 V2
1  1  3
2  2  3
3  2  2
4  1  1
5  1  2
```

数据集中第一个人(或其他实体)的 $X^{(1)}=1$，$X^{(2)}=3$，然后第二个人的 $X^{(1)}=2$，$X^{(2)}=3$，依此类推. table()函数顾名思义，它将每个单元格中的计数制成表格：

```
> table(d)
   V2
V1  1 2 3
  1 1 1 1
  2 0 1 1
```

这说明有一个例子，其中 $X^{(1)}=1$，$X^{(2)}=3$ 等，但是没有 $X^{(1)}=2$，$X^{(2)}=1$ 的实例.

14.5.2 对数线性模型的一些细节

这些模型可能非常复杂，请读者参考关于这个主题的一些优秀书籍，例如[9]. 我们在这里给出一个简单的例子，同样使用 HairEyeColor 数据集.

首先考虑假设完全独立的模型：

$$p_{ijk}=P(X^{(1)}=i \text{ 且 } X^{(2)}=j \text{ 且 } X^{(3)}=k) \tag{14.36}$$

$$=P(X^{(1)}=i)\cdot P(X^{(2)}=j)\cdot P(X^{(3)}=k) \tag{14.37}$$

302

对式(14.37)两边取对数，我们看到这个三个变量独立相当于

$$\log(p_{ijk})=a_i+b_j+c_k \tag{14.38}$$

其中 a_i、b_j 和 c_k 为某些数值. 例如，

$$b_2=\log[P(X^{(2)}=2)] \tag{14.39}$$

因此，独立性在对数层面上具有可加性. 另一方面，如果我们假设性别与头发颜色和眼睛颜色无关，但是头发颜色和眼睛颜色不是相互独立的，那么我们的模型中会包含 i 和 j 的交互作用，如下所示.

我们有

$$p_{ijk}=P(X^{(1)}=i \text{ 且 } X^{(2)}=j)\cdot P(X^{(3)}=k) \tag{14.40}$$

所以我们设

$$\log(p_{ijk})=a_{ij}+b_k \tag{14.41}$$

大多数正式的模型将第一项写为

$$a_{ij}=u+v_i+w_j+r_{ij} \tag{14.42}$$

这里我们把 $P(X^{(1)}=i$ 且 $X^{(2)}=j)$写为“总体效应”u、“主效应”v_i 和“交互作用”w_j 的总和㊀.

14.5.2.1 参数估计

请记住，只要我们有参数模型，统计学家的“瑞士军刀”就是极大似然估计(8.4.3

㊀ 还有一些限制条件，就是让各种和必须为 0. 这些都是从模型的公式中自然得到的，但超出了本书的范围.

303 节，MLE). 这就是对数线性模型中最常用的情况.

那么，我们如何计算数据 N_{ijk} 的可能性呢？这其实很简单，因为 N_{ijk} 服从多项分布，它是二项分布族的推广.(后者假设有两类，而多项包含多个类). 那么似然函数为

$$L=\frac{n!}{\prod_{i,j,k} N_{ijk}!} p_{ijk}^{N_{ijk}} \tag{14.43}$$

然后，根据模型参数写 p_{ijk}

$$p_{ijk}=\exp(u+v_i+w_j+r_{ik}+b_k) \tag{14.44}$$

将式(14.44)代入式(14.43)，并在前面提到的约束条件下，将后者关于 u，v_i，…，最大化.

最大化可能很凌乱. 但是某些情况的解析解实际上已经计算出来了，无论怎样，今天人们通常用计算机来计算. 例如，在 R 中，有一个 `loglin()` 函数用于此目的，如下所示.

14.5.2.2 loglin()函数

让我们继续考虑 `HairEyeCollor` 数据集.

我们将使用 R 中的内置函数 `loglin()`，它的输入数据类型必须是“`table`”.

让我们来拟合一个模型(如前所述，对于 N_{ijk} 而不是 p_{ijk})，在这个模型中，头发颜色、眼睛颜色和性别三者之间都无关，但彼此不一定独立，即模型式(14.42)为：

```
fm <- loglin(HairEyeColor, list(c(1, 2),3),
   param=TRUE,fit=TRUE)
```

我们的模型是通过输入边距参数，这里是 `list(c(1,2),3)`. 这是一个指定模型向量的 R 列表. 例如，`c(1,3)` 指定变量 1 和 3 之间的相互影响，`c(1,2,3)` 表示三个变量之间的相互影响. 一旦一个高阶交叉项被指定，我们就不需要指定它的低阶“子集”，即如果我们指定了 `c(2,5,6)`，我们就不需要指定 `c(2,6)`. 304

14.5.2.3 拟合的非正式评估

让我们再来考虑一下棕色头发、褐色眼睛的男人情况，即，

$$p_{231}=\frac{EN_{231}}{n} \tag{14.45}$$

对 EN_{231} 模型拟合是

```
> fm$fit[2,3,1]
[1] 25.44932
```

这与我们之前看到的实际观测值 25 相比. 让我们看看所有的拟合值：

```
> fm$fit
, , Sex = Male

       Eye
Hair        Brown      Blue     Hazel     Green
  Black 32.047297  9.425676  7.069257  2.356419
  Brown 56.082770 39.587838 25.449324 13.667230
  Red   12.253378  8.011824  6.597973  6.597973
  Blond  3.298986 44.300676  4.712838  7.540541

, , Sex = Female

       Eye
Hair        Brown      Blue     Hazel     Green
  Black 35.952703 10.574324  7.930743  2.643581
```

```
Brown 62.917230 44.412162 28.550676 15.332770
Red   13.746622  8.988176  7.402027  7.402027
Blond  3.701014 49.699324  5.287162  8.459459
```

下面是它的观测值：

```
> HairEyeColor
, , Sex = Male

       Eye
Hair    Brown Blue Hazel Green
  Black    32   11    10     3
  Brown    53   50    25    15
  Red      10   10     7     7
  Blond     3   30     5     8

, , Sex = Female

       Eye
Hair    Brown Blue Hazel Green
  Black    36    9     5     2
  Brown    66   34    29    14
  Red      16    7     7     7
  Blond     4   64     5     8
```

305

实际上，这些理念并不遥远. 平时，我们可以说性别与头发/眼睛颜色的条件独立性很好地描述了这些数据(而且很直观).

这里“不容忽视”的是抽样差异. 正如本章开头所述，我们提出的对数线性模型仅仅是一种描述工具，就像 PCA 只是用于描述而不是推理一样. 但是我们必须认识到，对于来自同一总体的另一个样本，拟合值可能有些不同. 事实上，看起来“很合适”的拟合实际上可能过于拟合.

如果有标准误差就好了. 不幸的是，大多数关于对数线性模型的书籍和软件包几乎都把重点放在显著性检验上，而不是置信区间上，并且标准误差是不可用的.

不过，有一个解决方案就是泊松技巧. 如前所述，N_{ijk} 服从一个多项分布. 试想一下，它们是独立的、服从泊松分布的随机变量. 那么总的单元数 n 现在是随机的，所以称之为 N. 关键一点是 N_{ijk} 服从多项分布. 然后我们可以使用软件来计算泊松模型，例如 R 中的 `glm()` 函数就是其中一个选项，用它来分析多项式情况下相应问题，包括计算标准误差. 详见[31].

14.6 练习

数学问题

1. 在式(14.21)的讨论中，证明 X_1+X_2 和 X_1-X_2 是不相关的.

306

计算与数据问题

2. 下载第 10 章练习 6 中讨论的 R 的内置数据集 `UCBAdmissions`. 拟合一个对数线性模型，在该模型中性别与广告任务和部门是独立的，但是后两者之间不是相互独立的.
3. 从 UCI 机器学习库下载 YearPredictionMSD 数据集. 其中包含各种各样的音频检测，因此其中很多地方可以尝试使用 PCA 降维.
   探索内容：注意，这是一个非常大的数据集. 如果超出了计算机的内存，可以尝试使用 `bigstatsr` 软件包.

307 ~ 308

第15章　预测建模

预测很难，尤其是关于未来的预测.

——尤吉·贝拉，棒球传奇人物.

在这里我们感兴趣的是变量之间的关系.

在回归分析中，我们感兴趣的是一个变量 Y 与一个或多个其他变量的关系，我们将其统称为向量 $\boldsymbol{X}$. 我们的工具是条件均值 $E(Y|X)$.

请注意，一些使用其他名称的方法实际上就是回归方法. 例如分类问题和机器学习，我们将看到一些回归分析中的特殊情况.

还需要注意的是，尽管许多此类方法的用户将回归函数这一术语与线性模型联系一起，但是实际上线性回归更普遍的含义是给定一个或多个变量条件下的条件均值. 当预测的变量是指示变量(4.4 节)时，条件均值变成了值为 1 的条件概率.

15.1　示例：Heritage Health 奖

一家名为 Kaggle(kaggle.com)的公司有一个有趣的商业模式——他们举办数据科学竞赛，并给予现金奖励. 其中一个有利可图的竞赛是 Heritage Health Prize[22]：

309

> 根据美国医院协会的最新调查显示，美国每年有超过 7100 万人住进医院. 研究表明，在 2006 年，超过 300 亿美元用于不必要的住院治疗. 有什么更好的办法吗？我们能否及早发现那些最有健康风险的人，并确保他们得到所需的治疗？Heritage Provider Network (HPN)认为答案是肯定的.

这里 Y 等于 1 表示病人需要住院治疗，Y 等于 0 表示病人不需要住院治疗，X 包含成员健康史的各种信息. 最佳预测模型的奖励为 50 万美元.

15.2　目标：预测和描述

在开始之前，了解回归分析的典型目标是非常重要的.

- **预测：**我们试图从一个或多个其他变量中预测一个变量，就像上面的 Heritage Health 竞赛一样.
- **说明：**此时我们希望确定这些变量中哪一个变量对给定变量的影响更大，以及这种影响是正的还是负的. 一个重要的特殊情况是，在排除其他预测变量的影响后，我们感兴趣的是确定一个预测变量的影响.

15.2.1 术语

我们将向量 $\boldsymbol{X}=(X^{(1)},\cdots,X^{(r)})'$的分量称为预测变量，暗示预测目标. 它们也被称为解释变量，突出描述目标. 在机器学习领域，它们被称为特征.

要预测的变量 $\boldsymbol{Y}$ 通常称为响应变量或因变量. 注意，一个或多个变量——无论是预测变量还是响应变量——可能是指示变量(4.4 节). 例如，性别变量可以编码为 1 表示男性，0 表示女性. 这种类型的预测变量的另一个名称是虚拟变量，在本章后面的章节中，将看到它们扮演着重要角色. 310

这种设置的方法被称为回归分析. 如果响应变量 $\boldsymbol{Y}$ 是一个指示变量，就像上面的 Kaggle 示例一样，我们将其称为分类问题. 这里的类别为需要住院的与不需要住院的. 在许多应用程序中，可能有两个以上的类别，在这种情况下，$\boldsymbol{Y}$ 将是指示变量的向量.

15.3 "关系"是什么意思

假设我们有兴趣探索成人身高 H 和体重 W 之间的关系.

像往常一样，我们一定先问，这到底指的是什么？我们所说的"关系"是什么意思？显然，两者之间没有确切的关系. 例如，一个人的体重并不是他的身高的确切函数.

想有效地使用这里要介绍的方法，就需要理解在这种情况下"关系"一词的确切含义.

15.3.1 精确定义

直觉上，我们可能会猜测平均体重随着身高的增加而增加. 为了准确地说明这一点，前一句中的关键词是"平均".

定义

$$m_{W;H}(t)=E(W \mid H=t) \tag{15.1}$$

看起来很抽象，但是这只是常识. 以 $m_{W;H}(68)$为例，这是身高 68 英寸的子集中所有人的平均体重. 相比之下，EW 是整个人口中所有人的平均体重.

$m_{W;H}(t)$的值随 t 的变化而变化，我们预计它图像的趋势将随着 t 的增加而增加，这反映出高个子的人往往更重. 再次注意，这个短语意味着这个结论对个人来说不是真的，但是对于身高函数的平均体重函数来说是真的. 311

我们把 W 对 H 的回归函数称为 $m_{W;H}$. 一般来说，$m_{Y;X(t)}$ 表示当 $X=t$ 时总体中所有对象 Y 的平均值[⊖]. 在最后一句中要注意"总体"这个词. 函数 $m()$是总体函数. 问题是如何从样本数据中估计它.

所以我们有：

要点 1： 当我们讨论一个变量与一个或多个其他变量的关系时，我们指的是回归函数，它将第一个变量的总体平均数表示为其他变量的函数. 再说一遍这里的关键词是"平均"!

⊖ "回归"一词出自 19 世纪末弗朗西斯·高尔顿爵士(Sir Francis Galton)关于"回归均值"的著名评论. 它指的是："高个子父母往往孩子不够高(更接近均值)，而矮个子父母往往孩子不是特别矮."比如说，这里的预测变量是父亲的身高 F，而响应变量是儿子的身高 S. 高尔顿说的是 $E(S \mid F\ 高)<F$.

如前所述，在实际应用中，我们不知道 $E(Y|X)$，并且需要根据样本数据来估计它．我们怎么做呢？为此，假设我们从戴维斯市随机抽取了 1000 人，其中

$$(H_1, W_1), \cdots, (H_{1000}, W_{1000}) \tag{15.2}$$

为他们的身高和体重．与我们之前使用的样本数据一样，我们希望使用这些数据来估计总体值．但这里不同的是，我们现在需要估计的是一个完整的函数，即整个 $m_{W;H}(t)$ 随 t 变化的曲线．这意味着我们要估计无穷多个值，即每个 t 对应一个 $m_{W;H}(t)$[⊖]．我们该怎么做？

一种方法如下．假设我们希望求 $t=70.2$ 时，$\hat{m}_{W;H}(t)$ 的值(注意^，表示“估计值”!)．换句话说，我们希望估计身高 70.2 英寸的人群的平均体重．我们可以做的就是观察样本中所有 70.2 英寸左右(偏离 1.0 英寸范围内的)所有人的体重，并计算出他们的平均体重．这就是 $\hat{m}_{W;H}(t)$．

312

15.3.2 回归函数 $m()$ 的参数模型

回想一下，在第 8 章中我们将拟合的参数模型和非参数模型(“无模型”)与我们的数据进行了比较．例如，我们对估计 BMI 数据的总体密度感兴趣．一方面，我们可以简单地绘制直方图．另一方面，我们可以假设它服从一个伽马分布，并通过 MM 或 MLE 估计两个伽马参数来估计伽马概率密度函数．

请注意，这与我们目前的回归情况有点联系，因为密度函数 $f()$ 的估计又涉及对无穷多个参数的估计——在无穷多个不同 t 处的对应值．如果伽马分布是一个合适的模型，我们只需要估计两个参数，这相当于从无穷中减少了不少！

在回归情况下，我们同样可以从非参数模型和参数模型中进行选择．上面描述的方法——所有身高在 68 英寸左右(偏离 1.0 英寸以内的)的样本的平均体重——是非参数模型．像这样的非参数方法有很多，事实上，今天大多数机器学习方法都是这种方法的变体．但传统的方法是选择一个参数模型作为回归函数．这样我们只需要估计有限个参数即可，而不是无限个数．

通常选择的参数模型是线性的，即我们假设 $m_{W;H}(t)$ 是 t 的线性函数：

$$m_{W;H}(t) = ct + d \tag{15.3}$$

其中 c 和 d 为常数．如果这个假设是合理的——也就是说，虽然它可能不是完全准确的，但是它是相对合理的接近——那么对于我们来说，相对非参数模型来说这是一个巨大的收获．你知道为什么吗？同样，答案是：我们现在不必估计无穷多个数，而是只需要估计两个——参数 c 和参数 d．

因此，方程(15.3)称为 $m_{W;H}()$ 的参数模型．由 c 和 d 索引的直线集是一个双参数族，类似于分布的参数族，例如双参数伽马分布族．区别是在伽马情况下，我们建模的是概率密度函数，而这里我们建模的是回归函数．

313

注意，c 和 d 事实上是总体参数，其意义与 r 和 λ 在伽马分布族中的参数意义相似．我

⊖ 当然，戴维斯的人口是有限的，但是这里得人口总体是概念上的，即所有过去、现在和未来能够生活在戴维斯的人．

们必须通过样本数据估计参数 c 和 d，我们将很快处理这个问题. 所以我们有：

要点 2：函数 $m_{W;H}(t)$是一个总体对象，所以我们必须根据样本数据来估计它. 为此，我们可以选择假设 $m_{W;H}(t)$具有某种参数形式，或者不做这种假设.

如果我们选择参数化方法，最常见的模型是线性的，即式(15.3). 同样，式(15.3)中的参数 c 和参数 d 是总体参数，因此，我们必须根据数据来估计它们.

15.4 线性参数回归模型中的估计

那么，我们如何估计这些总体参数 c 和 d 呢？我们将在 15.9 节中详细讨论，但这里有一个预览：

回想一下 4.2 节的“有用事实”：随机变量的最小期望平方误差猜测是它的均值. 这意味着条件分布中随机变量的最佳估计量是条件均值. 结合期望式(13.2)和式(13.10)的原理，比如人的体重和身高，我们有这样一个例子：

对于所有可能的 $g(H)$，使得下式

$$E[(W-g(H))^2] \tag{15.4}$$

取得的最小值的 $g(H)$是设

$$g(H)=m_{W;H}(H) \tag{15.5}$$

换句话说，在 H 的所有可能函数中，从最小化均方预测误差的意义上来看，$m_{W;H}(H)$是 W 的最佳预测[⊖].

由于我们假设模型为(15.3)式，反过来这意味着：

314

$$E[(W-(uH+v))^2] \tag{15.6}$$

当 $u=c$ 且 $v=d$ 时最小.

这就给了我们一个如何从数据中估计参数 c 和 d 的线索，如下所示.

如果你还记得，在前面的章节中，我们经常使用样本类比来选择估计量，例如，s^2 作为 σ^2 的估计量. 那么，式(15.6)的样本估计是

$$\frac{1}{n}\sum_{i=1}^{n}[W_i-(uH_i+v)]^2 \tag{15.7}$$

此时，式(15.6)使用总体的 u 和 v 作为均值平方预测误差，式(15.7)是在我们的样本中使用 u 和 v 的均方预测误差. 因为 $u=c$ 和 $v=d$ 最小化了式(15.6)，所以很自然地用最小的 u 和 v 来估计 c 和 d 从而使式(15.7)最小化.

估计量通常使用“帽子”符号，我们分别使用 $\hat{c}$ 和 $\hat{d}$ 作为将式(15.7)最小化的 u 和 v. 这些值就是总体参数 c 和 d 的经典最小二乘估计.

要点 3：在统计回归分析中，人们经常使用如式(15.3)中的线性模型，并通过最小化式(15.7)来估计系数. 相关内容我们将在 15.9 节进行详细说明.

⊖ 但如果我们想最小化平均绝对预测误差 $E(|W-g(H)|)$，最好的函数是 $g(H)=$中位数$(W|H)$.

15.5　示例：棒球数据

这里 1015 名大联盟棒球运动员的数据是由加州大学洛杉矶分校统计部门提供的，它包含在 R 包 freqparcoord[30] 中.

315

让我们做一个体重与身高的回归分析.

首先我们加载数据.

```
> library(freqparcoord)
> data(mlb)
> head(mlb)
             Name Team       Position Height
1   Adam_Donachie  BAL        Catcher     74
2       Paul_Bako  BAL        Catcher     74
3 Ramon_Hernandez  BAL        Catcher     72
4    Kevin_Millar  BAL  First_Baseman     72
5     Chris_Gomez  BAL  First_Baseman     73
6   Brian_Roberts  BAL Second_Baseman     69
  Weight   Age PosCategory
1    180 22.99     Catcher
2    215 34.69     Catcher
3    210 30.78     Catcher
4    210 35.43   Infielder
5    188 35.71   Infielder
6    176 29.39   Infielder
```

现在执行 R 中的 lm() 函数（“线性模型”）进行回归分析：

```
> lm(Weight ~ Height,data=mlb)

Call:
lm(formula = Weight ~ Height, data = mlb)

Coefficients:
(Intercept)       Height
   -151.133        4.783
```

我们可以通过调用 summary() 函数获得更多信息：

```
> lmout <- lm(Weight ~ Height,data=mlb)
> summary(lmout)
...
Coefficients:
             Estimate Std. Error t value Pr(>|t|)
(Intercept) -151.1333    17.6568   -8.56   <2e-16
Height         4.7833     0.2395   19.97   <2e-16

(Intercept) ***
Height      ***
...
Multiple R-squared:  0.2825,    Adjusted R-squared:
0.2818
...
```

316

（并非所有的输出都在这里显示，如“…”所示）

summary() 函数是 R 中泛型函数的一个例子，我们已在 8.9.1 节中介绍了. 实际上这里还有一些有关 R 的其他问题，但是我们把它们放到本章最后一部分计算补语中去讨论.

在调用 `lm()` 函数时，我们要求 R 使用 `mlb` 数据结构，将身高列对体重列进行回归.

接下来，请注意 `lm()` 返回了大量信息(甚至比上面显示的还要多)，所有信息都打包到"`lm`"类型的对象中[㊀]. 通过对该对象调用 `summary()`，我们获得了一些信息. 首先，我们看到 c 和 d 的样本估计为

$$\hat{d}=-155.092 \tag{15.8}$$

$$\hat{c}=4.841 \tag{15.9}$$

换言之，我们以身高表示的平均体重函数的估计是

$$平均体重=-155.092+4.841\ 身高 \tag{15.10}$$

请记住，这只是一个基于样本数据的估计，它不是总体平均体重与身高的函数. 例如，我们的样本估计是身高多了一英寸，体重平均增加了 4.8 磅. 总体的准确值可能会有所不同.

我们可以形成一个置信区间来阐述这一点，并了解我们的估计有多准确. R 的输出结果告诉我们，$\hat{c}$ 的标准误差为 0.240. 利用式(10.6)，我们把这个数的 1.96 倍加到 $\hat{c}$ 上从而得到了我们的区间(4.351，5.331). 所以，我们有 95%的信心保证真实的斜率 c 包含在这个区间内.

317

注意输出标记为"t value"的这列. 如 10.7 节所述，除了小样本外，t 的分布几乎与 $N(0，1)$相同. 我们检验

$$H_0: c=0 \tag{15.11}$$

输出中给出的 p 值(小于 2×10^{-16})本质上是从式(10.11)中获得的. 后者的值为 19.97，输出告诉我们，该值右侧的 $N(0，1)$概率密度下的面积小于 10^{-16}.

在统计学中，通常在 p 值旁边加上一个、两个或三个星号，这取决于 p 值是否分别小于 0.05、0.01 或 0.001. R 中也通常遵循这一传统.

最后，上面输出提到了一个 R^2 值. 这是什么？为了回答这个问题，让我们考虑一下从式(15.10)中得到的预测值. 如果有一个球员，我们只知道他的身高，比如说 72.6 英寸，那么我们会猜测他的体重是

$$-155.092+4.841(72.6)=190.3646 \tag{15.12}$$

好吧，但是为什么是我们数据集中已知体重的一个运动员呢？为什么要猜它的体重呢？这里的重点是评估我们的预测模型好不好，通过预测已知体重运动员的体重，并将我们的预测值与真实体重值进行比较. 例如，我们在上面看到的，数据集中的第一个运动员的身高为 74，体重为 180. 而我们通过模型预测的他的体重为 203.142，这里有一个相当大的误差.

定义 29 假设 Y 对 X 的回归函数模型(参数或非参数)拟合样本数据(Y_i，X_i)，$i=1，\cdots，n$(其中 X 可能是向量值). 让 $\hat{Y}_i$ 表示第 i 种情况的拟合值. R^2 是预测值与真实值之间的样本相关性的平方，即 $\hat{Y}_i$ 与 Y_i 之间相关性平方.

这里 R^2(等于 0.2825)是适中的. 身高对预测体重有一定的价值，但它的价值是有限

㊀ 引用 R 类名称.

的. 人们有时会听到这样一种说法:“身高解释了体重变化的28%”,这个说法为这一数字提供了进一步地解释.

318

最后,回想一下第7章中的术语“偏差”. 结果表明 R^2 是向上倾斜的,即它往往高于真实的总体值. summary()提供了一个经过调整后的 R^2,它的设计目的就是为了减少偏差.

这里调整后的版本与普通的版本只有 R^2 略有不同. 如果存在实质性的区别,那么则表示过拟合了. 这已在第14章中讨论过了,稍后会再讨论.

15.6 多元回归

请注意,在回归表达式 $E(Y|\boldsymbol{X}=\boldsymbol{t})$ 中,$\boldsymbol{X}$ 和 $\boldsymbol{t}$ 可以是向量值. 例如,我们可以让 Y 表示体重,$\boldsymbol{X}$ 表示一对变量

$$\boldsymbol{X}=(X^{(1)},X^{(2)})'=(H,A)'=(\text{身高},\text{年龄}) \tag{15.13}$$

来研究体重与身高和年龄的关系. 如果我们使用线性模型,我们将写成对于 $t=(t_1, t_2)'$,有

$$m_{W;H,A}(t)=\beta_0+\beta_1 t_1+\beta_2 t_2 \tag{15.14}$$

换句话说

$$\text{平均体重}=\beta_0+\beta_1\ \text{身高}+\beta_2\ \text{年龄} \tag{15.15}$$

同样,请记住式(15.14)和式(15.15)是总体模型. 我们假设式(15.14)、式(15.15)或我们使用的任何模型都是总体关系的精确表示. 当然,下面的推导是建立在假设我们的模型是正确的基础上.

(在线性回归模型中,传统上使用希腊字母 $\boldsymbol{\beta}$ 来命名系数向量.)

319

例如 $m_{W;H,A}(68, 37.2)$ 将是所有身高68和年龄37.2的人的平均体重.

与式(15.7)类似,我们将通过最小化式(15.16)来估计 β_i

$$\frac{1}{n}\sum_{i=1}^{n}[W_i-(u+vH_i+wA_i)]^2 \tag{15.16}$$

对于 u、v 和 w,最小化的值分别表示为 $\hat{\beta}_0$、$\hat{\beta}_1$ 和 $\hat{\beta}_2$. 我们可以考虑增加第三个预测变量——性别:

$$\text{平均体重}=\beta_0+\beta_1\ \text{身高}+\beta_2\ \text{年龄}+\beta_3\ \text{性别} \tag{15.17}$$

其中性别是一个指示变量,1代表男性,0代表女性. 请注意,我们不会有两个性别变量,即每个性别对应一个变量,这是因为我们知道了其中一个变量的值就能知道另外一个变量的值.(这会使某个矩阵不可逆,我们将在后面讨论.)

15.7 示例:棒球数据(续)

那么,让我们将体重对身高和年龄进行回归:

```
> summary(lm(Weight ~ Height+Age,data=mlb))
...
Coefficients:
             Estimate Std. Error t value Pr(>|t|)
(Intercept) -187.6382    17.9447  -10.46  < 2e-16
Height         4.9236     0.2344   21.00  < 2e-16
```

```
Age             0.9115      0.1257     7.25 8.25e-13

(Intercept) ***
Height      ***
Age         ***
...
Multiple R-squared:  0.318,     Adjusted R-squared:
0.3166
```

因此，我们的回归函数系数估计值为 $\hat{\beta}_0=-187.6382$，$\hat{\beta}_1=4.9236$ 和 $\hat{\beta}_2=0.9115$. 注意 R^2 值增加了.

320

这是一些回归应用中描述目标的示例. 我们可能感兴趣的是球员的体重是否会随着年龄增长而增加. 当然，对于很多人来说可能都是这样的，但是由于运动员努力保持健康，所以对他们来说答案就不那么清楚了. 这是一个描述性问题，不是预测. 从我们的样本数据中得到的估计是，对于一定身高的人来说，年龄增长 10 岁会导致体重平均增加约 9.1 磅. 最后这个条件非常重要.

15.8 交叉项

例如，式(15.14)含蓄地表明，年龄对体重的影响在所有身高水平上都是一样的. 换句话说，无论是高个子还是矮个子，年龄在 30 岁和 40 岁之间平均体重的差异都是一样的. 为了得到这一点，只需将年龄 40 和 30 带入到式(15.14)，其中只要两者身高相同即可，然后相减，就得到了 $10\beta_2$，这是一个没有身高项的表达式.

这个假设并不好，因为随着年龄的增长，高个子人的体重比矮个子人的体重增长得更多. 如果我们不喜欢这个假设，可以在式(15.14)中加入一个交互作用，由两个原始预测变量的乘积组成. 那么新的预测变量 $X^{(3)}$ 等于 $X^{(1)}X^{(2)}$，因此我们的回归函数为

$$m_{W;H}(t)=\beta_0+\beta_1 t_1+\beta_2 t_2+\beta_3 t_1 t_2 \tag{15.18}$$

如果你执行上述相同的减法，你会发现这个更复杂的模型并不像以前那样假设无论我们观察的是高个子还是矮个子，30 岁和 40 岁之间的平均体重差异是相同的.

尽管在回归模型中添加交互作用的想法很诱人，但它很容易失控. 如果我们有 k 个基本的预测变量，那么可能有 $\binom{k}{2}$ 个潜在的两个变量的交互作用，$\binom{k}{3}$ 个三个变量的交互作用等. 除非我们有大量的数据，否则我们就有过拟合的风险(第 16 章). 而且这么多的交互作用，也使得这个模型很难解释.

321

我们可以通过引入变量的幂次来增加更多的交互作用，比如说除了身高项外，还可以有身高的平方项. 那么式(15.18)变为

$$m_{W;H}(t)=\beta_0+\beta_1 t_1+\beta_2 t_2+\beta_3 t_1 t_2+\beta_4 t_1^2 \tag{15.19}$$

这个平方项实质上就是身高与其自身的“交互作用”. 如果我们相信平均体重和身高之间的关系是二次的，这种假设可能就是值得的，但是这也意味着有越来越多的预测变量. 所以，我们可以在这里决定是否引入交互作用. 就这一点而言，年龄可能并没有那么重要，所以我们甚至可以考虑完全放弃这个变量.

15.9　参数估计

那么，R 中是如何计算这些估计的回归系数呢？让我们看看.

15.9.1　“线性”的含义

且慢，我们为什么能把二次的模型(15.19)称为是“线性”的呢？原因如下：

在这里，我们将 $m_{Y;X}$ 建模为 $X^{(1)}$，…，$X^{(r)}$ 的线性函数：

$$m_{Y;X}(t)=\beta_0+\beta_1 t^{(1)}+\cdots+\beta_r t^{(r)} \tag{15.20}$$

关键的是，线性回归这一术语并不一定意味着回归函数的图形是直线或平面. 相反，线性一词是指回归函数从参数的角度是线性的. 例如，式(15.19)是一个线性模型，如果我们把 β_0，β_1，…，β_4 每一个乘以 8，那么 $m_{W;H}(t)$也乘以 8.

从下面的矩阵公式(15.28)可以对“线性”的含义有更直接的理解.

15.9.2　随机 X 和固定 X 回归

322

考虑一下我们先前估计体重对身高的回归函数示例. 简单地说，假设我们只抽取了 5 个人，因此数据为(H_1，W_1)，…，(H_5，W_5). 我们把身高精确到英寸.

我们从“笔记本”的视角可以看到，笔记本的每行有 5 个高度和 5 个体重. 因为我们每一行都有不同的 5 个人，H_1 列通常在每一行有不同的值，尽管偶尔两个相邻的行会有相同的值. H_1 是一个随机变量. 在这种情况下，我们称回归分析为随机 X 回归.

另一方面，我们可以制定抽样计划，这样我们就可以从身高 65、67、69、71 和 73 中各抽取一人. 然后，这些值在每行之间保持不变. 例如，H_1 列将完全由 65 组成，这称为固定 X 回归.

显然，两种设置的概率结构是不同的. 然而，事实证明这并不重要，原因如下.

回想一下回归函数的定义，它与给定 H 条件下的 W 分布有关. 因此，我们下面的分析将围绕这个条件分布进行，在这种情况下，H 无论如何都是非随机的.

15.9.3　点估计和矩阵形式

那么，我们如何估计 β_i 呢？请记住，β_i 是总体值，我们需要根据数据进行估计. 那么我们该怎么做？例如，在 15.5 节中 R 是如何计算 β_i 的呢？如上所述，通常的方法是最小二乘法. 在这里我们将详细讨论.

具体来说，考虑一下棒球数据，让 H_i、A_i 和 W_i 在我们的样本中分别表示球员的身高、年龄和体重，其中 $i=1$，2，…，1015. 如前所述，估计方法是求使实际值 W 与其预测值之间差的平方和最小的 u_i 值：

$$\sum_{i=1}^{1015}[W_i-(u_0+u_1H_i+u_2A_i)]^2 \tag{15.21}$$

当我们求最小化的 u_i 时，我们将在式(15.20)中设置总体回归系数 β_i 的估计值：

$$\hat{\beta}_0=u_0 \tag{15.22}$$

323

$$\hat{\beta}_1=u_1 \tag{15.23}$$

$$\hat{\beta}_2=u_2 \tag{15.24}$$

显然，这是一个微积分问题. 我们将式(15.21)的偏导数设为 0，从而给出三个未知的线性方程组，然后求其解.

然而如果我们用线性代数的形式来写，一切都会变得简单. 定义

$$\mathbf{V}=\begin{bmatrix} W_1 \\ W_2 \\ \cdots \\ W_{1015} \end{bmatrix} \tag{15.25}$$

$$\boldsymbol{u}=\begin{bmatrix} u_0 \\ u_1 \\ u_2 \end{bmatrix} \tag{15.26}$$

且

$$\boldsymbol{Q}=\begin{bmatrix} 1 & H_1 & A_1 \\ 1 & H_2 & A_2 \\ \cdots & & \\ 1 & H_{1015} & A_{1015} \end{bmatrix} \tag{15.27}$$

那么

$$E(\mathbf{V}|\boldsymbol{Q})=\boldsymbol{Q\beta} \tag{15.28}$$

为了解这一点，请看第一个运动员，他身高 74，年龄 22.99(15.5.1 节). 我们正在总体中对所有身高相同的运动员的平均体重进行建模，体重为

$$\text{平均体重}=\beta_0+\beta_1 74+\beta_2 22.99 \tag{15.29}$$

$\boldsymbol{Q}$ 的第一行是(1，74，22.99)，所以 $\boldsymbol{Q\beta}$ 的第一行是 $\beta_0+\beta_1 74+\beta_2 22.99$，它完全符合式(15.29). 注意，$\boldsymbol{Q}$ 需要含 1 的列，以便提取 β_0 项.

324

我们可以把式(15.21)写为

$$(\mathbf{V}-\boldsymbol{Qu})'(\mathbf{V}-\boldsymbol{Qu}) \tag{15.30}$$

(同样，只需要看看 $\mathbf{V}-\boldsymbol{Qu}$ 最上面的第一行就知道了.)

无论如何向量 $\boldsymbol{u}$ 能最小化式(15.30)，我们将 $\boldsymbol{u}$ 的估计值 $\boldsymbol{\beta}$ 设置为向量 $\hat{\boldsymbol{\beta}}=(\hat{\beta}_0, \hat{\beta}_1, \hat{\beta}_2)'$. 如前所述，我们可以通过令关于 u_0，u_1，…，u_r 的偏导数等于 0 来最小化式(15.30). 但是这里也有一个矩阵公式. 如 B.5.1 节所示，解为

$$\hat{\boldsymbol{\beta}}=(\boldsymbol{Q}'\boldsymbol{Q})^{-1}\boldsymbol{Q}'\mathbf{V} \tag{15.31}$$

(15.20)式的一般情况是具有 n 个观测值(如棒球数据中 $n=1015$)，矩阵 $\boldsymbol{Q}$ 为 n 行、$r+1$ 列. 第 $i+1$ 列是关于预测变量 i 的样本数据.

注意，我们在式(15.28)中对 $\boldsymbol{Q}$ 进行条件调整. 这是标准的方法，特别是在非随机 $\boldsymbol{X}$ 的情况下. 因此，我们稍后将得到条件置信区间. 为了避免混乱，我们不会明确地说明条件. 例如，我们写成 $\mathrm{Cov}(\mathbf{V})$ 而不是 $\mathrm{Cov}(\mathbf{V}|\boldsymbol{Q})$.

结果表明 $\hat{\boldsymbol{\beta}}$ 是 $\boldsymbol{\beta}$ 的无偏估计[一]：

$$E\hat{\boldsymbol{\beta}} = E[(\boldsymbol{Q}'\boldsymbol{Q})^{-1}\boldsymbol{Q}'\boldsymbol{V}] \text{(15.31)} \tag{15.32}$$

$$= (\boldsymbol{Q}'\boldsymbol{Q})^{-1}\boldsymbol{Q}'E\boldsymbol{V} \quad (E\text{()的线性}) \tag{15.33}$$

$$= (\boldsymbol{Q}'\boldsymbol{Q})^{-1}\boldsymbol{Q}' \cdot \boldsymbol{Q}\boldsymbol{\beta} \text{(15.28)} \tag{15.34}$$

$$= \boldsymbol{\beta} \tag{15.35}$$

在某些应用中，我们假定式(15.20)中没有常数项 β_0. 这意味着我们的矩阵 $\boldsymbol{Q}$ 的左端不再有 1 列，但是上面提到其他所有内容都是有效的[二].

325

15.9.4　近似的置信区间

如上所示，`lm()` 为估计的系数提供了标准误差. 它们从哪里来的？需要什么样的假设呢？

像往常一样，我们不应该仅仅满足于点估计，比如这种情况下的 $\hat{\beta}_i$. 我们需要关于它们更多的精确提示信息，所以我们需要置信区间. 换句话说，我们需要使用 $\hat{\beta}_i$ 来形成 β_i 的置信区间.

例如，回想一下，我们对棒球运动员的 `lm()` 分析表明，他们的体重确实会随着年龄增长而增加，大约每年增加 1 磅. 这里的目标主要是描述，特别是评估年龄的影响. 这种影响是用 β_2 来衡量的. 因此，我们希望找到 β_2 的置信区间.

式(15.31)表明 $\hat{\beta}_i$ 是 V 分量的线性组合，即体重-身高-年龄示例中的 W_j，因此求和！由中心极限定理可知 $\hat{\beta}_i$ 近似服从正态分布[三]. 这反过来意味着，为了形成置信区间，我们需要 $\hat{\beta}_i$ 的标准误差. 我们如何得到它们？(或者，等价地说，`lm()` 是如何获取输出呢？)

在涉及回归的书中一个典型的假设是在给定 X 的情况下，Y 的分布是正态的. 例如，在体重对身高的回归中，这意味着在任何固定身高的群体中，比如说 68.3 英寸，体重的总体分布服从正态分布. 我们不会做这个假设，正如上面所指出的，CLT 足以让我们得到置信区间. 还要注意的是，所谓的“精确”学生 t 分布区间是虚幻的，因为现实生活中没有任何分布是完全服从正态分布的.

但是，我们为了得到标准误差，确实需要添加一个假设：

$$\text{Var}(Y \mid X = t) = \sigma^2 \tag{15.36}$$

对于所有 t 成立. 请注意，这与样本观测值的独立性(例如，在体重/身高示例中抽样的不同人之间是彼此独立的)意味着

326

$$\text{Cov}(\boldsymbol{V} \mid \boldsymbol{Q}) = \sigma^2 \boldsymbol{I} \tag{15.37}$$

其中 $\boldsymbol{I}$ 通常是单位矩阵(即对角线上为 1，非对角线上均为 0).

一定要明白这意味着什么. 如在体重/身高的例子中，这意味着身高 72 英寸的人群体重的变化与身高 65 英寸的人群体重的变化是相同的. 这并不是完全正确的——身高较高的

[一] 注意，如第 11 章所示，这里我们取向量的期望值.

[二] 在调用 `lm()` 时，必须写入 `-1`，例如 `lm(Weight~Height-1,data= mlb)`

[三] 本书中提到的 CLT 形式上是独立、同分布的随机变量和. 但对于独立但分布不同的情况，也有不同的版本[25].

组有较大的方差——但是这是一个标准假设，我们将利用这一点.

（这个问题的一个更好的解决方案是三明治估计，例如 R 的 car 包[16]中实现）

我们可以导出 $\hat{\beta}$ 的协方差矩阵，如下所示. 为了避免混淆，设 $\boldsymbol{B}=(\boldsymbol{Q}'\boldsymbol{Q})^{-1}$. 线性代数的一个定理可以说明 $\boldsymbol{Q}'\boldsymbol{Q}$ 是对称的，因此 $\boldsymbol{B}$ 是对称的. 所以 $\boldsymbol{B}'=\boldsymbol{B}$，下面要用到这一点. 另一个定理是，对于任何可乘的矩阵 $\boldsymbol{U}$ 和 $\boldsymbol{V}$，有 $(\boldsymbol{UV})'=\boldsymbol{V}'\boldsymbol{U}'$. 有了这些知识，我们有：

$$\mathrm{Cov}(\hat{\beta})=\mathrm{Cov}(\boldsymbol{BQ}'\boldsymbol{V}) \quad (式(15.31)) \tag{15.38}$$

$$=\boldsymbol{BQ}'\mathrm{Cov}(\boldsymbol{V})(\boldsymbol{BQ}')' \quad (式(11.35)) \tag{15.39}$$

$$=\boldsymbol{BQ}\sigma'^{2}\boldsymbol{I}(\boldsymbol{BQ}')' \quad (式(15.37)) \tag{15.40}$$

$$=\sigma^{2}\boldsymbol{BQ}'\boldsymbol{QB} \quad (线性代数) \tag{15.41}$$

$$=\sigma^{2}(\boldsymbol{Q}'\boldsymbol{Q})^{-1} \quad (\boldsymbol{B}\ 的定义) \tag{15.42}$$

噢！如果你的线性代数荒疏了，那么你会有很多工作要做. 但这是值得的，因为式(15.42)现在会给我们需要的置信区间. 方法如下：

首先，我们需要估计 σ^2. 回想一下，对于任意随机变量 U，$\mathrm{Var}(U)=E[(U-EU)^2]$，我们有

$$\sigma^{2}=\mathrm{Var}(Y|X=t) \tag{15.43}$$

$$=\mathrm{Var}(Y|X^{(1)}=t_1,\ \cdots,\ X^{(r)}=t_r) \tag{15.44}$$

$$=E[\{Y-m_{Y;X}(t)\}^{2}] \tag{15.45}$$

$$=E[(Y-\beta_0-\beta_1 t_1-\cdots-\beta_r t_r)^2] \tag{15.46}$$

因此，对 σ^2 的自然估计是样本类比，其中我们通过样本平均值来代替 $E()$，并用抽样估计值代替总体值： 327

$$s^{2}=\frac{1}{n}\sum_{i=1}^{n}(Y_i-\hat{\beta}_0-\hat{\beta}_1 X_i^{(1)}-\cdots-\hat{\beta}_r X_i^{(r)})^2 \tag{15.47}$$

如第 7 章所述，这个 σ^2 的估计是有偏的，经典的计算方法是除以 $n-(r+1)$，而不是 n. 这不是一个问题，除非 $r+1$ 是 n 的很大一部分，在这种情况下，除以 $n-(r+1)$是过拟合的，此时不应该使用这么大 r 值的模型.

因此，$\hat{\boldsymbol{\beta}}$ 的估计协方差矩阵为

$$\widehat{\mathrm{Cov}}(\hat{\boldsymbol{\beta}})=s^{2}(\boldsymbol{Q}'\boldsymbol{Q})^{-1} \tag{15.48}$$

其中对角线元素为 $\hat{\beta}_i$ 的平方标准误差(回忆一下可知，估计量的标准误差就是它的估计标准差)(而非对角线元素是不同 $\hat{\beta}_i$ 之间的估计协方差).

15.10 示例：棒球数据(续)

让我们使用泛型函数 vcov()来获得棒球数据中向量 $\hat{\boldsymbol{\beta}}$ 的估计协方差矩阵.

```
> lmout <- lm(Weight ~ Height + Age,data=mlb)
> vcov(lmout)
            (Intercept)       Height          Age
(Intercept) 322.0112213 -4.119253943 -0.633017113
Height       -4.1192539  0.054952432  0.002432329
Age          -0.6330171  0.002432329  0.015806536
```

例如，β_1 的估计方差为 0.054 952 432. 取平方根，我们得到 $\hat{\beta}_1$ 得标准误差为 0.2344.

这与我们先前对 summary(lm())的调用结果相匹配，因为它的数值来自同一个地方.

328

但是现在我们可以得到更多. 假设我们希望计算总体中身高 72 英寸、年龄 30 岁的运动员平均体重的置信区间. 这个量等于

$$\beta_0+72\beta_1+30\beta_2=(1,\ 72,\ 30)\boldsymbol{\beta} \tag{15.49}$$

它的估计为

$$(1,\ 72,\ 30)\hat{\boldsymbol{\beta}} \tag{15.50}$$

因此，利用式(11.37)，我们有

$$\widehat{\mathrm{Var}}(\hat{\beta}_0+72\hat{\beta}_1+30\hat{\beta}_2)=(1,\ 72,\ 30)\boldsymbol{A}\begin{pmatrix}1\\72\\30\end{pmatrix} \tag{15.51}$$

其中 $\boldsymbol{A}$ 是上面 R 中输出的矩阵. 这个量的平方根是 $\hat{\beta}_0+72\hat{\beta}_1+30\hat{\beta}_2$ 的标准误差. 我们将 $\hat{\beta}_0+72\hat{\beta}_1+30\hat{\beta}_2$ 加上或减去平方根的 1.96 倍，从而得到总体中身高 72 英寸、年龄 30 岁运动员的平均体重的约为 95%的置信区间.

15.11　虚拟变量

许多数据集包括分类变量或名义变量，这些术语表示此类变量编码类别或类别名称.

考虑软件工程师生产力的研究[18]. 研究的作者预测 Y＝完成一个项目所需的人月数，$X^{(1)}$＝以代码行度量项目的规模，$X^{(2)}=1$ 或 0，取决于使用面向对象的方法还是面向过程的方法，以及其他变量.

$X^{(2)}$ 是一个指示变量，在回归上下文中通常称为“虚拟”变量. 让我们概括一下. 假设我们比较三种不同的面向对象语言，C＋＋和 java 以及程序语言 C. 我们可以将 $X^{(2)}$ 的定义改变为使用 C＋＋时值为 1，非 C＋＋时为 0，我们也可以添加另一个变量 $X^{(3)}$，使用 java 时值为 1，非 java 时值为 0. 当 $X^{(2)}=X^{(3)}=0$ 时，暗示使用 C 语言.

329

在我们数据集的原始编码中，有一个语言变量，分别为 C＋＋、java 和 C，其编码分别为 0、1 或 2. 这里有几个要点.

- 我们不希望用值为 0、1 和 2 的值来表示语言，因为这意味着 C 的影响是 Java 的两倍.
- 因此，我们将语言的单变量转换为两个虚拟变量 $X^{(2)}$ 和 $X^{(3)}$.
- 如前所述，我们不会设置三个虚拟变量. 很明显，两个就足够了，因为 C 的使用可由 $X^{(2)}=X^{(3)}=0$ 来暗示. 事实上，在式(15.31)中如果有三个虚拟变量将导致 $\boldsymbol{Q}'\boldsymbol{Q}$ 不可逆(本章末尾练习 2 可知).
- 当 R 将数据集读入数据结构时，它将注意到变量是分类的，并将其作为因子输入数据结构中，这是 R 中专门用于分类变量的数据类型. 如果随后调用 lm()，后者会自动将因子转换为虚拟变量，注意这里只从具有 k 个级别的因子生成 $k-1$ 个虚拟变量.

15.12　分类

在预测问题中，在 Y 是指示变量的特殊情况下，如果对象属于此类，则值为 1，如果

不属于此类，则值为 0，这种回归问题被称为分类问题.

我们将在 15.12.1 节中正式阐述这个想法，但首先，以下是一些示例：

- 患者有可能患糖尿病吗？这个问题已经被许多研究者研究过，例如[40]. 在第 7 章中我们已经看到了 Pima 数据，其中预测变量包括怀孕次数、血糖浓度、舒张压、三头肌皮褶厚度、血清胰岛素水平、体重指数(BMI)、糖尿病家族遗传和年龄.
- 磁盘驱动器有可能很快就会出现故障吗？之前的例子[34]中已经对此进行了研究. Y 是 1 还是 0，这取决于驱动是否出现故障，而预测变量包括温度、读取错误数等.

330

- 一项在线服务会有许多客户进入或退出. 它希望能预测谁将离开，以便为他们提供一个能留在这家公司的特别待遇[45].
- 当然，还有一类很大的应用就是计算机视觉[26].

在以上所有的例子中，除了最后一个例子，其他都只有两个类，例如第一个例子中是糖尿病或非糖尿病. 在最后一个例子中，通常有许多类. 例如，如果我们试图识别手写数字 0-9，则有 10 个类. 而对于面部识别，类的数量可能达到数百万或者更多.

15.12.1 分类＝回归

许多机器学习算法，尽管它们很复杂，但实际上核心部分都可以归结为回归. 原因如下：

正如我们经常注意到的，任何指标随机变量的平均值都是该变量等于 1 的概率(4.4 节). 因此，如果我们的响应变量 Y 只取 0 和 1 时，此时为分类问题，那么回归函数退化为

$$m_{Y;X}(t)=P(Y=1\mid \boldsymbol{X}=\boldsymbol{t}) \tag{15.52}$$

(请记住，$\boldsymbol{X}$ 和 $\boldsymbol{t}$ 通常是向量值.)

作为一个简单但方便的例子，假设 Y 是性别(1 代表男性，0 代表女性)，$X^{(1)}$ 表示身高，$X^{(2)}$ 表示体重，也就是说，我们从一个人的身高和体重来预测这个人的性别. 例如 $m_{Y;X}(70,150)$ 是身高为 70 英寸、体重为 150 磅的人是男人的概率. 同样请注意，这个概率是一个总体量，即在总体中，身高为 70 英寸、体重为 150 磅的人中男性所占的比例.

我们可以很容易地证明：

在给定 $X=t$ 的条件下，最优预测规则是最小化总体误分类率，那么当且仅当 $m_{Y;X}(t)>0.5$ 时，预测值 $Y=1$.

因此，如果我们知道某个人的身高是 70 英寸，体重是 150 磅，我们对这个人性别的最佳猜测是当 $m_{Y;X}(70,150)>0.5$ 时，他为男性.

331

15.12.2 Logistic 回归

请记住，我们通常先尝试一个参数模型作为回归函数，因为这意味着我们估计的数量是有限个，而不是无限个. [㊀]可能最常用的分类模型是 Logistic 回归函数(通常称为

㊀ 非参数方法如下所示. 考虑上面例子中预测性别的身高和体重. 我们可以选出样本数据中身高和体重分别接近 70 和 150 的所有人，然后计算出这组人中男性的比例. 这将是我们对给定身高和体重的男性的估计概率.

“logit”). 它的回归方程形式为

$$m_{Y;X}(t)=p(Y=1\mid \boldsymbol{X}=\boldsymbol{t})=\frac{1}{1+\mathrm{e}^{-(\beta_0+\beta_1 t_1+\cdots+\beta_r t_r)}} \tag{15.53}$$

15.12.2.1 Logistic 回归模型：动机

Logistic 函数本身，

$$\ell(u)=\frac{1}{1+\mathrm{e}^{-u}} \tag{15.54}$$

其值域介于 0 和 1 之间，因此是模拟概率的一个很好候选形式. 而且它是关于 u 单调的，这使得它更具有吸引力，因为在许多分类问题中，我们认为 $m_{Y;X}(t)$在预测变量中应该是单调的.

但是使用 logit 模型还有其他的原因，比如对于 $\boldsymbol{X}$ 而言它包含了许多常见的参数模型. 要了解这一点，请注意，对于离散型的向量值 $\boldsymbol{X}$ 和 $\boldsymbol{t}$，我们可以写为

$$\begin{aligned}P(Y=1\mid \boldsymbol{X}=\boldsymbol{t})&=\frac{P(Y=1\text{ 且 }\boldsymbol{X}=\boldsymbol{t})}{P(\boldsymbol{X}=\boldsymbol{t})}\\&=\frac{P(Y=1)P(\boldsymbol{X}=\boldsymbol{t}\mid Y=1)}{P(\boldsymbol{X}=\boldsymbol{t})}\\&=\frac{qP(\boldsymbol{X}=\boldsymbol{t}\mid Y=1)}{qP(\boldsymbol{X}=\boldsymbol{t}\mid Y=1)+(1-q)P(\boldsymbol{X}=\boldsymbol{t}\mid Y=0)}\\&=\frac{1}{1+\dfrac{(1-q)P(\boldsymbol{X}=\boldsymbol{t}\mid Y=0)}{qP(\boldsymbol{X}=\boldsymbol{t}\mid Y=1)}}\end{aligned}$$

332

式中，$q=P(Y=1)$是 $Y=1$ 在总体中的比例. 请记住，这种可能性是无条件的！如果 $\boldsymbol{X}$ 是一个连续型的随机向量，那么模拟值为

$$P(Y=1\mid X=t)=\frac{1}{1+\dfrac{(1-q)f_{X\mid Y=0}(t)}{qf_{X\mid Y=1}(t)}} \tag{15.55}$$

为了简单起见，设 X 是标量，即 $r=1$. 假设给定 Y 的条件下，X 服从正态分布. 换句话说，在每个类中，Y 是服从正态分布的. 并假设 X 的两个类的方差相等，且其方差值为 σ^2，但均值为 μ_0 和 μ_1. 那么

$$f_{X\mid Y=i}(t)=\frac{1}{\sqrt{2\pi}\sigma}\exp\left[-0.5\left(\frac{t-\mu_i}{\sigma}\right)^2\right] \tag{15.56}$$

在做了一些简单但相当枯燥的代数运算之后，式(15.55)化简成 Logistic 回归形式为

$$\frac{1}{1+\mathrm{e}^{-(\beta_0+\beta_1 t)}} \tag{15.57}$$

其中

$$\beta_0=-\ln\left(\frac{1-q}{q}\right)+\frac{\mu_0^2-\mu_1^2}{2\sigma^2} \tag{15.58}$$

且

$$\beta_1=\frac{\mu_1-\mu_0}{\sigma^2} \tag{15.59}$$

换言之，如果 X 在两个类中都服从正态分布，且具有相同的方差和不同的均值，那么 $m_{Y;X}()$具有 Logistic 回归形式！如果 X 在每一类中都服从多元正态分布，且均值向量不同，但协方差矩阵相等，那么结果也是如此.（这里的代数运算很枯燥，但是它确实有效.）鉴于多元正态分布族的中心重要性——这里的“中心”一词是一个双关语，此时也暗指(多元)中心极限定理——这使得 logit 模型更有用.

333

15.12.2.2 logit 的估计和推断

我们使用 glm()函数在 R 中拟合 logit 模型，其中参数 family= binomial. 该函数求 $\hat{\beta}_i$ 的最大似然估计(8.4.3 节)[一].

在线性模型情况下，输出给出了 $\hat{\beta}_i$ 的标准误差. 这形成了单个 $\hat{\beta}_i$ 的置信区间和显著性检验. 对于 $\hat{\beta}_i$ 线性组合的推断，请像线性模型一样使用 vcov()函数.

15.12.3 示例：森林覆盖率数据

让我们再来看看 10.6.1 节中的森林覆盖率数据. 回想一下，这个应用有预测目标，而没有描述目标[二]. 我们希望预测森林覆盖的类型. 这里森林的覆盖有 7 个类别.

15.12.4 R 代码

为了简单起见，我们将分析限制在 1 类和 2 类上，因此我们有一个二分类问题[三]. 创建一个新变量 Y，将第 1 类和第 2 类重新编码为 1 和 0：

```
> cvr1 <- cvr[cvr[,55] <= 2,]
> dim(cvr1)  # most cases still there
[1] 495141      55
> cvr1[,55] <- as.integer(cvr1[,55] == 1)
```

让我们看看，根据我们之前研究的变量 HS12（中午山坡的树荫量，数据中命名为 V8），我们可以预测站点的类别，现在使用 Logistic 回归模型.（当然，更好的分析需要更多的预测变量.）

```
> g <- glm(V55 ~ V8,data=cvr1,family=binomial)
```

结果是：

334

```
> summary(g)
...
Coefficients:
              Estimate Std. Error z value
(Intercept)  0.9647878  0.0351373   27.46
```

[一] 与线性回归的情况一样，估计和推断是根据预测变量 X_i 的值是有条件进行的.

[二] 回顾 15.2 节中的这些概念.

[三] 这部分内容将在 15.12.5.1 节推广.

```
V8             -0.0055949  0.0001561   -35.83
               Pr(>|z|)
(Intercept)      <2e-16 ***
V8               <2e-16 ***
...
Number of Fisher Scoring iterations: 4
```

15.12.5　分析结果

你会立即注意到输出结果与 lm()的输出结果相似[⊖]. 尤其要注意系数部分. 我们得到了总体系数 β_i 的估计值，以及它们的标准误差和假设检验 $H_0: \beta_i=0$ 的 p 值.

我们看到 $\hat{\beta}_1=-0.01$. 这个值很小，但反映了我们在第 10 章中对这些数据的分析. 我们发现，覆盖类型为类 1 和类 2 的 HS12 估计均值分别为 223.4 和 225.3，仅相差 1.9，这与估计出的均值本身相比微不足道.

现在用本质上的差异乘以 0.01. 让我们来看看对回归函数的影响，即在给定 HS12 的条件下覆盖类型为 1 的概率. 换言之，让我们设想一下有两个森林地点，它们的覆盖类型未知，但是已知它们的 HS12 值为 223.8 和 226.8，它们正好位于这两种覆盖类型 HS12 分布的中心. 那么这两个选址的预测覆盖类型是什么？

代入式(15.53)，结果分别为 0.328 和 0.322. 请记住，这些数字是在给定 HS12 值的条件下，覆盖类型为 1 的估计概率. 所以，对于预测森林覆盖是类型 1 还是类型 2 来说，对 HS12 的了解对我们并没有多大帮助. 预测覆盖类型为 1 的概率彼此之间非常接近(即在每种情况下我们都会猜测不是类型 1).

335 也就是说，HS12 对于预测覆盖类型为 1 的估计概率没有多大作用，因此它不能很好地预测覆盖类型. 但是 R 的输出表明 β_1 与 0 “显著” 不同，因为 p 值很小(2×10^{-16}). 因此，我们再次看到，显著性检验并没有达到我们的目标.

15.12.5.1　多分类情况

到目前为止，我们只限于处理二分类问题，如覆盖类型 1 和 2. 我们怎样处理分 7 类的问题呢？

解决这个问题的一种方法是运行 7 个 logit 模型. 第一个模型是预测类型 1 与其他类型，第二个模型是预测类型 2 与剩余其他类型，然后是预测类型 3 与剩下其他类型等等. 假设有一个新的预测方案，我们会求 $Y=1$ 的 7 个估计概率(其中 Y 在每个概率中扮演不同的角色). 然后我们会猜测覆盖类型为概率最高的类型.

要了解更多有关多分类问题，请参见文献[29].

15.13　机器学习：神经网络

尽管机器学习本身听起来像科幻小说，但事实上机器学习(ML)技术只是一种非参数回归方法. 这里我们将讨论最受关注的 ML 方法——神经网络(NN). 当然其他各种 ML 技

⊖ 你注意到最后一列的标签是“z 值”而不是之前的“t 值”吗？后者来自学生 t 分布，它假设 Y 在给定 X 的条件下是正态分布的. 正如我们所讨论的，这个假设通常是不现实的，所以我们要依赖中心极限定理. 即使对于更大的 n 也没什么关系. 不过，这里没有精确的检验，所以即使是 R 也需要求助于 CLT.

术也很受欢迎，例如随机森林、boosting 和支持向量机[1].

15.13.1　示例：预测脊椎畸形

这里使用六个预测变量来预测三种脊椎情况中的一种：正常(NO)、椎间盘突出(DH)和腰椎滑脱(SL). 图 15.1 由 R 的神经网络包 neuralnet 生成.

336

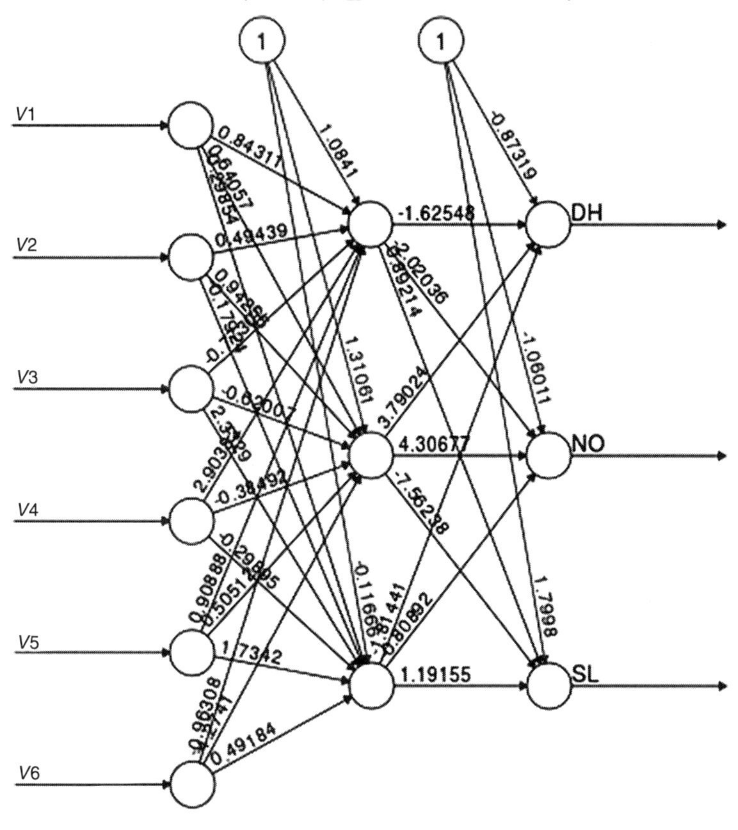

图 15.1　脊椎数据

337

这里的网络有三层，圆形垂直排列. 数据流是从左向右的. 从左边输入特定患者的六个预测变量值 $V1$ 到 $V6$，然后从最右边的层输出对该患者的预测类别.（实际上，中间的这三个输出是每类的概率，我们的输出结果为概率最高的类.）

这些圆被称为神经元或简单的单元. 在每个单元，输入的信息以线性组合的方式被计算然后输出. 一层的输出再作为下一层的输入，但是必须通过激活函数运行之后，比如

[1] 从技术上讲，我们这里的处理只包括前馈神经网络. 而另一种类型——卷积神经网络——在图像分类应用中很广泛. 这些网络与基本神经网络没有任何区别. “C” 部分由标准的图像处理操作组成，这些早于神经网络，且广泛用于非神经网络环境. 递归神经网络允许在网络中循环连接，它广泛用于文本分类，在其他方面还有标准的神经网络结构.

logit 函数[㊀]

$$a(t)=\frac{1}{1+e^{-t}} \tag{15.60}$$

激活函数应用于圆的输出(第一层除外). 在每一层的激活函数功能可能不同.

除了输入层和输出层外，中间的层都称为隐藏层. 我们这里只有一个隐藏层.

要使问题具体化，请看中间层，特别是最顶上的单元. 它有 6 个输入，对应于 6 个预测变量. 每个输入都有一个权重. 例如，$V1$ 的重量为 0.843 11.

一开始听起来有点像 `lm()` 函数的操作，但关键的区别在于我们计算了三组不同的权重，中间层的三个单元各有一组. 第二个单位 $V1$ 的权重是 0.640 57. 为了考虑到线性回归模型中的常数项，图的顶部还有“1”输入. 第二层的输出也需要加权，用于输入到第三层.

层数和每层单元的个数都是由分析员选择的超参数，就像直方图中方块的个数一样也是由分析员设置的.

那么，权重是如何确定的呢？这是一个迭代过程(请注意图中标题中的“step”一词)，在这个过程中，我们试图最小化某一损失函数，通常是总平方预测误差，如式(15.30)所示. 这个过程可能变得相当复杂，事实上，许多神经网络技术都致力于使迭代过程更快、更准确. 但实际上，在某些情况下，甚至可能很难使迭代过程收敛. 我们在这里不进一步讨论这个问题，只是需要注意，任何神经网络实现中的许多超参数都致力于在这些意义上进行改进.

338

15.13.2　但是到底发生了什么

由于神经网络的复杂性，所以很容易忽略它的工作原理. 为了深入了解，考虑一个激活函数 $a(t)=t^2$. 这个激活常数不常见，但是让我们从它开始.

如前所述，到第二层的输入是第一层值的线性组合. 但是由于激活函数，第二层的输出将是平方的，因此第三层的输入是 $V1$ 到 $V6$ 的线性组合平方的线性组合. 这意味着是从 $V1$ 到 $V6$ 中的二次多项式. 如果我们有更多的隐藏层，那么下一层将输出 4 次多项式，然后是 8 次多项式，以此类推.

那其他激活函数 $a(t)$呢？对于任何一个多项式 $a(t)$，你可以同样看到，随着我们从一层到另一层，输出会有越来越高次的多项式.

那式(15.60)呢？回想一下微积分的内容，我们可以用泰勒级数来近似一个函数. 即使是一些常见的没有 Taylor 级数的激活函数，比如 ReLU 函数，仍可以用多项式来逼近[㊁].

也就是说神经网络模型与多项式回归密切相关.

15.13.3　R 包

有许多 R 包可用于神经网络. 目前，最复杂的是 `keras`，它是用 R 实现的一种通用的

㊀ 它当然是 Logistic 回归中使用的函数，但是实际上它们没有联系. 在每种情况下，都需要一个值域在(0，1)内的递增函数来产生这个函数需要满足的概率和条件.

㊁ $reLU(t)=max(0; t)$.

同名算法. kerasformula 包作为 keras 的包装器，为用户提供了一个更像“R”的界面[一]. 下面是一个典型的调用模式：

```
units <- c(5,2,NA)
layers <- list(units=units,
   activation=c('relu','relu','linear'))
kfout <- kms(y ~ .,data=z,layers=layers)
```

339

在第一行中，我们指定由 5 个单元和 2 个单元组成的隐藏层，后面是只传递前一层输出的层. 在第二行中，我们指定了前两层的激活函数 reLU，其中“linear”再次表示数据是直接传递的. 这是因为这里我们应用了一个回归. 对于分类问题，我们可能将最后一个激活函数指定为“softmax”，它输出的是最大输入的索引.

在一般的神经网络应用中，无论实现方式如何，我们建议通常情况下，应将数据集中并放缩，因为这有助于收敛[二]. 例如，可以将 R 的 scale() 函数用于预测数据，该函数是将数据减去平均值并除以标准差. 注意，这也意味着在预测未来的新病例时，必须对它们应用相同的比例. 请参阅 R 中关于 scale() 的在线帮助，看一下如何保存原始放缩值，然后在后面应用相同的值.

也可以缩放响应变量. 在 kerasformula 中，通过减去下限并除以范围，将该变量缩小到[0，1]内. 例如，假设响应值的范围在 1 到 5 之间. 然后减去 1 除以 5－1＝4. 由于预测值会在同一范围内，所以我们必须乘以 4 再加上 1 才能回到原来的范围.

15.14 计算补充

15.14.1 15.5.1 节中的计算细节

考虑下面一行代码：

```
> lm(Weight ~ Height,data=mlb)
```

在 15.5.1 节中. 它看起来是无害的，但这里有很多细节. 如“＞”符号所示，我们执行了 R 的交互模式. 在这种模式下，我们键入的任何表达式都将被打印出来. lm() 的调用会返回一个对象，因此它被打印出来. 那里到底发生了什么？比如说“o”，这个对象是 S3 类“lm”的一个实例，实际上它相当复杂. 那么，“打印”一个复杂的对象意味着什么？

340

答案在于 print() 是 R 的一个泛型函数. 当被要求打印“o”时，R 解释器将把打印发送给为“lm”类定制的 print.lm() 函数. 该函数的作者必须决定应该打印哪些类型的信息. 同样，

```
> summary(lmout)
```

调用被分派到 summary.lm()，且这个函数的作者需要决定要打印哪些信息.

15.14.2 关于 glm() 的更多信息

R 的 glm() 函数是 lm() 的推广，实际上“glm”代表广义的线性模型. 原因如下.

考虑式(15.53). 虽然参数 β_i 明显是非线性的，但人们会立即注意到表达式中有一个线

[一] 有关安装提示，请参阅 https://keras.rstudio.com

[二] 一个常见的问题是“破碎钟表问题”，在此问题中算法是收敛的，但所有的预测值都是相同的！

性形式，特别是在 e 的指数中. 事实上，读者应该在 15.12.2.1 节看到这一点，

$$w(u) = -\ln\left(\frac{1-\ell(u)}{\ell(u)}\right) = u \tag{15.61}$$

换言之，即使 logit 本身对 u 中不是线性的，但是 logit 的函数对 u 是线性的. 在 GLM 术语中，这被称为连接函数. 它将回归函数与 β_i 中的线性形式联系起来[14].

还有很多其他的 GLM 模型，比如泊松回归. 假设给定 $X=t$ 条件下 Y 的条件分布为泊松分布，其中 $\lambda=\beta_0+\beta_1 t_1+\cdots+\beta_r t_r$. 这里的连接函数就是 `log()`.

如我们所见，连接函数在 `glm()` 中通过参数 `family` 指定，例如，对于 logit 连接设置 `family= binodential`. 请注意，`family` 必须是一个函数，事实上它可以是 `binomial`、`poisson` 等计算各种连接的函数.

341

15.15 练习

数学问题

1. 考虑 11.1.1 节弹珠的示例. 请注意，这些概率就是分布，即总体值. 求总体回归函数 $m_{Y;B}(j)$，$j=0$，1，2，3 的值.
2. 在 15.11 节的 C++/Java/C 示例中，我们声明不应该有三个虚拟变量来表示语言，因为它将使 $\boldsymbol{Q}'\boldsymbol{Q}$ 不可逆. 请证明这一点. 提示：考虑 $\boldsymbol{Q}$ 中对应这些语言的三个列的向量和.
3. 假设(X, Y)是具有两个分量的标量，且服从二元正态分布，其中均向量为 $\boldsymbol{\mu}$，协方差矩阵为 $\boldsymbol{\Sigma}$. 证明 $m_{Y;X}(t)=\beta_0+\beta_1 t$，即符合线性模型，并根据 $\boldsymbol{\mu}$ 和 $\boldsymbol{\Sigma}$ 求出 β_i.

计算和数据问题

4. 在棒球运动员数据中，对体重、身高、年龄和位置进行线性回归. 注意，后者是一个分类变量，但是正如本文中指出的，R 将自动为你创建适当的虚拟变量. 为固定身高和年龄的投手和接球手之间在体重差异上找出一个置信区间.
5. 在棒球数据中，从身高、年龄和体重进行 Logistic 回归来预测球员的位置.
6. 考虑 7.8 节的 Pima 数据. 尝试从其他变量预测糖尿病的状态.

342

第 16 章　模型简化和过拟合

我们在第 14 章讨论了模型简化. 我们在上一章所了解的预测建模基础上继续讨论. 为了理解模型甚至为了是美学的目的，简化的重要性现在被相关的但独立的过拟合问题所掩盖.

这是迄今为止统计学和机器学习领域中最令人烦恼的问题. 过拟合指的是在给定样本量的情况下，拟合的模型过于丰富. 虽然它是回归问题中最常讨论的问题，但它仍是统计学中一个常见问题.

16.1　什么是过拟合

16.1.1　示例：直方图

我们在 8.2.3.1 节中首先遇到直方图. 一个直方图中应该设置多少个区间？如果我们的区间太少——极端的话，只有一个——数据的基本特征就会丢失. 但是如果区间太多，我们会得到一条锯齿状的曲线，看起来像是在“拟合噪声”，从而再次错过了数据的基本特征.

343

16.1.2　示例：多项式回归

假设我们有一个预测模型，n 个数据点. 如果我们拟合一个 $n-1$ 次多项式模型，得到的曲线将通过所有 n 个点，这是一个“完美”的拟合. 例如：

```
> x <- rnorm(6)
> y <- rnorm(6) # unrelated to x!
> df <- data.frame(x,y)
> df$x2 <- x^2
> df$x3 <- x^3
> df$x4 <- x^4
> df$x5 <- x^5
> df
           x          y        x2          x3
1 -0.9808202  0.9898205 0.9620082 -0.94355703
2 -0.5115071  0.5725953 0.2616395 -0.13383047
3 -0.6824555 -0.1354214 0.4657456 -0.31785063
4  0.8113214  1.0621229 0.6582425  0.53404620
5 -0.7352366  0.1920320 0.5405728 -0.39744891
6  0.3600138  0.7356633 0.1296100  0.04666137
          x4           x5
1 0.92545975 -0.907709584
2 0.06845524 -0.035015341
3 0.21691892 -0.148037517
4 0.43328312  0.351531881
5 0.29221897 -0.214850074
6 0.01679874  0.006047779
```

```
> lmo <- lm(y ~ .,data=df)
> lmo$fitted.values
         1          2          3          4
 0.9898205  0.5725953 -0.1354214  1.0621229
         5          6
 0.1920320  0.7356633
> df$y
[1]  0.9898205  0.5725953 -0.1354214  1.0621229
[5]  0.1920320  0.7356633
```

当利用原始数据集使用拟合模型预测 Y 值时，"lm" 的分量 fitted.values 会列出所获得的值.

是的，我们完美地“预测”了 y(即使响应和预测变量之间没有关系). 很明显，这种“完美拟合”是虚幻的，是“噪声拟合”. 而模型对于未来的预测能力不好，这就是过拟合.

344

让我们仔细看看，比如在推荐系统中，一个著名的例子是预测观众对各种电影的评分. 假设我们预测一个人对某部电影的评分，是根据他之前对其他电影的评分，加上这个人的年龄和性别得出的. 假设男性随着年龄的增长而变得更加自由，而女性则变得更加保守. 如果我们忽略了交互作用，那么我们就会低估年龄较大的男性的评分，而高估年龄较大的女性的评分. 这种偏差会影响我们的评分预测.

另一方面，加入交互作用可能会增加抽样方差，即估计回归系数的标准误差.

因此我们有一个著名的偏差/方差权衡方法. 随着我们在回归模型中使用越来越多的项(预测项、多项式、交互作用)，偏差减小，而方差增加. 这些减少和增加之间的“拉锯战”通常会产生一条 U 形曲线. 当我们从 1 开始增加项数时，平均绝对预测误差起初会减小，但最终会增加. 一旦我们增加到一定程度，我们就是过拟合了.

当有许多虚拟变量时，这是一个严重的问题. 例如，在美国有 42 000 多个邮政编码，如果每个邮政编码都设置一个虚拟编码，几乎可以肯定这一定是过拟合的.

16.2 有什么办法吗

那么，“折中办法”在哪呢? 这个模型足够丰富，它可以捕捉到附近变量的大部分动态. 但是它又足够简单到可以避免方差问题吗? 不幸的是，这个问题没有一个好的答案. 这里我们关注的是回归的示例.

一个简单的经验法则是，应该有 $p<\sqrt{n}$，其中 p 是预测变量数，包括多项式和交互作用，n 是我们的样本数. 但无论如何，这肯定不是一个固定的规则.

16.2.1 交叉验证

345

从 16.1 节的多项式拟合示例中，我们可以归结以下要点:

对预测能力的评估，建立在预测我们模型所适用的相同数据的基础上，它往往过于乐观，有可能毫无意义也有可能接近真实情况.

这促成了处理偏差/方差权衡的最常见方法——交叉验证. 在最简单的版本中，我们随机地将数据分成一个训练集和一个测试集[一]. 我们在训练集上拟合模型，然后假装不知道测试集中的“Y”值(即响应值)，我们根据拟合的模型和测试集中的“X”值预测这些“Y”值. 然后测试预测效果.

测试集是“新的”数据，因为我们只在训练集上调用 `lm()`或其他函数. 因此，我们避免了“噪声拟合”问题. 我们可以尝试几个候选模型. 例如，在非参数设置中，不同的预测变量集或不同数量的最近邻. 然后选择在测试集上表现最好的预测模型.

由于训练集/测试集的划分是随机的，我们应该进行多次划分，这样就可以多次评估每个候选模型的性能，看看是否能呈现清晰的模式.

(请注意，通过交叉验证对模型进行拟合后，我们将使用完整的数据进行后续预测. 分割数据进行交叉验证只是选择模型的一种临时手段.)

交叉验证本质上是模型选择的标准，如果我们只尝试几个模型，它的效果很好.

16.3 预测子集选择

因此，我们可以使用交叉验证来评估一组特定的预测变量在新数据中的表现. 原则上，这意味着我们可以拟合 p 个预测变量的所有可能子集，并选择在交叉验证中表现最好的子集. 不过，这可能不太现实.

首先，有太多的子集——共计 2^p 个！即使对于不太大的 p，计算所有这些都是不可行的.

其次，可能存在严重的 p-hacking 问题(10.16 节). 在评估成百上千的预测变量的子集时，很可能其中一个由于偶然性看起来很合适. 346

不幸的是，尽管已经提出了大量的方法，但目前还没有一个有效的解决这一困境的办法. 它们中很多都被广泛地使用，包括在 R 包中使用. 我们不在这里进一步讨论这个问题.

16.4 练习

计算和数据问题

1. 考虑第 11 章练习 15 的 `prgeng` 数据集. 你将从年龄、性别、职业(虚拟变量)和工作周数来预测收入. 收入与年龄的关系不是线性的，因为 40 岁后收入趋于稳定. 所以，试试年龄的多项式模型. 换句话说，可以从性别、职业、工作周数、年龄、年龄的平方和年龄的立方等预测收入. 在过拟合出现之前，看看几次多项式可以拟合更好. 例如使用大小为 2500 的测试集，进行交叉验证并评估. 347~348

[一] 后者也被称为保持集或验证集.

第 17 章　离散时序马尔可夫链简介

在多元分析中，人们经常处理时间序列，即随时间变化的数据，如天气、财务数据、医学脑电图/心电图等都属于这一类数据.

对于本书而言这个主题太宽泛了，所以我们将关注一种特殊的时间序列，马尔可夫链.除了在排队论、遗传学和物理学等领域的经典应用外，它在数据科学领域也有很重要的应用，如隐马尔可夫模型、谷歌的 PageRank 和马尔可夫链蒙特卡罗方法.我们将在本章中介绍它的基本思想.

基本思想是我们的随机变量 X_1，X_2，…具有时间索引.每一个随机变量都可以取到给定集合中的任何值，此集合称为状态空间.X_n 表示系统在时间 n 时的状态.状态空间被假定为有限的或可数无限的㊀.我们有时也会考虑初始状态 X_0，它有可能是固定的，也可能是随机的.

关键的假设是马尔可夫性质，粗略地讲，马尔可夫性质可以描述为：

349

在给定当前状态和过去状态的前提下，未来状态的概率只取决于当前状态，而与过去状态无关.

从形式上讲，上述文字描述的意思是：

$$P(X_{t+1}=s_{t+1} \mid X_t=s_t，X_{t-1}=s_{t-1}，\cdots，X_0=s_0) = P(X_{t+1}=s_{t+1} \mid X_t=s_t) \tag{17.1}$$

注意，在式(17.1)中，方程的两边是相等的，但它们的共同值可能取决于 t.我们假设情况并非如此.如果不取决于时间 t，我们称之为平稳的㊁.例如，假设在时间 29 处从状态 2 到状态 5 的概率与在时间 333 处的概率相同.

17.1　矩阵形式

我们定义 p_{ij} 为一个时间步长内从状态 i 到状态 j 的概率.注意这是一个条件概率，即 $P(X_{n+1}=j \mid X_n=i)$.这些量构成了一个矩阵 $\boldsymbol{P}$，其第 i 行第 j 列元素为 p_{ij}，称其为转移矩阵㊂.

㊀ 后者是一个数学术语，其意义是可以使用整数下标来表示整个空间.可以证明的是，所有实数构成的集合是无限不可数的，尽管可能令人惊讶，但是所有有理数构成的集合都是无限可数的.

㊁ 不要与下面的平稳分布概念混淆.

㊂ 不幸的是，这里有些符号使用过多.无论是在这本书中还是在一般的领域中，我们通常用字母 $\boldsymbol{P}$ 来表示矩阵，但是也用 $P()$来表示概率.然而，通过上下文可以清楚地看出我们的含义.同样这也适用于我们的转移概率 p_{ij}，它使用带有下标的字母 p，概率密度函数的情况也是如此.

例如，考虑一个具有三个状态的马尔可夫链，其转移矩阵为

$$\boldsymbol{P}=\begin{bmatrix}\frac{1}{2} & 0 & \frac{1}{2}\\ \frac{1}{4} & \frac{1}{2} & \frac{1}{4}\\ 1 & 0 & 0\end{bmatrix} \tag{17.2}$$

这意味着，例如，如果我们现在处于状态 1，那么未来进入状态 1、2 和 3 的概率分别为 1/2、0 和 1/2. 注意，每一行的概率之和必须为 1，毕竟，在任何一个状态下，我们未来必须要处于某个状态.

实际上，$\boldsymbol{P}$ 转移矩阵的 m 次幂给出了第 m 步转移的概率. 换句话说，$\boldsymbol{P}^m$ 的元素(i, j)为 $P(X_{t+m}=j \mid X_t=i)$. 对于 $m=2$ 的情况，这一点很明显，如下所示.

350

像以前一样，我们“把大事件分解成小事件”，$X_{t+2}=j$ 是怎么发生的呢？根据我们离开状态 i 后，可能先去哪个状态来把事件进行分解. 我们可能以概率 p_{i1} 从 i 到 1，然后以概率 p_{1j} 从 1 到 j. 类似地，我们可能从 i 到 2，然后从 2 到 j，或者从 i 到 3，然后从 3 到 j 等. 所以，

$$P(X_{t+2}=j \mid X_t=i)=\sum_k p_{ik}p_{kj} \tag{17.3}$$

考虑到矩阵相乘的规则，右边的表达式就是 $\boldsymbol{P}^2$ 的(i, j)元素！

然后通过数学归纳法，我们可以得到 m 的情况.

17.2　示例：骰子游戏

考虑下面的游戏. 一个人重复地掷骰子，然后统计所得的总点数. 每次总点数超过 10（不等于 10），获得 1 美元，然后继续玩，此时取 10 的模，然后将剩下的余数作为当前总点数重新开始. 例如，我们有一个总点数为 8，然后又掷出了 5. 此时，我们获得了 1 美元，且目前我们的新总点数为 3.

如果假设玩家从状态 1 开始，即 $X_0=1$，这将使问题更简单. 然后我们再也不会到碰到状态 0，从而可以将状态空间限制在数字 1 到 10 之间.

这个过程显然满足马尔可夫性质，我们的状态就是我们当前的总点数，1，2，…，10. 例如，如果当前的总点数是 6，那么下一个总点数是 9 的概率是 1/6，而不管我们前几轮的结果是什么. 我们有 p_{25}、p_{72} 等都等于 1/6，然而 $p_{29}=0$. 下面是求转移矩阵 $\boldsymbol{P}$ 的代码：

```
# 10 states, so 10X10 matrix
# since most elements will be 0s,
# set them all to 0 first,
# then replace those that should be nonzero
p <- matrix(rep(0,100),nrow=10)
onesixth <- 1/6
for (i in 1:10) {  # look at each row
   # since we are rolling a die, there are
   # only 6 possible states we can go to
   # from i, so check these
```

351

```
    for (j in 1:6) {
        k <- i + j  # new total, but did we win?
        if (k > 10) k <- k - 10
        p[i,k] <- onesixth
    }
}
```

请注意，因为我们知道矩阵中的许多项都是 0，所以先把矩阵元素全部设为 0，然后再填充非零项，这样就比较容易一些. 下一行语句就是将矩阵元素初始化为 0.

```
p <- matrix(rep(0,100),nrow=10)
```

更多细节请参照 17.8.1 节.

17.3 长期状态概率

在马尔可夫模型的许多应用中，我们主要感兴趣的是系统的长期行为. 特别是，我们对一些状态可能比对另外一些状态更感兴趣，并希望找到每个状态的长期概率.

为此，让 N_{it} 表示我们在时间 1，…，t 中访问状态 i 的次数. 例如，在骰子游戏中，$N_{8,22}$ 表示前 22 次掷骰子中累积总点数为 8 的次数.

在典型的应用中，无论我们从哪儿开始，状态 i 都有概率为

$$\pi_i = \lim_{t \to \infty} \frac{N_{it}}{t} \tag{17.4}$$

在更多的条件下[⊖]，我们有更强的结果，

352

$$\lim_{t \to \infty} P(X_t = i) = \pi_i \tag{17.5}$$

这些量 π_i 通常是分析马尔可夫链的关键点. 我们将使用符号 π 表示由所有 π_i 构成的列向量：

$$\pi = (\pi_1, \pi_2, \cdots)' \tag{17.6}$$

其中'通常表示矩阵转置.

17.3.1 平稳分布

π_i 被称为平稳概率，因为如果初始状态 X_0 是具有该分布的随机变量，那么所有 X_i 都将具有该分布. 原因如下：

由式(17.5)，我们有

$$\pi_i = \lim_{n \to \infty} P(X_n = i) \tag{17.7}$$

$$= \lim_{n \to \infty} \sum_k P(X_{n-1} = k) p_{ki} \tag{17.8}$$

$$= \sum_k \pi_k p_{ki} \tag{17.9}$$

(第二个方程中的求和反映了概率中的常见问题，“它怎么发生的?”在本例中，我们根据

⊖ 基本上，我们需要概率序列链是非周期的. 例如，考虑一个随机行走. 我们在时间 0 时，从位置 0 开始走. 状态是整数.(因此，这条链有一个无限的状态空间.)我们每掷一枚硬币来决定是向右(正面)还是向左(反面)移动 1 个单位. 稍加思考你就会发现，如果我们从 0 开始，唯一能返回到 0 的次数就是偶数次，即 $P(X_n = 0 \mid X_0 = 0)$. 对于所有奇数 n，这是一个周期链. 顺便说一下，式(17.4)对于这个链是 0.

时间 $n-1$ 时可能处于的状态来分解事件 $X_n=i$.）

总之，对于每个 i，我们都有

$$\pi_i=\sum_k \pi_k p_{ki} \tag{17.10}$$

通常我们取 X_0 为常数. 但是我们设它为一个随机变量，且分布为 $\boldsymbol{\pi}$，即 $P(X_0=i)=\pi_i$，那么

$$P(X_1=i)=\sum_k P(X_0=k)p_{ki} \tag{17.11}$$

$$=\sum_k \pi_k p_{ki} \tag{17.12}$$

$$=\pi_i \tag{17.13}$$

353

这里最后一步使用了式(17.10). 所以，如果 X_0 服从分布 $\boldsymbol{\pi}$，那么 X_1 也服从分布 $\boldsymbol{\pi}$，这样继续下去，我们有 X_2，X_3，…都服从这个分布，从而证明了 $\boldsymbol{\pi}$ 的平稳性.

当然，式(17.10)适用于所有的状态 i. 读者应该以矩阵的方式来验证，式(17.10)表示

$$\boldsymbol{\pi}'=\boldsymbol{\pi}'\boldsymbol{P} \tag{17.14}$$

例如，对于三态链，P 的第一列为$(p_{11}, p_{21}, p_{31})'$. 左乘以 $\boldsymbol{\pi}'=(\pi_1, \pi_2, \pi_3)$，我们得到

$$\pi_1 p_{11}+\pi_2 p_{21}+\pi_3 p_{31} \tag{17.15}$$

正如式(17.14)所示，式(17.15)乘以式(17.10)是 π_1.

这个方程实际上是计算向量 $\boldsymbol{\pi}$ 的关键，正如我们现在将看到的.

17.3.2　$\boldsymbol{\pi}$ 的计算

式(17.14)向我们展示了如何求 π_i，至少在有限状态空间的情况下，这一节的主题如下.

首先，重写式(17.14)有

$$(\boldsymbol{I}-\boldsymbol{P}')\boldsymbol{\pi}=0 \tag{17.16}$$

这里 $\boldsymbol{I}$ 是 $n\times n$ 的单位矩阵(对于具有 n 个状态的链).

这个方程有无穷多个解. 如果 $\boldsymbol{\pi}$ 是一个解，那么 $8\boldsymbol{\pi}$ 也是. 此外，方程表明，矩阵 $\boldsymbol{I}-\boldsymbol{P}'$没有逆矩阵. 如果有，我们可以两边同时乘以它的逆矩阵，那么会发现唯一解是 $\boldsymbol{\pi}=\boldsymbol{0}$，这是不对的. 线性代数理论反过来告诉我们 $\boldsymbol{I}-\boldsymbol{P}'$的行不是线性独立的. 用通俗的语言来讲，这些方程中至少有一个是多余的.

但是我们需要 n 个独立的方程，幸运的是第 n 个方程是有用的.

354

$$\sum_i \pi_i=1 \tag{17.17}$$

注意式(17.17)可以写为

$$\boldsymbol{O}'\boldsymbol{\pi}=1 \tag{17.18}$$

其中 $\boldsymbol{O}$(“1”)是由 1 构成的 n 维向量. 让我们使用它！

同样，把式(17.16)看作一个线性方程组，让我们用式(17.18)代替最后一个方程. 从矩阵的角度，这意味着我们将式(17.16)中的矩阵 $\boldsymbol{I}-\boldsymbol{P}'$的最后一行替换为 $\boldsymbol{O}'$，并相应地将右边向量的最后一个元素替换为 1. 此时，右边有一个非零向量，且左边是一个满秩(即

可逆)矩阵. 这是下面代码的基础，我们将用它来求 $\boldsymbol{\pi}$.

```
findpi1 <- function(p) {
   n <- nrow(p)
   # find I-P'
   imp <- diag(n) - t(p)  # diag(n) = I, t() = '
   # replace the last row of I-P' as discussed
   imp[n,] <- rep(1,n)
   # replace the corresponding element of the
   # right side by (the scalar) 1
   rhs <- c(rep(0,n-1),1)
   # now use R's built-in solve()
   solve(imp,rhs)
}
```

17.3.3 π 的模拟计算

在某些应用中，状态空间是巨大的. 实际上，以谷歌的 PageRank 为例，每个网页都有一个状态，因此状态空间可以达到数亿！所以前面的矩阵方案是不可行的. 在这种情况下，模拟方法可能很有用，如下所示.

355 回顾我们在 17.3 节中的讨论：

让 N_{it} 表示在时间 1，…，t 期间我们访问状态 i 的次数. 在典型的应用中，无论是从哪个状态开始，对于每一个状态 i，我们有

$$\pi_i = \lim_{t \to \infty} \frac{N_{it}}{t}$$

因此，我们可以选择一个初始状态，然后模拟链在多个时间步长中的动作，然后反馈我们在每个状态下的次数比例. 这将得到 $\boldsymbol{\pi}$ 的近似值.

下面是实现这个想法的代码. 参数 p 是我们的转移矩阵，参数 nsteps 为我们希望运行模拟的时间长度，x0 是我们选择的初始状态.

```
simpi <- function(p,nsteps,x0)
{
   nstates <- ncol(p)
   visits <- rep(0,nstates)
   x <- x0
   for (step in 1:nsteps) {
      x <- sample(1:nstates,1,prob=p[x,])
      visits[x] <- visits[x] + 1
   }
   visits / nsteps
}
```

向量 visits 记录了我们在每个状态的频率. 当处于状态 x 时，我们根据链的转移概率从当前状态随机地选择下一个状态：

```
x <- sample(1:nstates,1,prob=p[x,])
```

请注意，在本节开始时，我们说状态空间可能很大. 事实上，它可以是无限的，比如对于具有无限缓冲空间的排队系统. 在这种情况下，上面的代码做一些修改后仍然是有效的(练习 7).

17.4　示例：连续三个正面的游戏

接下来的游戏怎么样？我们不停地掷硬币，直到连续地掷出三个正面. 那么我们需要掷骰次数的期望值是多少[⊖]？

356

我们可以把它建模为一个状态为 0、1、2 和 3 的马尔可夫链，其中状态 i 意味着到目前为止我们已经积累了连续 i 个正面. 让我们将游戏建模为反复投掷，就像上面的骰子游戏一样. 请注意，采用这种方法，我们现在只需要 3 个状态就足够了，即 0、1 和 2. 没有状态 3，因为一旦我们赢了，我们立即开始一轮新的游戏，从状态 0 开始.

很明显，我们有转移概率，如 p_{01}、p_{12} 和 p_{10} 等，都等于 1/2. 注意从状态 2 我们只能转到状态 0，所以 $p_{20}=1$.

下面是设置矩阵 $\boldsymbol{P}$ 并求解 $\boldsymbol{\pi}$ 的代码. 当然，由于 R 中下标从 1 开始而不是从 0 开始，所以我们必须将状态重新编码为 1、2 和 3.

```
p <- matrix(rep(0,9),nrow=3)
p[1,1] <- 0.5
p[1,2] <- 0.5
p[2,3] <- 0.5
p[2,1] <- 0.5
p[3,1] <- 1
findpi1(p)
```

结果是

$$\boldsymbol{\pi}=(0.5714286,\ 0.2857143,\ 0.1428571) \tag{17.19}$$

所以，从长远来看，大约 57.1%的投掷在状态 0，28.6%的投掷在状态 1，14.3%的投掷在状态 2.

现在，看看后一个数字. 在状态 2 时，我们接下来的投掷有 50%的可能是正面，所以有 50%取得胜利. 换言之，我们的投掷中约有 0.071 的可能获胜. 这个数回答了我们最初的问题(直到获胜时所需的投掷期望数)，理由如下：

想想，比如说，掷 10 000 次. 在这 10 000 次投掷中，将有 710 场胜利. 因此，两次胜利之间的平均投掷次数约为 10 000/710＝14.1. 换言之，我们得到连续三个正面的预期次数是 14.1 次.

357

17.5　示例：公共汽车客流量问题

考虑 1.1 节的公共汽车客流量问题. 现在做同样的假设，但是增加一个新的假设，即公共汽车上的最大载客量为 20 人.（假设所有下车乘客在乘客上车前已离开.）

回顾一下相应符号和假设可能会有所帮助：

- L_i：离开第 i 站车上的乘客人数
- B_i：在第 i 站上车的乘客人数
- 在每一站，每个乘客下车的概率为 0.2.

⊖ 顺便说一下，这实际上是一个面试问题，是给申请华尔街量化工作的人(即量化建模者)提出的.

- 在每一站，可能有 0 名、1 名或 2 名新乘客上车，概率分别为 0.5、0.4 和 0.1.

我们还将定义：

- G_i：在第 i 站下车的乘客人数

随机变量 $L_i(i=1, 2, 3, \cdots)$形成一个马尔可夫链. 让我们来看看一些转移概率：

$$p_{00}=0.5$$

$$p_{01}=0.4$$

$$p_{11}=(1-0.2)\cdot 0.5+0.2\cdot 0.4$$

$$p_{20}=(0.2)^2(0.5)=0.02$$

$$p_{20,20}=(0.8)^{20}(0.5+0.4+0.1)+\binom{20}{1}(0.2)^1(0.8)^{20-1}(0.4+0.1)+\binom{20}{2}(0.2)^2(0.8)^{18}(0.1)$$

358

（请注意，为了清楚起见，$p_{20,20}$ 中有一个逗号，因为 $p_{20\,20}$ 可能会让人混淆. p_{11} 中不需要逗号，因为必须有两个下标. 这里的 11 不能是数 11.）

在找到上面的向量 $\boldsymbol{\pi}$ 后，我们可以求一些量，比如公共汽车上乘客的均值，

$$\sum_{i=0}^{20}\pi_i i \tag{17.20}$$

我们还可以计算出未能上车的潜在乘客的长期平均数. 用 A_i 表示公共汽车到达 i 站时车上的乘客人数. 关键是，由于 $A_i=L_i-1$，无论我们看的是 L_j 链，还是 A_j 链，式(17.4)和式(17.5)将给出相同的结果.

现在，有了这些知识，让 D_j 表示在 j 站失望的人数，即想上车而没有上车的人数. 那么

$$ED_j=1\cdot P(D_j=1)+2\cdot P(D_j=2) \tag{17.21}$$

后一项概率是

$$\begin{aligned}P(D_j=2)&=P(A_j=20,\ B_j=2\ 且\ G_j=0)\\&=P(A_j=20)P(B_j=2)P(G_j=0\mid A_j=20)\\&=P(A_j=20)\cdot 0.1\cdot 0.8^{20}\end{aligned}$$

同理，我们可以求 $P(D_j=1)$.（有许多情况可以考虑，这里留给读者作为练习.）

对式(17.21)取 $j\to\infty$ 极限，左边是失望顾客的长期平均数，右边是 $P(A_j=20)$收敛到 π_{20}，π_{20} 我们是已知的，于是我们得到了失望乘客的值.

17.6　隐马尔可夫模型

虽然马尔可夫模型是经典应用数学的一个支柱，但是它们在数据科学领域是一个非常有趣的、较新的应用工具基础，被称为隐马尔可夫模型(HMM). 对它感兴趣的领域是那些具有连续数据的领域，例如文本分类. 文本是连续的，因为文本中的单词是按顺序出现的. 语音识别和遗传密码分析等都是相似的序列.

359

这种模型中的马尔可夫链是“隐藏”的，因为它们是不可观测的. 在文本处理中，我

们观察的是单词，而不是潜在的语法，我们可以把它当作马尔可夫模型.

HMM 的目标是根据我们所掌握的关于可观测量的信息来猜测马尔可夫链的隐藏状态. 我们在前者中找到最可能的序列，并以此作为我们的猜测.

17.6.1 示例：公共汽车客流量

词性标注模型在这里可能太复杂了，但我们熟悉的公共汽车客流量模型能很好地说明 HMM 的概念.

回想一下由 L_1，L_2，…形成的马尔可夫链. 但是假设我们没有公共汽车上乘客人数的数据，我们只知道离开了公共汽车的人数 G_1，G_2，…，比如说我们能观察到他们从离公共汽车站不远的一个大门过来. 我们知道公共汽车到达第一站时是空的，因此 $G_1=0$.

我们将保持小样本，但它应该能够捕捉到 HMM 的精髓. 假设我们只观察公共汽车的一站，如第二站. 所以我们希望根据 G_2 来猜测 L_1 和 L_2. 例如，假设我们观察到 $G_2=0$. 以下是一些可能性及其概率：

- $B_1=0$，$B_2=0$，$G_2=0$：$L_1=0$，$L_2=0$，概率 $0.5^2 \cdot 1=0.25$
- $B_1=1$，$B_2=0$，$G_2=0$：$L_1=1$，$L_2=1$，概率 $0.4 \cdot 0, 5 \cdot 0.8=0.16$
- $B_1=1$，$B_2=1$，$G_2=0$：$L_1=1$，$L_2=2$，概率 $0.4^2 \cdot 0.8=0.128$

  ……

把所有可能性都列出来之后，我们将把 L_1 和 L_2 中概率最大的一个作为我们的猜测. 换句话说，我们在观测到 $G_2=0$ 的基础上做极大似然估计. 在上面的前三个例子中，$L_1=0$，$L_2=0$，当然还有很多其他的情况没有考虑到.

360

17.6.2 计算过程

即使在我们上面的一个很小的例子中，也有许多情况需要枚举. 显然，在大型应用程序中，很难跟踪到所有可能的情况，而且这样做会存在效率问题. 幸运的是，目前已经为此开发了有效的算法，并在软件中实现，其中包括 R. 实例请参见文献[27].

17.7 谷歌的 PageRank

读者可能知道，谷歌最初的成功是由其搜索引擎 PageRank 的流行所推动的. 这个名字是双关语，既暗示了算法涉及网页的事实，也暗指其发明者、谷歌联合创始人拉里·佩奇的姓氏[⊖].

该算法将整个网络建模为一个巨大的马尔可夫链. 每个网页都是链中的一个状态，转移概率 p_{ij} 是当前在状态 i 下次可能访问状态 j 的概率.

人们可以通过计算平稳概率 π_k 来衡量网站 k 的受欢迎程度. PageRank 基本上就是这样做的，但是它在这个模型基础上增加了权重，从而进一步突出了顶级网站的受欢迎程度.

17.8 计算补充

17.8.1 矩阵初始化为零矩阵

在 17.2 节的代码中，我们发现首先将矩阵的所有元素设置为 0 是很方便的. 这是按顺

⊖ 佩奇拥有这项专利，尽管他提到了在与其他几个人的对话中获益，其中包括谷歌创始人谢尔盖·布林.

序完成的

```
p <- matrix(rep(0,100),nrow=10)
```

R 中 rep()（“repeat”）函数的作用就像其名字所暗示的那样. 它将 0 值重复 100 次. 我们需要一个 10×10 的矩阵，所以我们需要 100 个 0.

请注意，R 语言是按以列为主的顺序在内存中存储矩阵的. 首先存储第 1 列的所有内容，然后存储第 2 列的所有内容，依此类推. 例如：

361

```
> matrix(c(5,1,8,9,15,3),ncol=2)
     [,1] [,2]
[1,]    5    9
[2,]    1   15
[3,]    8    3
```

17.9　练习

数学问题

1. 在 17.5 节公共汽车客流量的示例中，求 p_{31} 和 $p_{19,18}$.
2. 考虑一下 17.4 节中连续三次出现正面的游戏. 调整一下，请分析连续两次出现正面的游戏.
3. 考虑玩家反复掷骰子的游戏. 获胜被定义为至少掷出一个 1 和一个 2. 求获胜次数的期望.
4. 在 17.2 节的骰子游戏中，使用马尔可夫分析来求两次获胜之间的次数均值.
5. 考虑 17.2 节的骰子游戏. 假设我们每次掷两个骰子而不是一个. 我们还是有 10 个状态，从 1 到 10，但是转移矩阵 $\boldsymbol{P}$ 改变了. 例如，如果我们现在处于状态 6 并且掷骰子为(3，2)，我们赢了一美元且下一个状态是 1. 求 $\boldsymbol{P}$ 的第一行.
6. 考虑 17.4 节连续三次出现正面的游戏，它是一个状态为 0、1 和 2 的马尔可夫链. 让 W_i 表示从状态 i 开始($i=0$，1，2)，下一次到达状态 2 所需的时间.（注意词“下一次”，W_2 不是 0.）设 $d_i=EW_i$，$i=0$，1，2. 求向量(d_0, d_1, d_2).

计算和数据问题

7. 实现 17.3.3 节结尾处的建议. 用 p() 函数替换矩阵 p，并让访问只记录到目前为止访问过的状态，比如在 R List 中.
8. 编写一个调用形式为 calcENit(P,s,i,t) 的 R 函数，从状态 s 开始来计算式(17.4)中的 EN_{it}. 提示：使用指示随机变量.
9. 在对马尔可夫链的研究中，转移矩阵 $\boldsymbol{P}$ 总是直接给我们，或者很容易从问题的物理结构中得到. 但在某些应用中，我们可能需要从数据中估计 P.

   362

   例如，考虑 R 中的内置 Nile 数据集，我们可以尝试拟合马尔可夫模型. 为了使状态空间离散化，编写一个 makeState(x,nc) 函数，它将输入的时间序列 x 分割成等间隔的 nc. 建议为此使用 R 中的 cut() 函数.

   然后编写一个函数 findP(xmc) 来估计 P，这里 xmc 是 makeState() 的输出.

   363～364

   我们可以走得更远. 与其把一个状态定义为时间序列中的一个点，我们可以把它定义为一对连续的点，因此具有更一般的依赖类型.

第四部分
附　　录

附录A　R快速入门

在这里，我们将简要地介绍基于R的数据/统计编程语言. 懂了这些知识，读者就可以很好地阅读、理解和使用网络教程中的高级材料或者相关书籍，例如我的书[28]. 有关更高水平的需求，请参见文献[43]，更多内部详细信息，请参见文献[6].

这里假定读者有一些Python或C/C++的经验，例如，熟悉循环和“if/else.”㊀

Python用户会发现在Python基础上使用R变得特别容易，因为它们都有非常有用的交互模式. 读者应该遵循我的座右铭：“当有疑问时，实验一下!”在交互模式下，人们可以尝试快速的小实验来学习或验证*R*语言是如何工作的.

A.1　启动R

365～367

如果要调用R，只需在终端窗口输入“R”，或者单击你桌面上的R图标.

如果你更喜欢在IDE中运行，那么可以考虑Emacs的ESS，Eclipse或RStudio的StatET，所有这些都是开源的. ESS在“硬核编码器”类型中是最受欢迎的，而RStudio由于其代码块是彩色的且易于使用，所以有一大批喜爱它的用户. 如果你已经是一个Eclipse用户，那么StatET就是你所需要的㊁.

R通常在交互模式下运行，以>作为提示. 对于批处理，请使用R包中的`Rscript`.

A.2　几个方面的对比

下面是Python、C/C++和R在几个方面的比较：

- 赋值运算符
- 数组术语
- 下标/索引
- 二维数组表示法
- 二维数组存储
- 混合容器类型
- 外部代码打包机制
- 运行模式
- 注释符号

㊀ 那么对于计算机科学专家类型的读者来说：R是面向对象的(R的封装、多态和所有事物都是对象)且R是一种函数语言(即几乎没有不良影响，每个动作都是一个函数调用). 例如，通过函数调用`"+"(2,5)`实现表达式`2+5`.

㊁ 我个人使用vim，因为我希望无论做什么样的工作，我都有相同的文本编辑器. 但我有自己的宏来辅助R工作.

Python	C/C++	R
=	=	<-(or =)
list	array	vector, matrix, array
start at 0	start at 0	start at 1
m[2][3]	m[2][3]	m[2, 3]
NA	row-major order	column-major order
dictionary	struct	list
import	include, link	library()
interactive, batch	batch	interactive, batch
#	//	#

368

A.3 编程部分第一个示例

为了介绍概念，下面给出一个带注释的 R 片段. 我在另一个窗口中打开了一个文本编辑器，以便不断地修改我的代码，然后通过 R 的 source()命令加载它. odd.R 文件的原始内容是：

```
oddcount <- function(x)  {
   k <- 0  # assign 0 to k
   for (n in x)  {  # loop through all of x
      if (n %% 2 == 1)  # n odd?
         k <- k+1
   }
   return(k)
}
```

该函数是统计向量 x 中奇数的个数. 我们使用“mod”检验 n 是否为奇数，该运算是按照除法计算余数. 例如，29 mod 7 是 1，因为 29 除以 7 的商等于 4，余数为 1. 检查一个数是否为奇数，只需要判定它的值 mod 2 余数是否为 1.

顺便说一句，倒数第二行我们可以简洁地写为

```
k
```

因为 R 的函数可以将最后一个计算值自动返回. 实际上这是 R 社区首选的方式.

R 的会话片段如下所示. 你可以一边写，一边自己做一些小实验.

```
> source("odd.R")  # load code from the given file
> ls()  # what objects do we have?
[1] "oddcount"

# what kind of object is oddcount (well,
# we already know)?

> class(oddcount)
[1] "function"

# while in interactive mode, and not inside
# a function, can print any object by typing
# its name; otherwise use print(), e.g., print(x+y)
```

369

```
> oddcount  # function is object, so can print it
function(x)  {
   k <- 0  # assign 0 to k
   for (n in x)  {
      if (n %% 2 == 1) k <- k+1
   }
   return(k)
}

# let's test oddcount(), but look at some
# properties of vectors first

> y <- c(5,12,13,8,88)  # the concatenate function
> y
[1]  5 12 13  8 88
> y[2]  # R subscripts begin at 1, not 0
[1] 12
> y[2:4]  # extract elements 2, 3 and 4 of y
[1] 12 13  8
> y[c(1,3:5)]  # elements 1, 3, 4 and 5
[1]  5 13  8 88
> oddcount(y)  # should report 2 odd numbers
[1] 2

# change code (in the other window) to vectorize
# the count operation, for much faster execution

> source("odd.R")
> oddcount
function(x)  {
   x1 <- (x %% 2 == 1)
   # x1 now a vector of TRUEs and FALSEs
   x2 <- x[x1]
   # x2 now has the elements of x that
   # were TRUE in x1
   return(length(x2))
}

# try it on subset of y, elements 2 through 3

> oddcount(y[2:3])
[1] 1
# try it on subset of y, elements 2, 4 and 5

> oddcount(y[c(2,4,5)])
[1] 0

> # further compactify the code
> source("odd.R")
> oddcount
function(x)  {
   length(x[x %% 2 == 1])
   # last value computed is auto returned
}
> oddcount(y)  # test it
[1] 2
```

370

```
# and even more compactification, making
# use of the fact that TRUE and
# FALSE are treated as 1 and 0

> oddcount <- function(x) sum(x %% 2 == 1)

# make sure you understand the steps that
# that involves: x is a vector, and thus
# x %% 2 is a new vector, the result of
# applying the mod 2 operation to every
# element of x; then x %% 2 == 1 applies
# the == 1 operation to each element of
# that result, yielding a new vector of
# TRUE and FALSE values; sum() then adds
# them (as 1s and 0s)

# we can also determine which elements are odd

> which(y %% 2 == 1)
[1] 1 3
```

注意，正如我想说的，“R 的 function()函数就是产生函数!”因此 function()经常被使用. 例如，odd.R 函数在上面代码片段中的样子如下：

```
oddcount <- function(x)  {
   x1 <- x[x %% 2 == 1]
   return(list(odds=x1, numodds=length(x1)))
}
```

371

我们写了一些代码，然后使用 function()创建了一个函数对象，该函数被设计为统计奇数的个数.

A.4 向量化

需要注意的是我们最终将函数 oddcount()向量化. 这意味着利用 R 基于向量的函数语言特性，利用 R 的内置函数而不是循环. 这改变了从 R 级到 C 级的位置，速度可能会大幅提高. 例如：

```
> x <- runif(1000000)  # 10^6 random nums from (0,1)
> system.time(sum(x))
   user  system elapsed
  0.008   0.000   0.006
> system.time({s <- 0;
     for (i in 1:1000000) s <- s + x[i]})
   user  system elapsed
  2.776   0.004   2.859
```

A.5 编程部分的第二个示例

矩阵是向量的特例，它添加了类属性、行数和列数.

```
# rbind() function combines rows of matrices;
# there's a cbind() too

> m1 <- rbind(1:2,c(5,8))
> m1
     [,1] [,2]
```

```
[1,]    1    2
[2,]    5    8
> rbind(m1,c(6,-1))
     [,1] [,2]
[1,]    1    2
[2,]    5    8
[3,]    6   -1
# form matrix from 1,2,3,4,5,6, in 2 rows

> m2 <- matrix(1:6,nrow=2)
> m2
     [,1] [,2] [,3]
[1,]    1    3    5
[2,]    2    4    6
> ncol(m2)
[1] 3
> nrow(m2)
[1] 2
> m2[2,3]  # extract element in row 2, col 3
[1] 6
# get submatrix of m2, cols 2 and 3, any row

> m3 <- m2[,2:3]
> m3
     [,1] [,2]
[1,]    3    5
[2,]    4    6

# or write to that submatrix

> m2[,2:3] <- cbind(c(5,12),c(8,0))
> m2
     [,1] [,2] [,3]
[1,]    1    5    8
[2,]    2   12    0

> m1 * m3  # elementwise multiplication
     [,1] [,2]
[1,]    3   10
[2,]   20   48
> 2.5 * m3  # scalar multiplication (but see below)
     [,1] [,2]
[1,]  7.5 12.5
[2,] 10.0 15.0
> m1 %*% m3  # linear algebra matrix multiplication
     [,1] [,2]
[1,]   11   17
[2,]   47   73
# matrices are special cases of vectors,
# so can treat them as vectors

> sum(m1)
[1] 16
> ifelse(m2 %%3 == 1,0,m2) # (see below)
     [,1] [,2] [,3]
[1,]    0    3    5
[2,]    2    0    6
```

372

373

A.6 循环

上面的“标量乘法”并不是你想象的那样，尽管结果可能是那样. 原因如下：

在 R 中，标量并不真正存在，它们只是一个元素的向量而已. 然而，R 通常使用循环(即复制)来匹配向量大小. 在上面的例子中，我们计算了表达式 2.5* m3，为了符合 m3 的乘法数字 2.5 被循环使用到矩阵中.

$$\begin{bmatrix} 2.5 & 2.5 \\ 2.5 & 2.5 \end{bmatrix} \tag{A.1}$$

A.7 关于向量化的更多信息

函数 ifelse()是另一个向量化例子. 它的调用如下：

```
ifelse(boolean vectorexpression1, vectorexpression2, vectorexpression3)
```

尽管 R 会通过循环来延长一些长度，但其中三个向量表达式的长度必须相同. 该操作将返回一个相同长度的向量(如果涉及矩阵，则结果是具有相同形状的矩阵). 结果的每个元素都将设置为 vectorexpression2 或 vectorexpression3 中的对应元素，具体值取决于 vectorexpression1 中的对应元素是 TRUE 还是 FALSE.

374

在上面的例子中，

```
> ifelse(m2 %%3 == 1,0,m2) # (see below)
```

表达式 m2 % % 3 = = 1 计算结果为布尔矩阵

$$\begin{bmatrix} T & F & F \\ F & T & F \end{bmatrix} \tag{A.2}$$

(TRUE 和 FALSE 可以缩写为 T 和 F.)

元素 0 被循环复制到矩阵

$$\begin{bmatrix} 0 & 0 & 0 \\ 0 & 0 & 0 \end{bmatrix} \tag{A.3}$$

然而 vectorexpression3，m2，要自行计算.

A.8 个默认参数值

考虑 R 的内置函数 sort()，尽管以下几点适用于任何函数，包括你自己编写的函数. 此函数的在线帮助，可以调用

```
> ?sort
```

显示的调用形式(最简单的版本)是

```
sort(x, decreasing = FALSE, ...)
```

示例如下，

```
> x <- c(12,5,13)
> sort(x)
[1]  5 12 13
> sort(x,decreasing=FALSE)
[1] 13 12  5
```

因此，默认值是按从小到大进行排序，即参数递减的默认值为 TRUE. 如果需要默认值，

375 则无须指定此参数. 如果我们想要按降序排序，那么我们必须要设置参数.

A.9 R 的列表类型

在向量之后，列表类型是最重要的 R 结构. 列表类似于向量，只是元素通常是混合类型的.

A.9.1 基础

下面是使用示例：

```
> g <- list(x = 4:6, s = "abc")
> g
$x
[1] 4 5 6

$s
[1] "abc"

> g$x  # can reference by component name
[1] 4 5 6
> g$s
[1] "abc"
> g[[1]]  # can ref. by index; note double brackets
[1] 4 5 6
> g[[2]]
[1] "abc"
> for (i in 1:length(g)) print(g[[i]])
[1] 4 5 6
[1] "abc"

# now have ftn oddcount() return odd count
# AND the odd numbers themselves, using the
# R list type

> source("odd.R")
> oddcount
function(x)  {
   x1 <- x[x %% 2 == 1]
   list(odds=x1, numodds=length(x1))
}
> # R's list type can contain any type;
> #components delineated by $
> oddcount(y)
$odds
[1]  5 13

$numodds
[1] 2

> ocy <- oddcount(y)
> ocy
$odds
[1]  5 13

$numodds
```

376

```
[1] 2

> ocy$odds
[1]  5 13
> ocy[[1]]  # can get list elts. using [[ ]] or $
[1]  5 13
> ocy[[2]]
[1] 2
```

A.9.2 S3 类

R 是一种面向对象的(函数化)语言. 它有两种类(实际上更多), S3 和 S4. 我在这里介绍 S3.

S3 对象只是一个列表, 添加了一个类名作为属性:

```
> j <- list(name="Joe", salary=55000, union=T)
> class(j) <- "employee"
> m <- list(name="Joe", salary=55000, union=F)
> class(m) <- "employee"
```

现在我们有两个类的对象, 我们选择命名为 “employee”. 注意引号.

我们可以编写类的泛型函数(8.9.1 节):

```
> print.employee <- function(wrkr) {
+     cat(wrkr$name,"\n")
+     cat("salary",wrkr$salary,"\n")
+     cat("union member",wrkr$union,"\n")
+ }
> print(j)
Joe
salary 55000
union member TRUE
> j
Joe
salary 55000
union member TRUE
```

377

刚才发生了什么? R 中的 print() 是一个泛型函数, 这意味着它只是特定于给定类的函数的占位符. 当我们在上面打印 j 时, R 解释器会搜索我们创建的 print.employee() 函数, 然后执行它. 如果没有它, R 将使用 R 列表的打印功能, 如前所述:

```
> rm(print.employee)
> # remove function, see what happens with print
> j
$name
[1] "Joe"

$salary
[1] 55000

$union
[1] TRUE

attr(,"class")
[1] "employee"
```

A.10 数据表

R 中的另一个工作环境是数据表. 数据表在许多方面都像矩阵一样工作，但它不同于矩阵，因为它可以混合不同类型的数据. 可以一列是整数型，另一列是字符串，及诸如此类，但是，在一个列中，所有元素必须具有相同的类型，并且所有列必须具有相同的长度.

例如，我们可以有一个关于人的 4 列数据框架，其中列包括身高、体重、年龄和姓名——3 个数字列和 1 个字符串列. 378

从技术上讲，数据表是 R 的一个列表，每列有一个列表元素，每列是一个向量. 因此，可以按名称引用列，对所有列表使用$ 号，对矩阵使用列号. 矩阵 a 的第 i 行第 j 列中元素为 a[i,j]，此表示法也适用于数据表. 因此函数 rbind()和 cbind()，比如过滤等其他各种矩阵运算也适用于数据表.

下面是一个使用数据集 airquality 的示例，该数据集内置于 R 中，用于演示. 你可以通过 R 的在线帮助了解数据，即

```
> ?airquality
```

让我们尝试一些操作：

```
> names(airquality)
[1] "Ozone"   "Solar.R" "Wind"    "Temp"    "Month"
"Day"
> head(airquality)  # look at the first few rows
  Ozone Solar.R Wind Temp Month Day
1    41     190  7.4   67     5   1
2    36     118  8.0   72     5   2
3    12     149 12.6   74     5   3
4    18     313 11.5   62     5   4
5    NA      NA 14.3   56     5   5
6    28      NA 14.9   66     5   6
> airquality[5,3]   # wind on the 5th day
[1] 14.3
> airquality$Wind[3]   # same
[1] 12.6
> nrow(airquality)  # number of days observed
[1] 153
> ncol(airquality)  # number of variables
[1] 6
> airquality$Celsius <-
   (5/9) * (airquality[,4] - 32)  # new column
> names(airquality)
[1] "Ozone"   "Solar.R" "Wind"    "Temp"    "Month"
"Day"     "Celsius"
> ncol(airquality)
[1] 7
> airquality[1:3,]
  Ozone Solar.R Wind Temp Month Day  Celsius
1    41     190  7.4   67     5   1 19.44444
2    36     118  8.0   72     5   2 22.22222
3    12     149 12.6   74     5   3 23.33333
# filter op
> aqjune <- airquality[airquality$Month == 6,]
> nrow(aqjune)
```

379

```
[1] 30
> mean(aqjune$Temp)
[1] 79.1
# write data frame to file
> write.table(aqjune,"AQJune")
> aqj <- read.table("AQJune",header=T)  # read it in
```

A.11 在线帮助

R 的 help()函数也可以用问号调用，它给出了 R 函数的简短描述. 例如，键入

```
> ?rep
```

将为你描述 R 的 rep()函数.

R 的一个特别好的特性是它的 example()函数，它给出了你希望查询的任何函数的很好的示例. 例如，键入

```
> example(wireframe())
```

将显示 R 的三维图形函数之一 wireframe()的示例，即 R 代码和结果图片.

A.12 R 的调试

R 中的内部调试工具 debug()，虽然可以使用但是相当原始. 这里有一些替代方案：

- RStudio IDE 有一个内置的调试工具.
- 对于 Emacs 用户，有 ess-tracebug.
- 对于 R 来说，在 Eclipse 上的 statET IDE 有一个很好的调试工具，适用于所有主要的平台，但安装起来可能很棘手. [380]
- 我可以用自己的调试工具 dbgR，它的使用非常广泛，并且安装也很容易，但目前仅限于 Linux、Mac 和其他 Unix 系列系统. 见 http://github.com/matloff/dbgR [381~382]

附录B 矩阵代数

本附录旨在回顾矩阵代数的一些基本内容，也便于缺乏此背景的人进行快速学习.

B.1 术语和符号

矩阵是一个矩形的数组，而向量是只有一行(行向量)或只有一列(列向量)的矩阵.

(i, j)表示的是矩阵中的第 i 行、第 j 列所对应的元素.

如果 $\boldsymbol{A}$ 是一个方阵，即行数和列数相等的矩阵，那么它的对角线元素是 a_{ii}，$i=1, \cdots, n$.

B.1.1 矩阵加法和乘法

对于行数和列数相同的两个矩阵，矩阵加法定义为对应元素相加，例如：

$$\begin{bmatrix}1 & 5\\0 & 3\\4 & 8\end{bmatrix}+\begin{bmatrix}6 & 2\\0 & 1\\4 & 0\end{bmatrix}=\begin{bmatrix}7 & 7\\0 & 4\\8 & 8\end{bmatrix} \tag{B.1}$$

383

矩阵乘以一个标量(即一个数)，定义为每个元素都乘以这个数，例如：

$$0.4\begin{bmatrix}7 & 7\\0 & 4\\8 & 8\end{bmatrix}=\begin{bmatrix}2.8 & 2.8\\0 & 1.6\\3.2 & 3.2\end{bmatrix} \tag{B.2}$$

- 内积或点乘指的是维数相同的向量 $\boldsymbol{X}$ 和向量 $\boldsymbol{Y}$ 的对应元素相乘，即

$$\sum_{k=1}^{n} x_k y_k \tag{B.3}$$

- 如果矩阵 $\boldsymbol{B}$ 的行数等于矩阵 $\boldsymbol{A}$ 的列数(即矩阵 A 和矩阵 B 是可乘的)，则可以定义矩阵 $\boldsymbol{A}$ 和 $\boldsymbol{B}$ 的乘积. 此时，乘积所得的矩阵 $\boldsymbol{C}$ 第(i, j)元素为

$$c_{ij}=\sum_{k=1}^{n} a_{ik} b_{kj} \tag{B.4}$$

例如，

$$\begin{bmatrix}7 & 6\\0 & 4\\8 & 8\end{bmatrix}\begin{bmatrix}1 & 6\\2 & 4\end{bmatrix}=\begin{bmatrix}19 & 66\\8 & 16\\24 & 80\end{bmatrix} \tag{B.5}$$

可视化矩阵 $\boldsymbol{A}$ 的第 i 行和矩阵 $\boldsymbol{B}$ 的第 j 列的内积关系是非常有益的，如下面黑色粗体运算关系：

$$\begin{bmatrix}7 & 6\\0 & 4\\8 & 8\end{bmatrix}\begin{bmatrix}1 & 6\\2 & 4\end{bmatrix}=\begin{bmatrix}19 & 66\\8 & 16\\24 & 80\end{bmatrix} \tag{B.6}$$

矩阵乘法满足结合律和分配律，但是一般不满足交换律：

$$\boldsymbol{A}(\boldsymbol{BC})=(\boldsymbol{AB})\boldsymbol{C} \tag{B.7}$$

$$\boldsymbol{A}(\boldsymbol{B}+\boldsymbol{C})=\boldsymbol{AB}+\boldsymbol{AC} \tag{B.8}$$

$$\boldsymbol{AB}\neq\boldsymbol{BA} \tag{B.9}$$

384

B.2 矩阵转置

- 矩阵 $\boldsymbol{A}$ 的转置通常表示为 $\boldsymbol{A}'$ 或 $\boldsymbol{A}^{\mathrm{T}}$，其定义指的是交换矩阵 $\boldsymbol{A}$ 的行和列，例如

$$\begin{bmatrix}7 & 70\\8 & 16\\8 & 80\end{bmatrix}'=\begin{bmatrix}7 & 8 & 8\\70 & 16 & 80\end{bmatrix} \tag{B.10}$$

- 如果 $\boldsymbol{A}+\boldsymbol{B}$ 已经定义，那么

$$(\boldsymbol{A}+\boldsymbol{B})'=\boldsymbol{A}'+\boldsymbol{B}' \tag{B.11}$$

- 如果 $\boldsymbol{A}$ 和 $\boldsymbol{B}$ 是可乘的，那么

$$(\boldsymbol{AB})'=\boldsymbol{B}'\boldsymbol{A}' \tag{B.12}$$

B.3 矩阵逆

- n 维的单位矩阵 $\boldsymbol{I}$ 指的是所有对角线元素中都是 1，而所有非对角线元素都是 0. 因此在矩阵乘法中它具有 $\boldsymbol{AI}=\boldsymbol{A}$ 和 $\boldsymbol{IA}=\boldsymbol{A}$ 的性质.
- 如果矩阵 $\boldsymbol{A}$ 是方阵且 $\boldsymbol{AB}=\boldsymbol{I}$，则 $\boldsymbol{B}$ 被称为 $\boldsymbol{A}$ 的逆矩阵，表示为 $\boldsymbol{A}^{-1}$. 那么 $\boldsymbol{BA}=\boldsymbol{I}$ 仍然是成立的.
- 如果 $\boldsymbol{A}$ 和 $\boldsymbol{B}$ 是方的、可乘的、可逆的，那么 $\boldsymbol{AB}$ 也是可逆的，且

$$(\boldsymbol{AB})^{-1}=\boldsymbol{B}^{-1}\boldsymbol{A}^{-1} \tag{B.13}$$

B.4 特征值和特征向量

设 $\boldsymbol{A}$ 为方阵[㊀].

385

- 对于矩阵 $\boldsymbol{A}$ 来说，如果标量 λ 和非零向量 $\boldsymbol{X}$ 满足

$$\boldsymbol{AX}=\lambda\boldsymbol{X} \tag{B.14}$$

  那么标量 λ 和向量 $\boldsymbol{X}$ 分别称为 $\boldsymbol{A}$ 的特征值和特征向量.
- 如果 $\boldsymbol{A}$ 是实的、对称的，那么它是可对角化的，即存在一个矩阵 $\boldsymbol{U}$，使得

$$\boldsymbol{U}'\boldsymbol{AU}=\boldsymbol{D} \tag{B.15}$$

  其中 $\boldsymbol{D}$ 是对角矩阵. 对角矩阵 $\boldsymbol{D}$ 的对角线上元素是矩阵 $\boldsymbol{A}$ 的所有特征值，$\boldsymbol{U}$ 的列是矩阵的对应特征向量. 另外，这些特征向量是正交的，这意味着它们的内积为 0.

㊀ 对于非方矩阵，这里的讨论将推广到奇异值分解.

B.5　数学补充

B.5.1　矩阵导数

矩阵值表达式的导数有一整套公式. 对我们来说特别重要的一点是导数向量

$$\frac{\mathrm{d}g(\boldsymbol{s})}{\mathrm{d}\boldsymbol{s}} \tag{B.16}$$

其中 $\boldsymbol{s}$ 为 k 维向量. 下式表示 $g(\boldsymbol{s})$的梯度，即

$$\left(\frac{\partial g(\boldsymbol{s})}{\partial s_1}, \cdots, \frac{\partial g(\boldsymbol{s})}{\partial s_k}\right)' \tag{B.17}$$

一撇的微积分表示梯度可以用简洁的形式表示. 同样的，如：

386

$$\frac{\mathrm{d}}{\mathrm{d}s}(\boldsymbol{Ms}+\boldsymbol{w})=\boldsymbol{M}' \tag{B.18}$$

矩阵 $\boldsymbol{M}$ 和向量 $\boldsymbol{w}$ 是不依赖于 $\boldsymbol{s}$ 的，读者应该通过观察单个的 $\partial g(\boldsymbol{s})/\partial s_i$ 来证实这一点. 注意，这很有直观意义，因为如果 s 只是简单的一个标量，那么上面的形式可以简写为

$$\frac{\mathrm{d}}{\mathrm{d}s}(\boldsymbol{M}s+w)=\boldsymbol{M} \tag{B.19}$$

另外一个例子就是二次型

$$\frac{\mathrm{d}}{\mathrm{d}s}\boldsymbol{s}'\boldsymbol{Hs}=2\boldsymbol{Hs} \tag{B.20}$$

对于对称矩阵 $\boldsymbol{H}$，它不依赖于向量 $\boldsymbol{s}$，如果对于标量 $\boldsymbol{s}$ 从直觉上我们仍然可以如下关系式：

$$\frac{\mathrm{d}}{\mathrm{d}s}(\boldsymbol{H}s^2)=2\boldsymbol{H}s \tag{B.21}$$

根据链式法则，例如如果 $\boldsymbol{s}=\boldsymbol{Mv}+\boldsymbol{w}$，那么

$$\frac{\partial}{\partial v}s's=2M'v \tag{B.22}$$

此时利用 $B.22$ 式最小化式(15.30)，其中 $\boldsymbol{s}=\mathbf{V}-\boldsymbol{Qu}$ 且 $\mathbf{V}=\boldsymbol{u}$，可得

$$\frac{\mathrm{d}}{\mathrm{d}u}[(\mathbf{V}-\boldsymbol{Qu})'(\mathbf{V}-\boldsymbol{Qu})]=2(-\boldsymbol{Q}')(\mathbf{V}-\boldsymbol{Qu}) \tag{B.23}$$

设其为 0，我们有

387～388

$$\boldsymbol{Q}'\boldsymbol{Qu}=\boldsymbol{Q}'\mathbf{V} \tag{B.24}$$

可以得到式(15.31).

参考文献

[1] Arhoein, V., Greenland, S., and McShane, B. Scientists rise up against statistical significance, 2019.

[2] Barabási, A.-L., and Albert, R. Emergence of scaling in random networks. *Science 286*, 5439 (1999), 509–512.

[3] Bhat, U. *An Introduction to Queueing Theory: Modeling and Analysis in Applications.* Statistics for Industry and Technology. Birkhäuser Boston, 2015.

[4] Blackard, J. A., and Dean, D. J. Comparative accuracies of artificial neural networks and discriminant analysis in predicting forest cover types from cartographic variables. *Computers and Electronics in Agriculture 24*, 3 (1999), 131 – 151.

[5] Breiman, L. *Probability and stochastic processes: with a view toward applications.* Houghton Mifflin series in statistics. Houghton Mifflin, Boston, 1969.

[6] Chambers, J. *Software for Data Analysis: Programming with R.* Statistics and Computing. Springer New York, 2008.

[7] Chaussé, P. Computing generalized method of moments and generalized empirical likelihood with R. *Journal of Statistical Software 34*, 11 (2010), 1–35.

[8] Chen, W. *Statistical Methods in Computer Security.* Statistics: A Series of Textbooks and Monographs. CRC Press, Boca Raton, FL, 2004.

[9] Christensen, R. *Log-linear models and logistic regression*, 2nd ed. Springer texts in statistics. Springer, New York, c1997. Earlier ed. published under title: Log-linear models. 1990.

389 ～ 391

[10] Christensen, R., Johnson, W., Branscum, A., and Hanson, T. *Bayesian Ideas and Data Analysis: An Introduction for Scientists and Statisticians.* Taylor & Francis, Abington, UK, 2011.

[11] Clauset, A., Shalizi, C. R., and Newman, M. E. J. Power-law distributions in empirical data. *SIAM Review 51*, 4 (2009), 661–703.

[12] Dheeru, D., and Karra Taniskidou, E. UCI machine learning repository, 2017.

[13] Erdös, P., and Rényi, A. On random graphs, i. *Publicationes Mathematicae (Debrecen) 6* (1959), 290–297.

[14] FARAWAY, J. *Extending the Linear Model with R: Generalized Linear, Mixed Effects and Nonparametric Regression Models.* Chapman & Hall/CRC Texts in Statistical Science. CRC Press, Boca Raton, FL, 2016.

[15] FARAWAY, J. *faraway: Functions and Datasets for Books by Julian Faraway*, 2016. R package version 1.0.7.

[16] FOX, J., AND WEISBERG, S. *An R Companion to Applied Regression*, second ed. Sage, Thousand Oaks CA, 2011.

[17] FREEDMAN, D., PISANI, R., AND PURVES, R. *Statistics.* W.W. Norton, New York, 1998.

[18] GOLDING, P., AND MCNAMARAH, S. Predicting academic performance in the school of computing. In *35th ASEE/IEEE Frontiers in Education Conference* (2005).

[19] HANSEN, L. P. Large sample properties of generalized method of moments estimators. *Econometrica: Journal of the Econometric Society* (1982), 1029–1054.

[20] HOLLANDER, M., WOLFE, D., AND CHICKEN, E. *Nonparametric Statistical Methods.* Wiley Series in Probability and Statistics. Wiley, Hoboken, NJ, 2013.

[21] HSU, J. *Multiple Comparisons: Theory and Methods.* Guilford School Practitioner. Taylor & Francis, Abington, UK, 1996.

[22] KAGGLE. Heritage health prize, 2013.

[23] KAUFMAN, L., AND ROUSSEEUW, P. *Finding Groups in Data: An Introduction to Cluster Analysis.* Wiley Series in Probability and Statistics. Wiley, Hoboken, NJ, 2009.

392

[24] KAYE, D. H., AND FREEDMAN, D. A. Reference guide on statistics. *Reference manual on scientific evidence,* (2011), 211–302.

[25] KLENKE, A. *Probability Theory: A Comprehensive Course.* Universitext. Springer London, 2013.

[26] KLETTE, R. *Concise Computer Vision: An Introduction into Theory and Algorithms.* Undergraduate Topics in Computer Science. Springer London, 2014.

[27] KUMAR, A., AND PAUL, A. *Mastering Text Mining with R.* Packt Publishing, Birmingham, UK, 2016.

[28] MATLOFF, N. *The Art of R Programming: A Tour of Statistical Software Design.* No Starch Press, San Francisco, 2011.

[29] MATLOFF, N. *Statistical Regression and Classification: From Linear Models to Machine Learning.* Chapman & Hall/CRC Texts in Statistical Science. CRC Press, Boca Raton, FL, 2017.

[30] MATLOFF, N., AND XIE, Y. *freqparcoord: Novel Methods for Parallel Coordinates*, 2016. R package version 1.0.1.

[31] MCCULLAGH, P. *Generalized Linear Models*. CRC Press, Boca Raton, FL, 2018.

[32] MILDENBERGER, T., ROZENHOLC, Y., AND ZASADA, D. *histogram: Construction of Regular and Irregular Histograms with Different Options for Automatic Choice of Bins*, 2016. R package version 0.0-24.

[33] MITZENMACHER, M., AND UPFAL, E. *Probability and Computing: Randomized Algorithms and Probabilistic Analysis*. Cambridge University Press, Cambridge,UK, 2005.

[34] MURRAY, J. F., HUGHES, G. F., AND KREUTZ-DELGADO, K. Machine learning methods for predicting failures in hard drives: A multiple-instance application. *J. Mach. Learn. Res. 6* (Dec. 2005), 783–816.

[35] MURRELL, P. *R Graphics, Third Edition*. Chapman & Hall/CRC The R Series. CRC Press, Boca Raton, FL, 2018.

[36] ORIGINAL BY GARETH AMBLER, AND MODIFIED BY AXEL BENNER. *mfp: Multivariable Fractional Polynomials*, 2015. R package version 1.5.2.

393

[37] ROSENHOUSE, J. *The Monty Hall Problem: The Remarkable Story of Math's Most Contentious Brain Teaser*. Oxford University Press, Oxford, UK, 2009.

[38] SARKAR, D. *Lattice: Multivariate Data Visualization with R*. Use R! Springer New York, 2008.

[39] SCOTT, D. *Multivariate Density Estimation: Theory, Practice, and Visualization*. Wiley Series in Probability and Statistics. Wiley, Hoboken, NJ, 2015.

[40] SHANKER, M. S. Using neural networks to predict the onset of diabetes mellitus. *Journal of Chemical Information and Computer Sciences 36*, 1 (1996), 35–41.

[41] WASSERSTEIN, R. L., AND LAZAR, N. A. The asa's statement on p-values: Context, process, and purpose. *The American Statistician 70*, 2 (2016), 129–133.

[42] WATTS, D. J., AND STROGATZ, S. H. Collective dynamics of 'small-world'networks. *nature 393*, 6684 (1998), 440.

[43] WICKHAM, H. *Advanced R*. Chapman & Hall/CRC The R Series. CRC Press, Boca Raton, FL, 2015.

[44] WICKHAM, H. *ggplot2: Elegant Graphics for Data Analysis*. Use R! Springer International Publishing, 2016.

[45] XIE, Y., LI, X., NGAI, E. W. T., AND YING, W. Customer churn prediction using improved balanced random forests. *Expert Syst. Appl. 36* (2009), 5445–5449.

394

索　引

索引中的页码为英文原书页码，与书中页边标注的页码一致.

K

L

M

N

Q

R

S

T

U

V

W

推荐阅读

数理统计与数据分析（原书第3版）

作者：John A. Rice ISBN：978-7-111-33646-4 定价：85.00元

数理统计学导论（原书第7版）

作者：Robert V. Hogg，Joseph W. McKean，Allen Craig
ISBN：978-7-111-47951-2 定价：99.00元

统计模型：理论和实践（原书第2版）

作者： David A. Freedman ISBN：978-7-111-30989-5 定价：45.00元

例解回归分析（原书第5版）

作者：Sampri t Chatterjee；Ali S.Hadi ISBN：978-7-111-43156-5 定价：69.00元

线性回归分析导论（原书第5版）

作者：Douglas C.Montgomery ISBN：978-7-111-53282-8 定价：99.00元